生态文明与环境治理机制变革研究

SHENGTAI WENMING YU HUANJING ZHILI JIZHI BIANGE YANJIU

吕忠梅◎等著

中国政法大学出版社

2023·北京

图书在版编目（ＣＩＰ）数据

生态文明与环境治理机制变革研究/吕忠梅等著. —北京：中国政法大学出版社，2023.8
ISBN 978-7-5764-0271-1

Ⅰ.①生… Ⅱ.①吕… Ⅲ.①生态环境建设－研究②环境综合整治－研究 Ⅳ.①X171.4
②X3

中国版本图书馆 CIP 数据核字(2021)第 275235 号

出　版　者	中国政法大学出版社
地　　　址	北京市海淀区西土城路 25 号
邮寄地址	北京 100088 信箱 8034 分箱　邮编 100088
网　　　址	http://www.cuplpress.com (网络实名：中国政法大学出版社)
电　　　话	010-58908285(总编室) 58908433 (编辑部) 58908334(邮购部)
承　　　印	固安华明印业有限公司
开　　　本	720mm×960mm　1/16
印　　　张	18.5
字　　　数	245 千字
版　　　次	2023 年 8 月第 1 版
印　　　次	2023 年 8 月第 1 次印刷
定　　　价	85.00 元

作者分工

导论、第一章　吕忠梅、侯佳儒

吕忠梅，女，湖北武汉人，法学博士，中国政法大学兼职教授、博士生导师，现任第十四届全国人大常委会委员、环境与资源保护委员会副主任委员，农工党十七届中央副主席，中国法学会副会长，中国法学会环境资源法学研究会会长。

侯佳儒，男，法学博士，中国政法大学教授、博士生导师，中国政法大学环境与资源法研究所所长。

第二章　刘超

刘超，男，湖北黄冈人，法学博士，教授，华侨大学法学院院长，华侨大学教育立法研究基地（教育政策法规司—华侨大学共建）主任。

第三章　张宝、杨珂玲

张宝，安徽阜阳人，法学博士、博士后，中南财经政法大学法学院副院长，教授、博士生导师。

杨珂玲，河南驻马店人，经济学博士、博士后，湖北经济学院统计与数学学院副教授

第四章　刘佳奇、邱秋、陈虹、熊晓青

刘佳奇，男，辽宁沈阳人，法学博士，辽宁大学法学院教授、博士

生导师，辽宁大学环境资源与能源法研究中心主任

邱秋，女，湖北公安人，法学博士，湖北经济学院法学院教授，湖北经济学院法学院院长，湖北省高等优秀人文社会科学重点研究基地湖北水事研究中心主任

陈虹，男，湖北仙桃人，法学博士，中南财经政法大学法学院副教授、硕士生导师

熊晓青，女，湖北荆州人，法学博士，甘肃政法大学环境法学院教授、硕士生导师

目　录

导　论

生态文明是中国适应时代需求提出来的具有世界意义的全新概念，中国正在进行的生态文明建设需要有宽厚的理论支撑与实践指引。本课题从法治视角、具体到生态文明与环境治理的体制机制展开研究。

研究目标

以丰富生态文明建设的理论内涵为学术追求。 生态文明建设是系统性工程，法治必然不能虚位和缺位。较传统的文明形态，生态文明建设需要确立与生态文明相适应的法治系统，其中，健全和完善的体制机制是关键，如何将生态文明建设纳入法治运行轨道是理论前提和基础。本课题在多学科、多视角研究的基础上，以法治的视角切入生态文明建设理论研究，这样既可以拓展生态文明建设理论研究的范畴，又可以丰富生态文明建设的理论内涵。

以创新环境法治理论为学术使命。 改革开放几十年来，中国环境法制始终处于发展的"快车道"。这既是国家战略的必然选择，也是环境法理论不断发展的必然结果。但与此同时，中国环境污染和生态破坏趋势并没有得到有效遏制，环境法律、政策的实施效果与立法目标差距很大。面对现实，在生态文明建设中如何完善环境法治？这既是环境法领域十分重要而又迫切需要解决的全新理论问题，更是对传统环境法理论提出巨大的挑战。本课题的研究，植根于生态文明建设的时代背景，立足于创新环境治理机制这一环境法治核心问题，研究过程势必全面触及并回应传统环境法理论短板，并在探求环境治理机制变革的过程中实现对环境法理论的全面创新。

以推进环境法治实践为学术目标。从党中央关于生态文明建设的一系列决策部署可以看出，生态文明建设的目标是要充分发挥环境保护在经济社会发展中的引领作用，核心是建立完整的生态文明制度体系，关键是实现环境与发展综合决策。虽然以《中华人民共和国环境保护法》（以下简称《环境保护法》）修订为契机，我国在环境治理的体制机制和制度建设方面做了一些改变，也取得了一定成效，但总体上看，我国生态环境保护的形势依然严峻，生态文明建设对经济社会发展的引领作用并未显现，环境与发展综合决策机制尚未形成。究其原因是还没有找到生态文明建设的抓手，未能在全面深化体制改革的方面得以真正突破。本课题研究立足于破解我国生态文明建设的体制机制难题，探索我国环境治理体制机制全面深化改革的应对之策，为建立生态文明法治与环境治理创新提供具有科学性、可行性的智力支持与制度方案设计。

研究思路与内容

环境治理能力现代化是推进生态文明建设的重要途径，生态文明理论是指导环境治理体系和治理能力现代化的重要指针。本课题研究立足于中国目前环境治理现状，聚焦环境治理机制问题，以习近平生态文明思想为引导，以生态文明建设理论为工具，分析我国环境治理机制改革的主要方向和现实动力。

在经典作家看来，法律制度是上层建筑，经济基础决定上层建筑。而社会的文化意识对法律制度也具有重要影响。基于这种理解，生态文明理论对整个环境治理、法律体系的影响，乃是一种深刻的变革。

具体内容上，本书采取"总论、分论"的模式。总论部分关注生态文明背景下环境治理机制变革的一般理论问题，分论则针对三个具体领域展开深入探讨；总论与分论的关系，是一般与特殊，抽象理论与具体案例研讨的关系。

本书具体内容按章分为四部分：

第一部分（即第一章），生态文明建设推动环境治理理论创新。 本章首先分析生态文明概念的内涵，分析生态文明建设与法治建设、生态文明建设与国家治理体系与治理能力现代化的关系，明确生态文明法治的目标系以人为本，建设美丽中国。美丽中国是生态法治中国。接下来，将立足于我国当前环境治理体制机制，分析存在的问题，进而根据生态文明建设的具体要求、内容和框架，指明未来我国环境治理机制变革的主要向度：从行政主导转向多元共治，从保护生态环境转向预防环境健康风险，从条块分割管理转向以环境与发展综合决策为核心的系统治理。

本章特别针对大数据时代环境治理变革动力提出新观点。信息技术革命作为后工业社会的主要内生变量，引起人类生活方式和生产方式的剧烈变革。伴随信息技术革命而生的大数据，如同工业革命时代的"蒸汽机"般，成为重要生产力，引起生产关系以及上层建筑的重大变革。大数据本身又是大数据自身成为环境管理体制改革的动力源、突破口。形塑于风险社会的现代环境管理体制在应对科学不确定性时，强调风险预防和风险沟通。大数据时代的到来，数据化管理的思维将对环境管理体制带来革命性的冲击和挑战。因此，环境体制改革与重塑应以法制化的道路关注大数据的获取、公开、共享和保护，同时协调"条块"关系、转变环境行政服务职能、重塑环境行政权责关系。

第二部分（即第二章），研究生态文明视角下环境治理从单一行政主导向多元参与型治理模式的转向。 鉴于多元环境治理模式下，主要是私人治理模式的兴起，因此在这一章，多元环境治理体制机制的研究系以环境私人治理机制为对象。本章提出：在当前环境治理主要遵循政府单方命令控制模式的语境下，我国提出的构建现代环境治理体系的要点在于构建环境私人治理机制，其内涵包括私人主体属于环境多中心治理的一极、私人主体参与环境治理的法制化和组织性。环境私人治理机制的核心要素在于角色定位上私人主体行使运作自主权、运行机制上遵循沟通与协同模式、约束机制上实现私人主体的问责性。我国当前已经构建的环境污染第三方治理制度和社会组织提起的环境民事公益诉讼制度属于环境私人治理机制，但在私人主体的自主权和问责性等方面均存在不足，亟待进行机制再造。

第三部分（即第三章），主要关注以环境健康风险评估为中心的风险预防机制。环境与健康问题已成为影响我国公众安全和社会稳定的重大议题。如何对环境与健康问题进行法律规制？是否要等到损害后果发生方可进行法律救济？环境法学的发展必须回应这些社会现实问题，应超越以救济为中心的既有模式，立足于源头治理、风险规制，放眼于如何进行制度设计、如何进行程序安排，从而建立我国以环境与健康风险评估为核心的风险预防机制，是实现环境与健康问题法律规制的应然之路与现实之策。本章主要包括以下基本内容：（1）我国环境与健康标准体系的完善。（2）科学的环境与健康风险评估制度的建立。（3）整合式环境与健康监管绩效评价指标体系的构建。

第四部分（即第四章），以长江流域为样本，研究如何完善以环境与发展综合决策为核心的流域治理机制。根据可持续发展的"三个可持续"要求，针对我国目前存在的生态环境资源保护与开发利用脱节、部门利益竞争、经济社会发展与环境保护"两张皮"现象，以流域治理为典型样本，探索我国的环境与发展综合决策、区域与流域相互衔接、经济社会发展与生态修复相互促进的新型流域治理机制。重点是建立长江经济带建设过程中"把生态修复放在压倒性位置""共抓大保护，不搞大开发"的法律机制。

总　论

第一章　生态文明建设推动环境治理理论创新

第一节　生态文明理论的丰富内涵

一、生态文明的理论内涵

党的十八大以来，习近平总书记就中国特色社会主义生态文明建设的重大理论与实践问题做出了一系列重要论述，并在此基础上，形成了习近平生态文明思想。

党的十七大报告提出"建设生态文明"，即"基本形成节约能源资源和保护生态环境的产业结构、增长方式、消费模式。循环经济形成较大规模，可再生能源比重显著上升。主要污染物排放得到有效控制，生态环境质量明显改善"。十八大报告第八部分"大力推进生态文明建设"强调"把生态文明建设放在突出地位"，强调要将其"融入经济建设、政治建设、文化建设、社会建设各方面和全过程"。十九大报告第三部分中的"坚持人与自然和谐共生"中强调"建设生态文明是中华民族永续发展的千年大计"，第九部分"加快生态文明体制改革，建设美丽中国"强调"生态文明建设功在当代、利在千秋"。

正是基于党的十八大报告关于生态文明建设的总体性阐述，特别是对于"优化国土空间开发格局""全面促进资源节约""加大自然生态系统和环境保护力度""加强生态文明制度建设"的四大战略部署与任务总要求，2013 年 11 月十八届三中全会通过的《中共中央关于全面深化改革若干重大问题的决定》（以下简称《全面深化改革决定》）、2015 年 4 月公布的《关于加快推进生态文明建设的意见》、2015 年 9 月由中共中央和国务院公布的《生态文明体制改革总体方案》，渐次完成了对我国生态文明制度建设与体制改革的"顶层设计"或"四梁八柱"规划，也完整形成了生态文明建设的理论内容。

习近平总书记在 2018 年 5 月召开的全国生态环境保护大会上的讲话，更是全面系统地概括了习近平生态文明思想，具有重大的政治意义、理论意义和实践意义。[1]随着我国生态文明建设的不断推进，习近平生态文明思想也获得了全球范围的普遍赞誉，引起了国内外学术界日益广泛的关注和日益深入的讨论。

习近平生态文明思想是对人类文明发展的总结、回顾和反思后所形成的一种文明观，同时又是一种战略观。作为一种文明观，生态文明是相对于原始文明、农业文明、工业文明的一种新文明形态；作为一种战略观，生态文明是面对当代中国、当代世界、面对未来的一种总体规划，是人类对工业文明理论与模式的扬弃，它反映了当代人类社会转型的本质。

党的十九大报告对三个大的时间节点的生态文明建设都作出全面规划部署，明确了发展目标。从现在到 2020 年全面建成小康社会决胜期这个阶段里，我们要统筹推进经济建设、政治建设、文化建设、社会建设、生态文明建设"五位一体"总体布局。以习近平生态文明思想为基础提出的生态文明建设是对生态文明理念的具体落实，也是对生态文明多维涵义的具体阐释，它涉及经济社会发展全局和人类社会发展的总体性方向，根本改

---

〔1〕 参见《求是》编辑部："在习近平生态文明思想指引下迈入新时代生态文明建设新境界"，载《求是》2019 年第 3 期。

变了我们对自然以及社会历史发展的传统观念，形成了独特的"生态自然观""生态发展观""生态民生观""环境治理观"等。[1]

其一，生态文明的生态自然观。"人与自然和谐共生"的生态自然观是习近平生态文明思想的一个基础性观念。生态文明要求人类善待自然，如此自然会馈赠人类，如果人类肆意破坏自然，自然也会对人进行报复。[2]"人与自然和谐共生"表明了人与自然的一体性。"人与自然是生命共同体"。自然生态是一个相互依存、紧密联系的统一的有机链条，而且人与自然是生命共同体，这个生命共同体是人类生存发展的基础，这根本改变了近代以来人与自然相对立的观念。把人与自然理解为一个生命共同体，并把这种生命共同体理解为人的生存发展的基础，从根本上克服了"人类中心主义"以及人与自然相对立的错误观念，消除了人对自然的功利之心和肆意妄为之念，真正使"敬畏自然、尊重自然、顺应自然、保护自然"成为人的内在自觉要求。[3]"人与自然和谐共生"的生态自然观要求在"人与自然和谐共生"的"生命共同体"中，人类必须承担起更高的责任：不但要尊重和保护自然，而且要促进自然的生息和谐；不但要节制自己的行为，而且要根本改变自己的整个发展方式和生活方式，进而建构一种新的人类文明形态，即超越工业文明的生态文明。

其二，生态文明的生态发展观。"绿水青山就是金山银山"的生态发展观是习近平生态文明思想的本质性内容。我们的生态文明建设，必须树立并贯彻"创新、协调、绿色、开放、共享"新发展理念，形成绿色发展方式。早在2005年，习近平在担任浙江省委书记时就提出"绿水青

---

〔1〕　参见姚修杰："习近平生态文明思想的理论内涵与时代价值"，载《理论探讨》2020年第2期。

〔2〕　参见习近平：《在纪念马克思诞辰200周年大会上的讲话》，人民出版社2018年版，第2~12页。

〔3〕　参见姚修杰："习近平生态文明思想的理论内涵与时代价值"，载《理论探讨》2020年第2期。

山就是金山银山"的发展理念，党的十八大以来，这一理念已经成为引领我国生态文明建设和经济社会发展的基本理念。"绿水青山就是金山银山……揭示了保护生态环境就是保护生产力、改善生态环境就是发展生产力的道理，指明了实现发展和保护协同共生的新路径。绿水青山既是自然财富、生态财富，又是社会财富、经济财富。保护生态环境就是保护自然价值和增值自然资本，就是保护经济社会发展潜力和后劲，使绿水青山持续发挥生态效益和经济社会效益"。[1]

其三，生态文明的生态民生观。"环境就是民生"的生态民生观是习近平生态文明思想最终的理论归宿。习近平指出，生态文明建设必须坚持"良好生态环境是最普惠的民生福祉"的原则，"环境就是民生，青山就是美丽，蓝天也是幸福"。[2]"环境就是民生"的生态民生观，既突出了习近平生态文明思想的社会主义性质，也充分体现了我们党的"为人民服务"的宗旨，更充分体现出新时代中国特色社会主义的"以人民为中心"的发展思想和价值追求。习近平2013年4月在海南考察工作时就指出："良好生态环境是最公平的公共产品，是最普惠的民生福祉。对人的生存来说，金山银山固然重要，但绿水青山是人民幸福生活的重要内容，是金钱不能代替的。你挣到了钱，但空气、饮用水都不合格，哪有什么幸福可言。"[3]生态环境是典型的、人人可共享的公共产品，良好的生态环境意味着清洁的空气、干净的水源、安全的食品、宜居的环境。我们要努力转变发展方式，改善生态环境，为人民群众提供更多优质的生态产品。

其四，生态文明的环境治理观。环境治理能力现代化是推进生态文明建设的重要途径，是我国生态文明建设的战略选择，是习近平生态文明思想的重要内容。党的十八届三中全会将推进国家治理体系和治理能

---

〔1〕 习近平："推动我国生态文明建设迈上新台阶"，载《奋斗》2019年第3期。
〔2〕 习近平："推动我国生态文明建设迈上新台阶"，载《奋斗》2019年第3期。
〔3〕 中共中央文献研究室编：《习近平关于社会主义生态文明建设论述摘编》，中央文献出版社2017年版，第4页。

力现代化作为全面深化改革的总目标之一。2016 年，国务院印发《"十三五"生态环境保护规划》，明确指出要加快制度创新，积极推进治理体系和治理能力现代化。党的十八大以来，特别是十九大和全国环境保护大会召开后，习近平总书记在关于生态文明建设的多次讲话中阐述了环境治理现代化问题，提出了丰富的生态文明思想。在党的第十九次全国代表大会上，习近平总书记进一步提出了"我们要建设的现代化是人与自然和谐共生的现代化"的科学论断。显然，实现人与自然和谐发展的现代化目标必须摒弃传统环境治理理念，推进环境治理体系和环境治理能力现代化建设。唯有如此，才能达到国务院提出的"到本世纪中叶，生态文明全面提升，实现生态环境领域国家治理体系和治理能力现代化"的阶段性目标。事实上，坚持人与自然和谐共生，推动形成人与自然和谐发展的现代化建设新格局，必须既推进环境治理体系现代化建设，又同时推进环境治理能力现代化建设。具体而言，推进环境治理能力现代化，须完善生态文明建设责任机制；推进环境治理能力现代化，须坚持环境治理系统观；推进环境治理能力现代化，须健全生态环境保护法治体系；推进环境治理能力现代化，须完善生态环境监管体系；推进环境治理能力现代化，须加强环境监管能力建设。

二、生态文明建设与法治建设

对于"法治"概念可以从不同角度去理解。亚里士多德提出的"法治"概念，今天仍然可以为我们理解法治与生态文明的关系，提供一个非常好的概念框架。按照亚里士多德的经典定义，"法治即依法而治并且是良法之治"，结合十八届四中全会报告的精神，生态文明法律制度的内涵也可从两个层面理解：其一，弘扬法律权威，生态文明建设应依法而治；其二，法治是良法之治，生态文明为良法提出要求并提供标准。

（一）生态文明建设应"依法而治"

十八届四中全会报告提出生态文明建设建设应"依法而治"，即要求在生态文明法律制度建设上做到有法可依、有法必依、违法必究和执法必严。但在现实社会中，自改革开放以来，虽然环境法制建设发展迅速，但无法可依、有法不依、执法不严、违法不究的现象仍然存在，环境法治状况仍不尽人意。究其原因，在于一些地方政府职能转变不到位，热衷经济增长轻视环保，缺乏科学发展观念。为解决这一问题，当前应尽快落实环境法治，积极推进我国的生态文明建设。

十八届四中全会报告提出，要在立法中贯彻公正、公平、公开原则，完善立法体制机制，增强法律法规的及时性、系统性、针对性、有效性，这为"有法可依"指明整体方向。在生态文明法律制度建设方面，目前立法规定空白、规定不全、规定不细、规定缺乏可操作性的问题依然存在，常常导致环境执法于法无据。为改变这一现状，首要任务就是加快立法步伐，一方面填补环境保护各领域的法律空白，另一方面要尽早出台与环境法律相配套的法规和规章。

十八届四中全会报告提出，法律的生命力在于实施，法律的权威也在于实施。就生态文明建设领域而论，执法难已经成为阻碍生态文明法治建设的核心问题。究其原因，一方面，固然是因为"关系"考验"权力"，"人情"较量"法理"，法治要比拼人治，执法要抵挡"托请"，环境执法难有其文化根源。另一方面也有其体制原因。目前我国采取"统管""分管"结合的监管模式。环保部门是"统管"部门，"对环境保护工作实施统一监督管理"，而"分管"部门则包括全国各级土地、矿产、林业、农业、水利行政主管部门等，依法分管某一类污染源防治或某一类自然资源的保护监管工作。统管部门与分管部门之间执法地位平等，不存在行政上的隶属关系，这种体制安排的后果是使环境管理依赖于各个部门之间的协调和合作，实践中部门存在保护主义、条条主义。要解决这一问题，应通过法律明确规定统管、分管部门地位及职责权限，理顺环境职能监管体制，同时加强环境执法队伍建设，保障财力、人力、技术和执法手段支持。

（二）生态文明法制建设应是"良法之治"

十八届四中全会报告提出，法律是治国之重器，良法是善治之前提。那么，何为符合生态文明建设要求的"良法"？

符合"良法"的生态文明法律制度的核心是以人为本，以权利为本位。生态文明法律制度建设的落脚点是公民环境权益的全面保护。全会提出，"要恪守以民为本、立法为民理念"，它强调国家环境政策与立法的制订、出台和执行都应以保护公民环境权益为最终目的和出发点。报告提出，公正是法治的生命线。因此，以人为本、以公民权益保护为宗旨的生态文明法律制度应追求司法公正，树立司法为民的正义观。针对环境诉讼案件自身的特点，目前应积极推动环境公益诉讼制度建设，加强对社会弱势群体的司法救助。应继续树立权利本位的观念，建立、健全我国公民环境权益保护的法律、法规体系。全会提出，"深入推进科学立法、民主立法，完善立法项目征集和论证制度，健全立法机关主导、社会各方有序参与立法的途径和方式，拓宽公民有序参与立法途径"，为此应积极推动环境信息公开、公众参与环境事务相关法制建设，为公众参与环境保护创造条件、建立通道。

符合"良法"的生态文明法律制度的重要保障是"权力控制"、依法行政。只有对环境行政工作人员的权力、义务配置明晰，把权力关进制度的笼子里，才能为公民的权利保护提供法治屏障。报告提出，加快建设职能科学、权责法定、执法严明、公开公正、廉洁高效、守法诚信的法治政府，提出"推进机构、职能、权限、程序、责任法定化，推行政府权力清单制度""深化行政执法体制改革，健全行政执法和刑事司法衔接机制"，这都为生态文明法律制度建设指明了工作目标和发展方向。

符合"良法"的生态文明法律制度的试金石和成败关键是"责任到位"。一直以来，我国环境立法都存在政府有权力但缺乏法律监督机制、政府有义务但缺乏违反义务承担的法律责任规定的问题。新时代环境保护法浓墨重书地解决了这一问题，使得政府"责任到位"在法律上首先规定得"到位"。

三、生态文明法治建设的目标

十八大报告提出，"把生态文明建设放在突出地位，融入经济建设、政治建设、文化建设、社会建设各方面和全过程，努力建设美丽中国，实现中华民族永续发展"。2018 年 5 月，习近平总书记在全国生态环境保护大会上再次强调，"到本世纪中叶，物质文明、政治文明、精神文明、社会文明、生态文明全面提升，绿色发展方式和生活方式全面形成，人与自然和谐共生，生态环境领域国家治理体系和治理能力现代化全面实现，建成美丽中国"。这些论述表明，生态文明建设是落实以人为本的重要路径，以人为本是生态文明建设的精神和灵魂。生态文明建设的根本目的是满足人的生态需要，建设适宜人居的美丽家园。

因此，生态文明法治建设，也要以人为本。美丽中国，也是法律人心目中的诗意家园。正如画家会借助线条、色彩、构图这些绘画元素图绘"美丽中国"，音乐家会借助音符、节奏、旋律这些音乐元素歌唱"美丽中国"，诗人会借助词句、韵律、意境这些诗歌元素吟诵"美丽中国"，法律人是借助"权利（力）""义务""责任"这三个法律规范元素构建"美丽中国"——一个法治的"美丽中国"。再回到亚里士多德的经典定义，"法治"即"依法而治"，并且是"良法之治"，则"美丽中国"的法治内涵就应包含两层含义：其一，弘扬法律权威，建设"美丽中国"首先应"依法而治"；其二，法治是"良法之治"，"美丽中国"是"良法"的重要标准和要求。

那么，什么是"美丽中国"？"美丽中国"，美在何处？

第一，"美丽中国"建设，核心是以人为本，它强调国家环境政策与立法的制订、出台和执行都应着眼于满足国民的物质需求进而提高到满足国民的精神需求，"美丽中国"美在尊重民意、顺应民心。

"美丽中国"概念的提出，将给我国环境保护的政策、立法和理论研究带来一次飞跃。一直以来，我国环境保护政策立法的核心问题，其实就是如何妥善解决环境保护和经济发展的关系问题，而相应政策和立法的表达，也都是从环境保护工作如何与经济发展相协调的角度进行阐述。这种政策话语体系的特点，其实是将环境保护纳入经济发展的概念框架，通过对经济如何发展进行定位进而明确环境保护工作的位置。这种政策表述方式导致的后果，就是环境保护工作很难脱离经济发展问题建立独立的政策、理论的话语表述体系。也正是这个缘故，要考察我国环境政策的演变，最简单又最有效的办法就是解读我国经济发展政策的演变。

改革开放之初，我国各项政策以经济建设为中心。虽然早在1983年第二次全国环境保护会议上，我国就提出了"环境保护是现代化建设事业中的一项基本国策"，还明确了"经济建设、城乡建设、环境建设同步规划、同步实施、同步发展，经济效益、社会效益、环境效益相统一"的同步发展方针，但在当时社会背景下，环保工作很难得到足够重视。当时的社会发展理念主要是关注经济增长，这一时期国家要解决的主要问题其实仍然是人们的物质需求问题和人们的生存问题。随着改革开放的深入，我国的经济发展理念也不断转变，从片面关注经济增长转向关注"经济、社会和环境的协调发展"，随后是提倡可持续发展。2003年10月中共十六届三中全会提出，坚持以人为本，树立全面、协调、可持续的发展观，促进经济社会和人的全面发展。在环境保护工作方面，目标是要促进人与自然的和谐，实现经济发展和人口、资源、环境相协调，坚持走生产发展、生活富裕、生态良好的文明发展道路，保证一代接一代地永续发展。可见，这一时期政府工作的重点，仍然是着眼于满足人民群众的物质需求。

十八大提出"美丽中国"，这其实是针对我国新时期的政治、经济、社会、文化和环境保护新形势作出的重要政策推进。根据环境库兹涅茨曲线，随着一个国家人均收入的增加，环境污染由低趋高；当其经济发展达到一定水平，即到达某个"拐点"后，随着人均收入的进一步增加，环境污染程度又由高趋低，逐渐减缓，而我国目前的生态环境局势，正面临库兹涅茨曲线"拐点"，由此引发的各种矛盾都较为突出。在经济方面，我国要积极推进经济发展模式转变，实现产业升级。从社会方面考虑，目前环境纠纷，群体性事件频发，已经成为我国社会风险的重要来源，这个问题处理不好，影响社会稳定，甚至很可能成为重大政治问题。环境保护方面，人民群众生活达到一定水平，温饱解决了，自然会有对适宜美丽的生活环境的更高要求。总之，建设"美丽中国"，深合民意，顺应民心。

可以看到，针对环境保护问题的方针和政策，一直都是、并且只有比照经济发展政策才能得到定位。所有方针和政策的表述话语，都是强调国家或政府的主体地位，环境保护工作基本上被等同于政府主导的环境治理工作。但"美丽中国"概念的提出，在一定意义上打破了这种传统的政策及理论话语的表述系统。"美丽中国"的提出，表明生态文明的建设，不仅着眼于满足人们的物质需求，还关注人们的精神需求；不仅关注人们的生存需要，也关注人们的生活需要。

对"美丽中国"的发现是一项审美活动，对"美丽中国"的鉴赏和追求凸显人的主体性地位。德国美学家席勒就说，"美是形式，我们可以观照它，同时美也是生命，因为我们可以感知它。总之，美既是我们的状态，也是我们的作为。""美丽中国"凸显人文关怀，其价值核心正是"以人为本"的价值理念。

第二，"美丽中国"的法治建设，落脚点是公民权利，要保护公民的生存权、发展权，更要保护公民的环境权，"美丽中国"美在尊重人权，美在天人和谐。

"美丽中国"概念的提出，给我国环境法治建设也带来新动力。我国传统的环境法治建设偏重政府在环境保护中的作用，注重环境行政手段、管制措施和惩罚机制的运用，表现在法律规范层面，就是过多的禁止性条款、命令性条款的存在。环境法制建设的落脚点，主要在国家机关的权力设置、运行与监控和个人及社会组织的环境保护义务的设置上，环境法治建设的基础是"责任政府"和"守法公民"（主要是承担义务）。但"美丽中国"概念的价值核心系以人为本，其实是以人民为本，以人为本的环境法治建设落脚点只能在公民权利保护上。

从人权视角解读，我国改革开放以来的经济—环境政策，实际上走的一直是偏重保护公民的生存权和发展权的一条道路。这是由我国改革开放之初的社会经济水平决定的。作为世界最大的发展中国家，我国社会保障制度尚不健全，一部分人还面临生存危机，如何保障这些人的生存和发展，如何采取一切必要措施确保人们在获取基本资源、教育、粮食、就业、住房、收入等方面的机会均等，在相当长时间内对我国都是十分艰巨的挑战。

"美丽中国"概念是个新开端，在保护公民的生存权和发展权之外，有可能为我国通过立法确认并保障公民的环境权开辟道路。不过也要看到，如果要达到这个目标，无论是在理论研究上还是立法上，还有许多工作要做。无论是国内法还是国际法，目前都没有法律明确地对"环境权"的内涵和内容进行规定。但根据目前国际法律文件的核心原则和基本精神，可以认为环境权就是公民的环境权，基本内容包括实体性权利和程序性权利两项。实体性的环境权即"安全和健康的环境权"，即所有的人，无论男女老幼，都有权享有安全和健康的环境以及涉及或依赖于安全和健康的环境的其他基本人权。具体而言，这一"安全和健康的环境权"又包括两项权利：健康权和适足环境权。另外，还有三项核心的程序权利与实现安全和健康环境权相关：获得信息的权利、参与权和求助于司法的权利，包括在安全和健康环境权这项实体权利遭受侵害时，获得纠正和救济的权利。这些权利体现在 1992 年的《里约环境与发展宣言》和联合国欧洲经济委员会 1998 年在丹麦奥胡斯通过的《在环境问题

上获得信息公众参与决策及诉诸法律的公约》（以下简称《奥胡斯公约》
等文件中。

对于上述公民环境权，其具体内容其实在我国目前的许多立法中都可以找到依据。这里特别要提到一点，公民环境权的实体性内容"安全和健康的环境权"，又包括"健康权"和"适足环境权"两项权利。所谓的"适足环境权"即公民有在舒适、适宜的环境中生活、工作的权利，具体又包括公民应当享有健康环境权、适足工作环境权和适足生存环境权三项内容。这一"适足环境权"与"美丽中国"概念颇有几分契合。从人权角度来讲如何建设"美丽中国"，其实就是要继续关注对公民"生存权"和"发展权"的保护，同时要把环境权主要是"适足环境权"的保护提到立法日程上来。

"美丽中国"的建设，落脚点应该是保障公民的生存权、发展权和环境权。一方面，保障公民权利是建设"美丽中国"的目标，"美丽中国"提倡以人为本，"美丽中国"呼唤以"公民权利"为落脚点的环境治理模式。另一方面，保障公民权利也是建设"美丽中国"的手段。德国法学家耶林在150年前就提出——公民须为维护权利而斗争，为权利而斗争方能赋予法律以生命。如果一个人放弃自己的权利，并无不可。当这种行为成为一种社会普遍现象的时候，无疑是对非法行为的纵容和鼓励，法律自身的权威将受到严重的挑战，法律的功能将得不到发挥，社会秩序也就很难得到有力维护了！——这段话对当下中国，不啻为一种警示！

第三，"美丽中国"的法治建设，关键是保障法律权威，要加强立法，把公民的"应有权利"转变成"法定权利"，要加强司法、执法，把公民的"法定权利"转变成公民的"实有权利"，"美丽中国"美在弘扬法治文明。

从人权的存在形态划分，人权包括人的"应有权利""法定权利""实有权利"三种。西方自然法学者从"天赋人权"思想出发，把"应有权利"看成是人之为人理应享有的权利，但就实质而论，"应有权利"

反映了特定社会条件下人们基于一定的物质生活条件和文化传统而提出的权利要求和权利需要。"法律权利"即国家通过立法予以确认和保障的权利，通常是法律化、制度化了的"应有权利"。"实有权利"是人们在现实社会生活中能够实际享有的权利，人们真实获得"实有权利"是权利追求的终点和归宿，也是法治的一个核心价值追求。从"应有权利"转化为"法律权利"，再进一步转化为"实有权利"，是人权在社会生活中得到实现的两个阶段和基本形式。"应有权利"向"法律权利"转化的情况如何，能检验一国立法是否科学，能检验该国法律是否是"良法"、法治是否是"良法之治"；"法律权利"向"实有权利"转化的情况如何，则能衡量一国的司法和执法水平，能检验该国法律是否具有至上权威、该国究竟是否做到了"依法而治"。

　　具体到"美丽中国"的法治建设方面，应积极推动我国在公民环境权方面的法律制度建设。"美丽中国"的提出是个契机，它表明目前我国的社会发展阶段，人们对环境保护要求日益提高，在满足基本的生存和发展问题之后，开始要求生活在舒适宜人的环境当中，这说明把"环境权"纳入到"应有权利"范畴，在我国已经具备相当成熟的条件。因此，应该通过立法把公民的环境权作为"应有权利"纳入到"法律权利"范畴，即通过立法对事关公民环境权的内容予以建立、健全。这里要说明，"环境权"不是一项独立的权利，而是一项权利束；我国目前法律中没有规定"环境权"这个概念，但在我国现行立法中有关于"环境权"的一些具体权能或内容的规定。因此，我国立法即使规定公民环境权，也不是在创设权利。通过在《中华人民共和国宪法》（以下简称《宪法》）或其他基本法中规定一般的"环境权"，能为全面建立、健全我国的公民环境权体系奠定基础。

　　还要提到，如何把公民的"法定权利"转变成公民的"实有权利"，如何把纸面上的权利变成公民可以享受到的权利，这是我国环境法治面临的真正挑战。弘扬法治精神，树立法治信仰，将环境治理纳入法治轨道，在相当长的时间内，都将是我国环境法治建设的重要任务。

第二节　生态文明理论引导环境法与传统法的沟通与协调

2020 年中共中央办公厅、国务院办公厅印发的《关于构建现代环境治理体系的指导意见》（以下简称《指导意见》），强调要以推进环境治理体系和治理能力现代化为目标，建立健全领导责任体系、企业责任体系、全民行动体系、监管体系、市场体系、信用体系、法律政策体系，落实各类主体责任，提高市场主体和公众参与的积极性，形成导向清晰、决策科学、执行有力、激励有效、多元参与、良性互动的环境治理体系，为推动生态环境根本好转、建设美丽中国提供有力的制度保障。《指导意见》贯彻落实十九届四中全会精神，进一步明确了中国现代环境治理体系的任务书、时间表和路线图，不仅为健全新时代中国环境治理体系指明了方向，也对生态文明时代如何处理环境法与传统法律的关系以及如何处理环境保护单项法之间的关系提出了新课题。从法学理论上回答这一时代之问，是环境法学者不可推卸的使命与责任。

一、以现代环境治理体系审视现行法律

中共中央《关于坚持和完善中国特色社会主义制度　推进国家治理体系和治理能力现代化若干重大问题的决定》（以下简称"十九届四中全会《决定》"）明确指出："生态文明建设是关系中华民族永续发展的千年大计。必须践行绿水青山就是金山银山的理念，坚持节约资源和保护环境的基本国策，坚持节约优先、保护优先、自然恢复为主的方针，坚定走生产发展、生活富裕、生态良好的文明发展道路，建设美丽中国。"[1]为

---

〔1〕《〈中共中央关于坚持和完善中国特色社会主义制度　推进国家治理体系和治理能力现代化若干重大问题的决定〉辅导读本》，人民出版社 2019 年版，第 31 页。

此，从实行最严格的生态环境保护制度、全面建立资源高效利用制度、健全生态保护和修复制度、严明生态环境保护责任制度四个方面，对"坚持和完善生态文明制度体系，促进人与自然和谐共生"进行了整体部署。随后通过的《指导意见》更将生态文明制度体系具体化为领导责任、企业责任、全民行动、监管、市场、信用、法律政策等七大体系。新时代环境治理体系以推进环境治理体系和治理能力现代化为目标，充分体现了"人与自然是生命共同体，人类必须尊重自然、顺应自然、保护自然"[1]的生态文明新理念，也对法学理论提出了新课题。

中国的环境法治建设自1973年中国制定环境保护的规范性文件开始，始终坚持结合中国实际、解决中国问题、合理借鉴发达国家经验提出中国对策的思路，逐步形成了"统筹五个文明建设、保障生态安全、促进经济社会可持续发展"的立法理念，[2]推动保护工作从"小环保"到"大环保"的巨大变化，积极探索环境保护从管理到治理、范围上从环境要素到生态系统、规制上从督企到督政督企并重的变革。[3]据统计，自1979年制定《中华人民共和国环境保护法（试行)》到2018年公布《中华人民共和国土壤污染防治法》（以下简称《土壤污染防治法》)，我国已制定环境保护综合类法律5部，环境污染防治类法律7部，自然资源与自然（生态）保护类法律15部，促进清洁生产与循环经济类法律2部，合理开发利用和节约能源类法律2部；此外，还有10部左右的民事、刑事、行政和经济立法中明确规定了环境保护的相关内容。与此同时，国务院制定了60余部环境行政法规，国务院主管部门制定了600余部环境行政规章，颁布国家环

---

〔1〕　习近平：《决胜全面建成小康社会夺取新时代中国特色社会主义伟大胜利——在中国共产党第十九次全国代表大会上的报告》，人民出版社2017年版，第11页。

〔2〕　参见吕忠梅、吴一冉："中国环境法治七十年：从历史走向未来"，载《中国法律评论》2019年第5期。

〔3〕　参见"'小环保'变'大环保'，生态环境治理体系和能力现代化将提速"，载《第一财经》2019年11月16日。

境标准 1200 余部。[1] 与此同时，我国的民事立法、刑事立法、行政立法及诉讼立法也都不同程度地体现了生态文明建设的要求，在《中华人民共和国民法典》（以下简称《民法典》）中规定"绿色原则"、[2]《中华人民共和国刑法》（以下简称《刑法》）中规定了危害环境犯罪、[3]《中华人民共和国民事诉讼法》（以下简称《民事诉讼法》）和《中华人民共和国行政诉讼法》（以下简称《行政诉讼法》）规定环境公益诉讼等。[4] 但无论是现行的环境法还是传统法理都建立在部门法理念、法律领域分立的基础之上，各种法律之间"鸡犬之声相闻"但"老死不相往来"的情况并未得到根本改变，无法适应现代环境治理体系的新要求。

首先，生态文明的丰富内涵与法律部门分立存在反差。生态文明是超越农业文明、工业文明的新型文明，包含了环境与发展、生态与文明两个方面的内容。换言之，生态文明是资源环境保护与经济社会发展的整合，有文明无生态或者有生态无文明都不是完整意义上的生态文明。因此，以 GDP 为导向的唯经济增长，或者简单地将生态文明等同于环境保护都是对生态文明的片面认识。[5] 在法学上，这种片面认识主要表现为传统法律对环境法的"视而不见"，以及环境法对传统法律的"另辟蹊

---

〔1〕 笔者根据全国人大常委会、国务院、司法部、生态环境部、自然资源部等官方网站公布的法律、法规、规章、标准统计。

〔2〕 参见《民法典》第9条："民事主体从事民事活动，应当有利于节约资源、保护生态环境。"

〔3〕 参见《刑法》分则第六章第六节专门规定了"破坏环境资源保护罪"，分则第九章规定了"环境监管失职罪"，分则第三章第二节"走私罪"中也涉及环境犯罪的内容。

〔4〕 参见《民事诉讼法》第 58 条第 2 款规定："人民检察院在履行职责中发现破坏生态环境和资源保护、食品药品安全领域侵害众多消费者合法权益等损害社会公共利益的行为，在没有前款规定的机关和组织或者前款规定的机关和组织不提起诉讼的情况下，可以向人民法院提起诉讼。前款规定的机关或者组织提起诉讼的，人民检察院可以支持起诉。"参见《行政诉讼法》第 25 条第 4 款规定："人民检察院在履行职责中发现生态环境和资源保护、食品药品安全、国有财产保护、国有土地使用权出让等领域负有监督管理职责的行政机关违法行使职权或者不作为，致使国家利益或者社会公共利益受到侵害的，应当向行政机关提出检察建议，督促其依法履行职责。行政机关不依法履行职责的，人民检察院依法向人民法院提起诉讼。"

〔5〕 参见诸大建："生态文明仅仅是环保？其实，中国特色的生态文明'长'这样"，载《上观新闻》2019 年 7 月 14 日。

径"，缺乏环境与发展、生态与文明的沟通与协调机制，更缺乏从生态文明视角评价和衡量"良法"与"善治"的标准，不利于"节约资源和保护环境"基本国策通过统一的法律制度转化为治理效能。

其次，现代环境治理体系的空间结构需求与法律缺乏空间规则之间形成失衡。《指导意见》提出的现代环境治理体系要求进行因果链全过程变革，特别强调国土空间的多重价值，要求加快空间治理制度建设。[1]申言之，生态文明理念下的"发展"就是空间发展，国土空间规划被视为国家对治理结构进行全面调整并提升治理能力的重要举措，解决空间不均衡问题是现代环境治理体系的核心。[2]在法学上，传统法律基本不关注空间问题，资源环境类法律虽然在不同程度上涉及空间问题，但基本上处于单个环境资源要素立法或者单区域立法状态，法律与法律之间缺乏整体性空间构造，不利于"坚持节约优先、保护优先、自然恢复为主的方针"的全面落实。

最后，环境治理的主体责任体系与法律之间缺乏整合出现断裂。《指导意见》提出七大体系、明确责任主体，更加注重生态文明建设的经济、社会、环境、治理四位一体，突出合作治理理念。从主体视角看，环境治理涉及政府、企业、社会、公民等利益相关者的上下互动和广泛参与，而不是政府唯一主体的意愿和动员，要解决传统政府体制中生态文明建设目标和手段的冲突问题，就要推动政府管理从碎片化转向整合化、从对立转向合作。[3]在法律上，这种合作治理既要求不同的法律执行部门在生态与文明之间找到交集和平衡点，也要求法律综合运用规制、市场、

---

〔1〕 十九届四中全会《决定》明确提出："加快建立健全国土空间规划和用途统筹协调管控制度，统筹划定落实生态保护红线、永久基本农田、城镇开发边界等空间管控边界以及各类海域保护线，完善主体功能区制度。"

〔2〕 参见张京祥、夏天慈："治理现代化目标下国家空间规划体系的变迁与重构"，载《自然资源学报》2019 年第 10 期。

〔3〕 参见李文钊："论合作型政府：一个政府改革的新理论"，载《河南社会科学》2017 年第 1 期。

公众参与等不同手段并且建立相互支撑的体制机制。现行法律体系中，无论是环境法与传统法律之间还是环境保护法律相互之间，合作型治理体系都还没有形成，不利于"坚持走生产发展、生活富裕、生态良好的文明发展道路"。

这些问题的表现可能有多种形式，本质上是因缺乏生态文明的价值统领而出现的传统法律与环境法的冲突，以及因对生态文明认知不足而产生的环境保护法律手段之间的矛盾与冲突。从环境法的形成过程看，解决这个问题，必须在生态文明观指引下，重新认识传统法律与环境法之间以及各环境保护单行法之间的关系，并从法理学方法论上加以解决。

二、理性认识传统法律与环境法的关系

环境法的发展不是一个与过去割裂的孤立进程，宏观来看，它是整个社会科学领域理论与实践发展和进步的一个环节，也是法学领域理论与实践不断变革与完善的有机组成部分。因此，环境法的发展只能是在不断的沟通与协调的过程中，与相关法律部门的相互促进，这是环境法发展的基本前提和自我实现的必然要求。

（一）环境法在与传统法律的对话与衔接过程中成长

环境法是 20 世纪 60 年代才出现的新型法律。在环境法出现以前，原有的法律已经建立了调整社会关系的基本规则，许多国家通过制定刑法、民法、行政法等基本法律建立了基本的经济社会秩序。但是，这些法律只考虑了人的社会属性，在建立调整社会关系的规则时简单地将自然看作与人类无关的客体，从而导致了人与自然关系的矛盾与冲突。直至出现了大规模的环境污染与破坏现象。环境问题的严重性迫使我们重新思考人与自然的关系，重新思考法律在调整人与自然关系方面的理念与规则。

环境法正是人类经过重新思考后所进行的新的法律选择，可供选择

的方法有两种：一是打破旧世界，建立新规则；二是在原有规则的基础上进行延拓。考察世界各国环境法的历史轨迹不难发现，环境法的产生同样遵循着法律发展的基本规律，是在一定经济社会政治条件下，将受到新的社会关系影响的那部分利益纳入法律轨道的过程。在此意义上，环境法实际上是将被传统法律所忽视的人与自然的关系纳入考虑的范围，重视环境资源的生态功能与属性的法律。这并非意味着环境法不考虑人与人的社会关系，更不意味着要取代原有的法律规则。换言之，环境法的产生和发展并不是一个新规则完全替代旧规则的过程，而是在旧有规则基础上不断发展的过程。

具体而言，环境法对旧有规则的发展呈现出两条路径：一条路径是对原有的法律规则进行拓展，如在传统民法基础上发展的环境侵权责任规则，在传统行政法基础上发展的环境行政管理规则等。另一条路径则是对原有法律规则进行渗透，设置限制性规则，如在民法上对所有权设定环境保护义务，在行政法上限制资源开发决策权，等等。因此，环境法与传统法律的关系并非对立或者完全不能相容的。相反，生态文明理念下的环境法要建立"人－人"和"人－自然"两类关系的融合规则，实现"人－人"和"人－自然"关系的双重和谐。这就需要在环境法与传统法律之间建立相互沟通、相互衔接、相互协调的运行机制，我们将其称为"沟通与协调"机制。

所谓沟通，是指环境法与各法律领域的交流和对话，目的是在相互理解的基础上建立共同认可与接受的新目标、新理念、新原则。沟通是双向的交流，它意味着沟通的双方在向对方介绍自身基本情况的同时，了解并掌握对方的基本情况，在相互了解的过程中不断增加相互之间的认知程度。表面看来，传统法律的不足导致了环境法的产生。但是我们也要看到，环境法的出现以及发展秉承了传统部门法领域的理论资源，环境法与民法、行政法、刑法等传统的法律部门有着密切的理论渊源，环境法才得以生成并不断壮大。[1]由此，环境法并非凭空产生，其产生和发展的基础是传统法律；与之相伴随，环境法的发展又在很大程度上促进和推动了传统法律部门的更新和进化，这原本是一个交互作用的过程。环境法规则和传统法律规则之间的关系并不是非此即彼，新旧替代的关系，而是在法律体系的大树上生长出了新的枝干，它们同根同源。正是在此意义上，环境法才被称为 21 世纪的法律领头羊，成为促进法学理论、法律制度、法律方法走向未来的"革命性"动力。

所谓协调，是指在沟通的基础上，按照新理念而对具体法律原则和制度的系统性考虑，通过统筹安排，将新目标、新理念、新原则贯穿到法律之中，最终达致共同目标的实现。协调是沟通的理性结果。沟通的基本目标是在相互理解的基础上对彼此的认可与接受，但这种认可和接受并不是盲目的和无原则的，而是以沟通为前提相互协调的结果。实际上，环境法与外界在沟通基础上的协调自其产生时起就从未停止过：一方面，环境问题所具有的科学性、经济性、社会性特征，使得作为环境问题的主要解决方式之一的环境法，既包含了大量的技术规范，也明显地体现出经济学、管理学、社会学、伦理学等不同领域对其影响的"痕迹"……；另一方面，环境法作为"法学"家族的新成员，也始终致力于在传统的法律思维模式中纳入生态利益的考量，使生态利益进入整体利益衡量的范畴，通过和传统法律及相关学科的沟通，协调"人与自然"共同体中的各种利益，达致人类社会的可持续发展。[2]正是通过环境法与相关法律之间的充分协调，一方面推动环境法与传统法律各自领域的理论更新与进化，另一方面也在环境法调整和完善的过程中逐

---

〔1〕 例如，一方面，环境侵权制度虽然具有特殊性，但它依然是侵权制度的一部分，民法中的特殊侵权理论本身也是环境法产生的重要理论渊源。另一方面，环境侵权制度的产生弥补了传统侵权法的不足，也为传统侵权法理论输入了新鲜血液。

〔2〕 参见吕忠梅："中国民法典的'绿色'需求及功能实现"，载《法律科学（西北政法大学学报）》2018 年第 6 期。

步实现其与相关领域法学理论、法律制度体系的衔接与相互印证和支持。

（二）环境法与传统法律在不同层次进行沟通与协调

1. 法的价值层次

人类社会之所以需要法律，需要发挥法律调整社会生活关系的作用，目的就是保护和增进平等、秩序、效率、安全等事关人类福祉的价值。这些价值构成了法律所追求的理想和目标。[1] 诚如庞德所言，"在法律史的各个经典时期，无论在古代和近代世界里，对价值准则的论证、批判或合乎逻辑的适用，都曾是法学家们的主要活动。"[2] 也就是说，法律的价值是永恒的，但对价值的评价及其内涵的理解则是批判的、发展的。环境法作为新兴的法律领域，其既继承了传统意义上法的价值"衣钵"——继续对平等、秩序、效率、安全等价值的追求；但作为在反思工业文明的过程中形成的法律领域，又对法律追求的价值赋予了新的内涵。如，平等价值在传统法律部门的意义上，往往局限在当代人的、个体间的平等；而环境法为贯彻生态文明观，将平等价值的内涵在时间和空间两个维度上进行拓展。一方面，各国和地区都平等地享有发展的机会，即区际平等；另一方面，当代人的发展不能建立在牺牲后代人发展的可能性的基础上，资源环境应该在世代间进行合理的分配，即代际平等。

2. 法律原则层次

建立正当的法律秩序，必须首先确立一些基本的判断标准，表明法律以怎样的视角、从怎样的逻辑起点来观察、分析并规范人类的行为。

---

〔1〕 参见张志铭："论法的价值"，载 http：//www. jus. cn/ShowArticle. asp？ ArticleID = 3251，最后访问日期：2019 年 11 月 30 日。

〔2〕 参见［美］罗·庞德：《通过法律的社会控制：法律的任务》，沈宗灵、董世忠译，商务印书馆 1984 年版，第 55 页。

这种标准就是我们通常所说的法律原则。诚然，传统的法律部门均已凝练出较为成熟的法律原则。但环境法在反思和重新定位人与自然关系的过程中：一方面，环境法自身发展和确立了一些新的法律原则，如风险预防原则。这些新的法律原则反映了法律观察、分析资源环境问题的新态度、新视角，在一定程度上被其他法律部门所接纳和认同。[1]另一方面，传统法律部门也在对其已有的法律原则进行反思和完善，使之更加契合人与自然和谐共处、促进可持续发展的价值观。如公序良俗是民法的基本原则之一，最初只有违反人伦的行为属于违反公序，而时至今日，公序良俗应当符合创新、协调、绿色、开放、共享的新发展理念。[2]

3. 法律规则层次

生态环境问题并非孤立存在，其既是诸多社会问题的一种表现形式，也与多种社会问题相关联，涉及经济社会生活的方方面面。因此，生态环境问题不可能单独依靠环境法或民法等单一法律加以应对，必然需要在环境法与各相关法律之间形成相互援引、相互补充、相互配合的状态。如环境侵权行为虽然与民事侵权有天然的联系，但其背后却有着许多民法"不曾相识"的新内涵。[3]于是，我们看到，许多国家建立的环境侵权责任制度，不仅同时出现在民法与环境法的立法中，而且法律规则之间也相互援引、相互补充、相互支撑。如《德国民法典》与《德国环境责任法》，《法国民法典》与《法国环境法典》，还有日本的《公害健康受害赔偿法》，芬兰《环境损害赔偿法》等。在

---

〔1〕 如风险预防已经渗透到行政法、刑法、民法等传统法律部门的理论研究中，可参见金自宁："风险规制与行政法治"，载《法制与社会发展》2012年第4期；劳东燕："风险社会与变动中的刑法理论"，载《中外法学》2014年第1期；刘水林："风险社会大规模损害责任法的范式重构——从侵权赔偿到成本分担"，载《法学研究》2014年第3期等。

〔2〕 参见郭明瑞："用好公序良俗原则"，载《人民日报》2016年3月28日，第16版。

〔3〕 关于环境侵权的特殊性，可详见吕忠梅："论环境侵权的二元性"，载《人民法院报》2014年10月29日，第8版。

我国，《中华人民共和国侵权责任法》第八章专门规定了"环境污染责任"，而《环境保护法》第64条则规定："因污染环境和破坏生态造成损害的，应当依照《中华人民共和国侵权责任法》的有关规定承担侵权责任。"[1]

（三）建立适应现代环境治理体系需求的沟通与协调机制

现代环境治理体系以"中华民族永续发展"为目标，然而该目标的实现仅仅依靠环境法单独的力量尚且不足，需要建立环境法与其他法律部门的沟通与协调机制，将现代环境治理体系的价值目标内化于传统法律之中，并增强环境保护单行法的系统性、整体性和协调性，实现传统法律与环境法的"合作"以及环境法律规范的"整合"，推动美丽中国建设。

1. 环境法与传统法律的沟通与协调

（1）环境法与民法。传统民法关心的是如何最大限度发挥物的效用，实现资源的有效利用，满足人之所需。时至今日，日益恶化的自然环境，难以为继的自然资源，让人们逐渐意识到自然不是无限攫取的对象，而是人类相生相伴的伙伴。[2]因此，处理好人与自然的关系，既是环境法的任务，也是传统民法发展到今天必须面对的问题。从理论上看，民法调整平等民事主体之间人身或财产关系，难以完成对自然资源的修补，恰好为环境法的发展提供了空间。[3]而环境法所要实现的环境权利与环境权力重构，也需要对民法进行生态化的改造和变革，将生态环境保护理念引入到民法中。[4]

从法治实践和需求上讲，生态文明建设作为治国理政的根本方略，

---

〔1〕　参见吕忠梅："论环境侵权责任的双重性"，载《人民法院报》2014年11月5日，第8版。

〔2〕　参见王轶："民法典的立法哲学"，载《光明日报》2016年3月2日，第14版。

〔3〕　参见孙佑海、徐川："我国应当制定一部什么样的民法典？——'环境法学与民法学的对话'会议综述"，载《企业与法》2015年第6期。

〔4〕　参见吕忠梅等："'绿色原则'在民法典中的贯彻论纲"，载《中国法学》2018年第1期。

已经在《民法典》中以"绿色原则"得到了体现。[1]从《民法典》各编中，我们已经可以看到贯彻"绿色原则"的一些制度化安排，但未来也还有进一步完善的空间。在物权编、合同编、侵权责任编、人格权编中，都还有进一步"绿色化"的空间，[2]在"继承编"中，也应明确对物的继承应当以不得破坏其生态属性为限。在此基础上，将环境权益的救济性保护纳入侵权请求权范畴，防御性保护纳入物上请求权范畴，并明确授权公民得在纯粹环境损害场合提起私益诉讼，构建环境权益保护的请求权基础规范体系。[3]

（2）环境法与刑法。传统刑法法律制度不以环境效益或生态性判断为基础，与环境法的要求相去甚远。现行《刑法》中虽然有一些与资源或环境相关的罪名规定，但离建立现代环境治理体系的要求有一定差距。建立环境法与刑法的沟通与协调机制，需要继续更新刑法理念，在修改《刑法》中与生态文明理念相违背的部分原则性规定的同时，承认生态法益的独立性，[4]建立附属刑法制度，使之与环境法更好协调。[5]

虽然在环境法与刑法的沟通与协调过程中，面临着诸如刑法的谦抑性与不断扩展环境刑法适用范围之间的矛盾，环境刑法所应保护的法益究竟为何等问题。[6]但是，环境法与刑法的沟通与协调正在持续推进。针

---

〔1〕 参见刘牧晗、罗吉："环境权益的民法表达——'环境权益与民法典的制定'学术研讨会综述"，载《人民法院报》2016年2月17日，第8版。

〔2〕 参见巩固："民法典物权编'绿色化'构想"，载《法律科学（西北政法大学学报）》2018年第6期；刘长兴："论'绿色原则'在民法典合同编的实现"，载《法律科学（西北政法大学学报）》2018年第6期；刘超："论'绿色原则'在民法典侵权责任编的制度展开"，载《法律科学（西北政法大学学报）》2018年第6期；刘长兴："环境权保护的人格权法进路——兼论绿色原则在民法典人格权编的体现"，载《法学评论》2019年第3期。

〔3〕 参见鄢斌、吕忠梅："论环境诉讼中的环境损害请求权"，载《法律适用》2016年第2期。

〔4〕 参见简基松："论生态法益在刑法法益中的独立地位"，载《中国刑事法杂志》2006年第5期。

〔5〕 参见吕忠梅、张明楷："关于环境刑法重大理论与实践命题的对话"，载 http://www. riel. whu. edu. cn/index. php/index-view-aid-11172. html，最后访问日期：2019年11月30日。

〔6〕 相关问题可参见刘艳红："环境犯罪刑事治理早期化之反对"，载《政治与法律》2015年第7期；焦艳鹏：《刑法生态法益论》，中国政法大学出版社2012年版，第107~136页。

对《刑法》实施过程中出现的与环境法不协调问题，立法机关高度重视并进行了修改。其中，《中华人民共和国刑法修正案（二）》《中华人民共和国刑法修正案（三）》《中华人民共和国刑法修正案（四）》《中华人民共和国刑法修正案（七）》《中华人民共和国刑法修正案（八）》都对《刑法》有关生态环境犯罪进行了重大修改。在《刑法》降低环境犯罪的构成条件，增强可操作性的同时，《关于办理环境污染刑事案件适用法律若干问题的解释》进一步将以环境为介质而产生危害的行为，纳入污染环境罪的适用范围。[1]此外，刑法也开始更加重视在环境刑事案件中适用人身刑之外的其他刑事责任实现方式，重视刑事责任与民事责任的衔接。[2]

（3）环境法与行政法。虽然环境法律制度包含相当多的行政法规范，但传统行政法理论与生态文明建设目标有很大差距，存在控权理论与国家承担环境管理义务需要有较大视情置宜权力的矛盾，权力行使理论与环境治理需要非权力手段发挥作用的矛盾，结果控制理论与生态文明建设以风险预防为主的矛盾，等等。环境问题的发展为行政法理论和制度的发展提供了新思考、新契机，而新型行政活动形式的不断出现也为环境法解决环境问题提供新手段、新模式。当前，计划行政、风险行政、应急行政等行政法理论和规范的出现，在拓展行政法的时间尺度方面做出了一些努力，将行政权的适用范围不断向事前延伸，[3]但还需要从理论上加以突破并在行政法中确立生态价值目标。

从实践中看，环境法与行政法的沟通与协调也正在不断推进过程中。在立法层面，2018年《宪法》第89条第6项明确了国务院"领导和管理经济工作和城乡建设、生态文明建设"的职权，以宪法的形式规定了国家行政机关领导和管理生态文明建设的法定义务，为环境法与行政法的

---

〔1〕　如《关于办理环境污染刑事案件适用法律若干问题的解释》第1条规定。
〔2〕　如《关于办理环境污染刑事案件适用法律若干问题的解释》第5条规定。
〔3〕　如《中华人民共和国突发事件应对法》第23条规定。

沟通和协调奠定了宪法基础。《中华人民共和国立法法》第 82 条的规定扩大了地方政府在环境保护领域的行政立法权，为行政主体因地制宜地制定本地区的环境保护法律制度提供了新的法律依据。在执法层面，借助公共行政、多中心治理等理念和方法，行政主体在环境保护方面也不再单纯采用处罚、强制等"压制型"行政管理手段，行政指导、行政合同、行政奖励等"柔性"行政手段被越来越多地适用。行政主体与行政相对人在环境保护领域的协商、参与日渐增多，二者间的关系正在从传统行政法的对立向合作、共治的方向发展。[1]

（4）环境法与诉讼法。中国实行民事、行政、刑事三大诉讼分立，三类诉讼各有标的、程序、裁判形式。因此，法院分别设置了民事、行政、刑事审判机构，各个审判机构的业务相互分隔，这种诉讼体制在解决多种法律关系交织的环境纠纷时存在较大问题。环境纠纷的出现，对传统诉讼法理论和制度带来了挑战，也为其发展提供了机遇。需要在传统三大诉讼彼此分离的框架内，建立环境法与民事诉讼法、刑事诉讼法、行政诉讼法的沟通与协调机制。目前，已经建立的环境公益诉讼制度、生态环境损害赔偿诉讼制度是具有鲜明中国特色的"中国方案"，但相关理论并不成熟。对于这些既无国外理论可直接参考、又刚刚起步进行制度实践的新型诉讼制度，亟待认真总结实践经验，深化规律性认识，形成中国特色的公益诉讼基础理论并及时转化为法律制度，实现环境法与诉讼法的沟通与协调。

在实践中，环境法与诉讼法的沟通与协调主要通过司法体制改革和出台司法解释、司法政策的方式推进。自 2014 年最高人民法院环境资源审判庭成立以来，全国各级法院到 2019 年 6 月建立专门环境资源司法审

---

〔1〕 如《环境保护法》第 22 条规定。

判机构 1201 个。[1] 2019 年最高人民检察院第八检察厅成立，各级检察机关也设置了相应机构，负责办理破坏生态环境和资源保护公益诉讼案件。[2] 最高人民法院、最高人民检察院先后出台多个司法政策、单独或联合发布司法解释，明确在环境资源司法中遵循环境正义、恢复性司法、生态预防等"绿色"司法理念，明确环境污染、非法采矿、破坏性采矿刑事案件，环境侵权、矿业权民事纠纷案件，环境民事公益诉讼、检察公益诉讼以及生态环境损害赔偿案件的法律适用，为建立环境法与诉讼法的沟通与协调机制奠定了良好的实践基础。

2. 环境法体系内部的沟通与协调

环境法体系庞杂、内容众多，将各个子系统进行相对的分门别类，并最终纳入环境法这一框架之内，也需要沟通与协调机制发挥作用。主要包括，环境法适度法典化、污染防治法和生态保护法的沟通与协调。

（1）环境法的适度法典化。自 1978 年以来，我国已制定了近 40 部与生态环境保护相关的法律和数以千计的法规规章，但环境法并未形成有效的法律体系。各种法律制度之间呈现出明显的碎片化，尤其是在生态系统及其服务功能保护、大规模人群健康损害救济、生态环境损害救济等方面存在制度空白，实现现代环境治理体系所必需的环境与发展综合决策机制、国土空间治理机制、环境风险管控机制、协同治理机制缺乏相关法律制度支撑。上述问题催生了环境法规范体系化的需求，而适度法典化是当前最为可行的体系化方案。[3] 适度法典化可以为生态环境立法提供从分散走向内部协调一致的机会，改变生态环境立法因不同历史

---

〔1〕　参见乔文心："最高法发布五年来环境资源审判工作有关情况"，载《人民法院报》2019 年 7 月 31 日，第 1 版。

〔2〕　参见阎晶晶："把握规律，更好履行检察公益诉讼职责——专访最高人民检察院第八检察厅厅长胡卫列"，载《检察日报》2019 年 2 月 28 日，第 4 版。

〔3〕　参见吕忠梅、窦海阳："民法典'绿色化'与环境法典的调适"，载《中外法学》2018 年第 4 期。

起源、不同立法理念、不同立法技术、不同措施工具、不同标准水平管制而导致的凌乱面貌：一是确定生态环境立法的总目标和基本原则，建立基本法律规范和环境治理工具的统一运用规则；二是统一决策和监管的程序、执法及司法等方面的内容；三是避免对同一行为由不同法律进行规制而需要相互参照的问题，改善环境法的适用，提高法律规定的内在统一性。

（2）污染防治法规范与生态保护法规范的沟通与协调。由于环境法产生发展的历史以及污染防治法和生态保护法规制对象存在差异等客观原因所致在学理层面将环境法划分为污染防治法和生态保护法，有助于学术研究中的理论构建，但研究者也应认识到二者并非完全对立，应重视二者的相通之处：皆作用于环境资源的具体要素或者整体、皆以可持续发展作为价值目标、皆是现代环境治理体系的重要构成。因此，其一要从理论上为两类规范建立沟通与协调机制。其二要在法治实践中沟通污染防治规范与生态保护规范的目标价值、基本原则，通过具体制度如生态红线制度、国土空间规划制度、环境标准制度、环境影响评价和环境风险评估制度、许可证制度、公众参与制度、环境责任制度等加以协调，将污染防治规范与生态保护规范贯穿到一起。[1]

---

[1] 如水量、水质的问题表面上看分属生态保护与污染防治两个领域，在我国由水法和水污染防治法分别调整、水利和生态环境两部门分别主管。但对于水生态整体安全而言，水量与水质是水生态安全保障问题的两个制约性因素，它们的联系并不会因为"部门立法""政出多门"而自动分离。如果不能协调水质与水量、生态环境与水利等部门之间的关系，后果只能是水安全危机的加重而不是水生态安全保障的加强。因此，在应对水问题的过程中，要实现水质、水量的统一管理，生态保护法与污染防治法就必须通过整合规划和区划、加强部门协调和协同等方式进行必要的沟通与协调。实践中，《浙江省水污染防治条例》第7条就规定："省生态环境主管部门应当会同省有关主管部门根据国土空间规划和水资源禀赋、环境容量等情况，编制《浙江省水功能区、水环境功能区划分方案》（以下简称功能区划分方案），报省人民政府批准后实施……"。制定统一的水功能区、水环境功能区划分方案，为水质水量统一管理创造了条件，更体现了污染防治法、生态保护法的沟通与协调。

第三节　生态文明建设推动环境治理机制转向

一、传统环境管理体制

环境管理体制就是关于国家环境管理机构设置、领导隶属关系划分、权力配置及其运行的一整套规则和制度体系，它应包括法律保障、组织机构设置、权力配置结构和职权运行机制四个部分。我国现行环境管理体制是根据1989年颁布施行的《环境保护法》第7条建立，虽经多次改革，目前仍有很大改善空间。

十八大报告提出要"加强生态文明制度建设"，而环境管理体制建设是"生态文明制度建设"的重要内容。为此，对我国现行环境管理体制进行检讨，找到其问题、剖析其症结进而提出完善建议，是当务之需。

（一）以行政主导为特征的传统环境管理体制

改革开放以来，以中央环境管理机构的设置及其职能变化为标志，我国环境管理体制历经五次大的改革：1982年，组建城乡建设环境保护部，内设环境保护局；1988年，国家环境保护局从建设部中分离出来，成为国务院直属机构；1998年，国家环境保护总局升格为正部级机构，强化全国环境政策的制定、规划、监督、协调等职能，同时成立"国土资源部"以统一对国土资源进行管理；2008年，成立环境保护部，由国务院直属机构变成国务院组成部门，为更好地发挥环保在服务民生、宏观调控等方面的功能提供了组织保障。2019～2023年的第五轮改革源自2018年的国务院机构改革，在这次改革中，组建生态环境部，不再保留环境保护部，且生态环境部与自然资源部分立，但当前我国环境治理体系仍然是统一监督管理与分级、分部门监督管理相结合，以政府为主导的环境管理体制。

1. "块块管理"模式

在纵向关系上，我国环境管理体制实行分级管理，国家生态环境部是国家环境保护行政主管部门，各级人民政府设有相应的环境保护行政主管机构，对所辖区域进行环境管理，这种管理模式就是"块块管理"，也叫"区域管理"，它是将同一区域内的环境问题，不分行业、不分领域、不分类别，均纳入该区域环境管理范围的管理模式。这种模式是世界各国最早普遍采用的，以行政区划为特征的管理模式。该模式的确立，主要源于国家的区域行政管理体制和模式，源于环境保护组织机构的"块块管理"的人事制度和体制。

2. "条条管理"模式

在横向关系上，我国现行环境管理体制确认了统管部门与分管部门相结合的管理模式。环保部门定位为"对环境保护工作实施统一监督管理"的部门，即通常所说的"统管"部门；而"分管"部门是指依法分管某一类污染源防治或者某一类自然资源保护监督管理工作的部门，包括国家海洋行政主管部门、港务监督和各级土地、矿产、林业、农业、水利行政主管部门等。这种模式也叫"条条管理"模式、"行业管理"模式。统管部门与分管部门之间执法地位平等，不存在行政上的隶属关系，没有领导与被领导、监督与被监督的关系。这种体制安排的后果，是环境管理依赖于各个部门之间的协调和合作，"为了有效操作，极有必要形成一种共识，而旨在建立这种共识的协商就成了这个体制的核心特征"[1]。对于"条条管理"模式，目前世界各国尚无成熟经验，在我国是作为"块块模式"的补充和辅助模式而存在。

（二）行政主导的环境管理体制存在的突出问题及其原因

总体看来，统一监督管理与分级、分部门监督管理相结合的环境管

---

[1] 李侃如："中国的政府管理体制及其对环境政策执行的影响"，李继龙译，载《经济社会体制比较》2011年第2期。

理体制，在我国社会主义生态文明建设过程中，对保障环境保护、经济与社会的协调发展曾经起到一定的积极作用。但目前，这套环境管理体制已无法满足生态文明建设的需要。虽然国家极度重视环境保护，相应法律、制度和机构建设发展迅速，但"中国在国家一级产生的大部分治理环境的动力却因分散到多个国家结构层面而消耗殆尽"[1]，取得的成效难如人意。具体来说，我国环境管理体制存在如下突出问题：

1. 缺乏统一、专门的"环境管理组织法"

我国目前的环境管理体制，机构设置的结构不合理，环保行政职权分工不科学——横向分散，多头管理，行政权异化，难以形成多部门执法合力。按照李侃如的说法，"职权已被职能、地域和级别搞得零零散散"[2]。具体来说，现行环境管理体制制度在权力配置方面存在如下问题：

（1）缺乏高位阶、统一、专门的法律依据。在中央一级，我国没有专门的"环境管理机构组织法"，在地方层次，也没有专门的环境管理机构设置法规和规章，有关规定主要散见于各种法律、法规、规章，甚至规范性文件当中。这导致实践中环境管理体制立法体系散乱，缺乏系统性，环境管理体制的立法出台较为随意。由此导致各种立法间缺乏协调，也导致环境管理机构的设置经常处于变动之中，大大影响了环境管理机构的稳定性。

（2）环境管理机构重复设置现象普遍，各种环境立法内容容易出现重复、交叉和矛盾。部门之间权限界定模糊，法律对各部门之间如何协作规定不详，导致各部门之间囿于本部门利益的不正当考虑，对有利可图的事务竞相主张管辖权，对于己不利的事务和责任，则相互推诿，产生"踢足球"的现象。

---

〔1〕 李侃如："中国的政府管理体制及其对环境政策执行的影响"，李继龙译，载《经济社会体制比较》2011 年第 2 期。

〔2〕 李侃如："中国的政府管理体制及其对环境政策执行的影响"，李继龙译，载《经济社会体制比较》2011 年第 2 期。

（3）管理部门错位，职权分工不合理。科学、有效的管理应当是先明确各部门的管理性质，要分清该部门管理是综合性决策管理、行业管理，还是环境执法监督管理，在此基础上，对各个部门进行合理的职能分工，要避免管理性质与管理职能设计上的矛盾和冲突。但目前针对有关部门环境管理职能的设计，往往忽略了这一问题，具体表现为行业管理部门行使了环境监督管理部门的职权，综合决策性管理部门行使了专业管理部门的职权，专业管理部门行使了综合决策性部门的职权，政府行使了其下属部门（尤其是环保部门）的职权。[1]

2. 政府职能转化不到位

政府职能转变的核心是权力的正确行使，减少权力对微观经济活动的直接干预，着力提高宏观调控能力、公共服务能力和维护社会公平正义的能力。但实践中，仍有一些地方片面追求经济增长。地方 GDP 增长率仍然是地方政府绩效评价的最重要指标，这一指标的实现情况决定了地方政府及其官员政治收益的大小，"这种全国性的政治和经济潜规则造成了戏剧性的后果""它给每一个地方的主要官员提供了巨大的激励，使他们变成了企业家——为促使所辖地域经济增长最大化寻找机会"，结果导致"环境政策的执行必然难逃此劫"。[2]

3. 缺乏高规格部门协调机制

在环境管理实践中，由于对统管部门、分管部门权限配置的立法规定过于笼统、模糊和不完善，这导致众多环境管理部门的行政执法出现异化现象，职权行使偏离了环境行政目标和行政法制原则。各部门往往把本机构的行政权行使同国家行政总权行使割裂开来，从自己部门的狭

---

〔1〕 参见王灿发："论我国环境管理体制立法存在的问题及其完善途径"，载《政法论坛》2003 年第 4 期。

〔2〕 参见李侃如："中国的政府管理体制及其对环境政策执行的影响"，李继龙译，载《经济社会体制比较》2011 年第 2 期。

隘利益出发，对其他行政部门职权行使采取不合作、不支持、不协助的消极对策。实践中的部门保护主义、条条主义存在。

4. 实践中地方保护主义

在政府职能转变不到位的情况下，中央政府和地方政府面对环保问题，实际上有不同的利益考量和行为选择。中央政府强调经济、社会发展与生态环境相协调。但对于地方政府，因为治理环境经济成本高昂，因此缺乏投资环保的积极性。尤其是在目前的财税体制下，地方政府更关注地方经济短期内的发展而非环境治理问题。从约束机制角度看，上下级政府间信息传递链条过长，地方政府有足够的能力控制"私人信息"和辖区"自然状态"信息，导致在生态制度问题上地方政府存在强烈的机会主义倾向。当条块管理出现利益冲突，地方保护主义就会抬头。

可见，要推进生态文明建设，就要消除地方政府对环境保护的消极影响。在地方环境保护部门层次，我国确立的是双重管理体制：在横向的关系上，每一地方环境保护机关要受到同级地方政府的管理；在纵向关系上，同时也要受到上一级环境保护主管机关的管理。但在目前的权力利益格局下，"每一级环境部门都与本级的地域性政府有着一种固定的统属关系，而与全国政府序列中的上级环境部门只有一种虚的统属关系"[1]。因此，我国目前地方环境管理体制实际上是以"块块"为主，环境行政主管部门只对本级政府负责，即所谓的"块块压过条条"的现象。"这种权力结构有效地将每一个环境部门置于对本地经济加速发展负有最大责任同时也享有利益的官员手中。"而结果自然是"环境政策的执行必然难逃此劫"[2]。实际上，地方环境管理机构改革应该是我国环境管理体制改革的重点和焦点所在。在生态文明建设的大背景下，地方环境保护部

---

〔1〕　李侃如："中国的政府管理体制及其对环境政策执行的影响"，李继龙译，载《经济社会体制比较》2011 年第 2 期。

〔2〕　李侃如："中国的政府管理体制及其对环境政策执行的影响"，李继龙译，载《经济社会体制比较》2011 年第 2 期。

门改革是环境管理体制改革的难点和焦点，也是改革的试金石。

5. 环境管理机关管理理念陈旧，不能适应社会发展需求

自 1996 年以来，环境群体性事件一直保持年均29%的增速。2005 年以来，环保部门直接接报处置的事件共 927 起，重特大事件 72 起，其中通过官方渠道解决的环境纠纷不足 1%。[1] 近年来环境突发事件骤增，其原因很多，但是有关政府环境管理部门面对重大环境问题缺乏有效公共决策机制、面对突发环境事件缺乏有效应对机制、面对新的社会形势缺乏与时俱进的自我定位和管理理念，不能不说是个中重要原因。

二、从传统环境管理体制转向环境治理体制

传统型环境治理模式向现代环境治理模式的转变可以从多个角度进行总结归纳：如权力向度从政治国家到公民社会，价值选择从工具理性转向价值理性，监管模式从结果导向到过程导向，治理目标从防治污染到防范健康风险，等等。

结合上文有关我国环境管理体制主要问题的归纳总结，有三个转变向度特别值得考虑：一是治理主体层面，从一元行政主导转向多元共治；二是治理目标，从污染治理到保护环境健康；三是治理思维，从单一要素到全要素，从环境治理到经济社会环境协同治理，从条块分割治理到区域协同治理。

（一）从行政主导到多元共治

以 2013 年十八届三中全会系统提出"创新社会治理体制"和 2014 年《环境保护法》的修订为标志和节点，作为镶嵌在公共事务治理体系中的子系统，环境治理领域的单一行政治理开始转向多元治理建构。在国家大力推进生态文明建设战略的宏观背景下，短短数年间，我国密集

---

〔1〕 参见王姝："监狱法等七部法律修改 18 处"，载《新京报》2012 年 10 月 27 日，第 A05 版。

地更新或创设了诸多以"环境多元共治"为指向的制度措施。这些制度措施的共性特征是反思并矫正传统单一环境行政管制模式下，政府单维行使环境治理权力的命令控制型的制度体系。党的十九大报告向全世界庄重地宣告中国特色社会主义进入了新时代，明确提出"加快生态文明体制改革，建设美丽中国"的战略导向。党的十九届四中全会进一步提出"坚持和完善生态文明制度体系，促进人与自然和谐共生"。为进一步加大环境保护力度、完善环境保护制度、优化环境治理体系，中共中央办公厅、国务院办公厅于 2020 年印发的《指导意见》系统地提出了构建现代环境治理体系的要求、原则、方案与路线。若将宏观政策话语转换为法律话语，需要解析现代环境治理体系的体制结构。《指导意见》提出的现代环境治理体系的目标是"实现政府治理和社会调节、企业自治良性互动"。在我国当前政府主导的环境治理实行环境监管体制的法制语境下，达成环境治理体系现代化的关键在于构架完善的环境多元治理机制，以承接政府让渡的部分环境治理权力，形成"政府治理—社会参与同步治理"良性互动、良性竞争的良好格局。

《指导意见》对环境治理领域的总体要求、责任体系、行动体系、市场体系、监管体系和政策法规体系进行了规定，要求必须牢固树立社会主义生态文明观，引入全民共建共治共享的发展理念，积极构建政府、企业、社会和公众共同参与的环境治理体系，坚决走生态优先、绿色发展道路，全心全意推动生态文明建设，还自然以宁静、和谐、美丽，努力提供更多优质生态产品以满足人民日益增长的优美生态环境需要。

环境多元治理机制意味着私人等社会主体属于环境多中心治理中的一极。社会主体参与环境治理的法制化以及社会主体参与环境治理的组织性，环境多元治理机制冲击与矫正了传统的、封闭的、政府单方管理的权力结构。新时期环境治理机制改革的一项核心工作，就是以推进生态文明建设为目标，优化环境治理的协同合作机制。因此，根据《指导意见》构建的治理体系，以及我国生态环境保护实践的现实需求，走向环境治理的多元共治模式需加强政府的主导能力、企业的行动能力、社会组织和公众的参与能力。

（二）从污染治理到环境健康风险预防

环境污染与生态破坏的损害后果并不止于对环境本身的损害，亦对人体健康造成损害。环境侵害后果是一个呈现出"环境污染和生态破坏—人类财产损害—人体健康损害"特征的累积加深、逐步严重的过程。[1]为应对环境与健康问题，党和国家提出"健康中国"战略。2016年，中共中央、国务院印发了《"健康中国2030"规划纲要》；2017年10月18日，习近平总书记在十九大报告中提出："人民健康是民族昌盛和国家富强的重要标志。要完善国民健康政策，为人民群众提供全方位全周期健康服务"；2019年6月，国务院公布《关于实施健康中国行动的意见》，成立健康中国行动推进委员会，出台《健康中国行动组织实施和考核方案》。环境与健康不仅关乎民生福祉，而且关乎国家全局与长远发展、社会稳定和经济可持续发展，有效控制环境健康风险是生态文明的应有之义和环境治理机制改革的重要目标。

2014年修订的《环境保护法》，增加了一项重要内容，即规定了环境与健康保护制度。其一，在第1条将"保障公众健康"作为立法目的加以规定。其二，在第39条直接规定环境与健康法律制度，要求"国家建立、健全环境与健康监测、调查和风险评估制度；鼓励和组织开展环境质量对公众健康影响的研究，采取措施预防和控制与环境污染有关的疾病。"同时，还在其他一些条款中强调了公众健康风险防范问题。2018年通过的《土壤污染防治法》在第1条重申了"保障公众健康"的立法宗旨，在第3条规定了"风险管控"原则；更为重要的是明确规定了环

---

〔1〕 参见吕忠梅："控制环境与健康风险　推进'健康中国'建设"，载《环境保护》2016年第24期。

境风险包括公众健康风险和生态风险的评估，并建立了风险管控标准制度。《环境保护法》和《土壤污染防治法》的这些重要规定，在一定意义上标志着中国环境与健康风险防控制度已经初步建立。[1]

1. 从"预防为主"到"风险预防"

风险预防原则最先在国际法上确定，是指当存在造成严重或不可逆转的损害的威胁时，不应当以科学上没有完全的确定性为理由推迟采取预测、分析、防范措施，同时应考虑采取的政策和措施的成本效益。我国 2014 年《环境保护法》第 5 条明确了"预防为主"原则。这一原则的主要含义，是指应用已有的知识和经验，对可能产生的环境危害事前采取措施以避免危害实际发生，倾向于对已经相对确定的损害进行预防，而不是对不确定性的风险进行预防。[2]考虑到污染环境与破坏生态进而导致人体健康危害的过程具有潜伏期长、影响范围大、致害原因复杂等特点，并且往往需要经过相当长的时间才能显现出来，但一旦爆发，其后果往往极为严重甚至不可逆转，且因关涉人体健康和生命，故"预防为主"原则在环境与健康领域远远不够。在环境与健康领域，环境治理必然要转向风险预防。

风险预防是"面向未知而决策"，法律需要解决的问题是，如何规范政府在证据、事实尚不确定的情况下采取的行动，如何判断这样的行动是否符合比例原则。这有赖于科学技术在风险调查、监测、评估等方面提供支撑，因此针对环境与健康开展研究，不仅具有科学价值，也能为决策提供支撑，科学依据也将成为政府活动的合法性根基以及政策实施效果的保障。

围绕风险预防的目标，应当构建"风险评估—风险管理—风险沟

---

〔1〕　参见吕忠梅："从后果控制到风险预防　中国环境法的重要转型"，载《中国生态文明》2019 年第 1 期。

〔2〕　参见熊晓青："环境与健康法律制度的确立与展开"，载《郑州大学学报（哲学社会科学版）》2017 年第 5 期。

通”的全过程法律体系，其前提就是要建立以健康风险评价为基础的风险管理信息系统，基于科学的风险评估对不同风险进行分区域、分级管理，并针对不同级别风险采取各种预防措施，防止环境污染对公众健康的损害。[1]

这也不失为我国环境保护领域确立风险预防原则的有效路径，即首先在我国环境保护的若干特殊领域适用该原则；接着将风险预防为这些特殊领域的基本原则；再将该原则作为环境法的基本原则；最后将风险预防原则普遍适用于环境法所有领域的环境问题及今后新出现的环境问题中。[2]

2. 环境管理转向健康管理

构建环境健康法律制度体系，以推进环境保护工作从环境管理转向健康管理，预防环境污染引发的公众健康损害，已成为环境法治的重要任务。根据保障生态安全、保护人群健康的环境法目标，针对我国目前存在的环境保护末端治理、风险预防理念尚未确立，环境保护与健康风险防范断裂，缺乏以保障健康为核心的制度的现状，如何从环境法的角度思考环境与健康风险规制体系的革新，具有重要的思考价值。

3. 环境与健康事务迈向全面标准化制度化管理

本着“预防胜于治疗”的风险管理理念，建立以环境与健康风险评估为核心的风险预防机制，有两个方面的内容需要重点把握，即建立以人为本的环境与健康标准体系，建立环境与健康风险评估制度。环境标准不科学、环境法律制度不合理是造成环境健康问题的根本原因。环境标准通过客观科学的数据对相关领域的人类活动及其所产生的环境负荷

---

〔1〕 参见熊晓青：“环境与健康法律制度的确立与展开”，载《郑州大学学报（哲学社会科学版）》2017 年第 5 期。

〔2〕 参见李艳芳、金铭：“风险预防原则在我国环境法领域的有限适用研究”，载《河北法学》2015 第 1 期。

进行定量分析，以量化的办法来预测、判断和说明环境承载能力，约束环境利用行为，能间接地实现对环境污染和生态环境破坏行为的"事前控制"[1]。在我国，虽然建立了环境标准体系，但如前所述，其科学性、合理性和完善程度都不足以为解决中国目前面临的环境与健康问题提供支持。[2]现行环境与健康标准在价值、体系、内容、科技、建设情况等方面均存在问题，应当在"风险预防"理念的指引下建立以人为本的环境与健康标准体系。与此同时，要构建完备的环境与健康风险评估法律制度体系，为环境与健康风险评估的科学性、独立性、可靠性、透明性提供坚实的制度保障。

4. 从单一行政手段转向系统运用现代环境治理手段

环境标准的健康价值失落的原因既有内在体系构造上的不协调，也有外部配套机制的耦合不足。[3]为此，还需要推动完善环境健康规制工具的整合，做好全国重点地区环境与健康调查工作，摸清底数，为制定环境与健康标准、实施环境与健康风险评估、进行环境与健康风险管理积累基础数据。根据《环境标准管理办法》，以保护生态环境、保障公众健康、增进民生福祉为宗旨，综合考虑环境污染状况、公众健康风险、生态环境风险等因素，建立健全生态环境风险管控标准。同时，要进一步明确环境质量标准必须以人体健康保障为最高目标，推动建立环境监测体系与卫生监测体系的有效衔接和信息共享机制，将与公众健康密切相关的指标更多地纳入常规环境监测范围，建立环境与健康综合监测与信息共享机制；将环境与健康风险评估纳入环境影响评价的范围，在健康风险评估的基础上建立公共响应机制与联动执法机制，降低或消除健康

---

〔1〕　汪劲：《环境法学》，北京大学出版社 2018 年版，第 126 页。

〔2〕　参见吕忠梅："环境法学研究的转身——以环境与健康法律问题调查为例"，载《中国地质大学学报（社会科学版）》2010 年第 4 期。

〔3〕　参见赵立新："环境标准的健康价值反思"，载《中国地质大学学报（社会科学版）》2010 年第 4 期。

损害风险。[1]

（三）条块分割管理到流域协同治理：以环境与发展综合决策为抓手

十九届四中全会《决定》指出，要"坚持和完善生态文明制度体系，促进人与自然和谐共生"，并提出"统筹山水林田湖草一体化保护和修复""加强长江、黄河等大江大河生态保护和系统治理"的具体要求。环境治理系统观是生态文明的题中之义，这为环境治理机制指明了整体性和系统化的发展方向。目前我国存在生态环境资源保护与开发利用脱节、部门利益竞争、经济社会发展与环境保护"两张皮"等现象，亟须探索出环境与发展综合决策、区域与流域相互衔接、经济社会发展与生态修复相互促进的新型环境治理机制。以长江流域为例，其治理和保护面临着空间管控、防洪减灾、水资源开发利用与保护、水污染防治、水生态保护、航运管理、产业布局等重大问题，需要根据长江生态恶化的现实状况，建立环境与发展的综合决策机制，以最严格的制度保护长江，通过实施长江经济带空间管控单元、实行生态修复优先的多元共治等方式协调生态环境保护与开发长江经济带的关系。[2]

1. 环境与发展综合决策

当今中国在造就世界经济的"中国奇迹"的同时，也积累了诸多深层次的矛盾和问题。其中最为突出的矛盾和问题是：资源环境承载力逼近极限；高投入、高消耗、高污染的传统发展方式已不可持续。中国全面建成小康社会，最大瓶颈是资源环境，最大"心头之患"也是资源环境。正是在这样的背景下，"绿色发展"作为关系中国未来发展的一个重要理念被提出，体现了党和国家对经济社会发展规律认识的深

---

〔1〕 参见张宝："基于健康保护的环境规制——以《环境保护法》修订案第三十九条为中心"，载《南京工业大学学报（社会科学版）》2014 年第 3 期。

〔2〕 参见吕忠梅："建立'绿色发展'的法律机制：长江大保护的'中医'方案"，载《中国人口·资源与环境》2019 年第 10 期。

化。绿色发展理念要求彻底转变经济发展方式，树立"经济要环保""环保要经济"的"双赢"思维模式，[1]统筹保护和开发利用的综合决策。

这就要求将生态文明建设纳入环境治理的各个环节和全过程，生态文明理念下的环境治理机制应以"环境与发展综合决策"为核心，一方面强调发展以保护环境为前提，不能牺牲环境，要采用有利于环境保护和资源的可持续利用的发展方式；另一方面要促进环保行为产生经济效益，将维系生态健康作为新的经济增长点。在保护生态环境的基础上，促进经济最大程度的发展，实现环境与发展的平衡。以长江流域为例，其不仅为人类社会提供了丰足的水资源，沿岸居民对其生态资源的生存依赖度也极高。《中华人民共和国长江保护法》（以下简称《长江保护法》）确立了"共抓大保护、不搞大开发"的基本原则，在基本内容上涉及空间管控、防洪减灾、水资源开发利用与保护、水污染防治、水生态保护、航运管理、产业布局等重大问题的系统解决。[2]为长江经济带实现绿色发展提供法制保障，有利于以生态保护引领长江流域经济转型与社会和谐发展。

2. 区域和流域相互衔接

流域是由基于水文循环的自然生态系统以及基于水资源开发利用而形成的社会经济系统共同组成的自然人文复合生态系统。传统的行政区域分段管理与流域空间地理整体性、生态环境的系统性存在张力，为此，这一特定空间的治理应当树立整体性、系统性和协同性思维，形成区域和流域有效衔接的治理机制。目前，我国流域治理依然存在"条块结合、以块为主""纵向分级、横向分散"的碎片化的特征。[3]虽然2002年修订的《中

---

〔1〕 参见吕忠梅课题组："'绿色原则'在民法典中的贯彻论纲"，载《中国法学》2018年第1期。

〔2〕 参见《关于印发〈长江保护修复攻坚战行动计划〉的通知》（环水体〔2018〕181号）。

〔3〕 参见邓小云、彭本利："推进黄河流域协同大治理"，载《中国环境报》2019年10月15日，第3版。

华人民共和国水法》（以下简称《水法》）确定了水资源流域管理与区域管理相结合的管理体制，黄河水利委员会以及长江水利委员会作为水利部派出的流域管理机构，依法行使水行政管理职责，但"派驻型"流域管理机构缺乏权威性。就长江流域管理机构来看，其与其他部委、地方政府在涉水事权配置中存在事权重叠、事权交叉和事权空白三个层面的失序现状；且水污染防治和水土保持依然以行政区域为基础，省际横向协同联动不足。据统计，长江流域管理权分别属于中央和省级地方政府，其中在中央分属15个部委、76项职能，在地方分属19个省级政府、100多项职能。[1]科层型环境行政管理体制，流域治理中主体的单向关系以及政出多头、"九龙治水"的管理体制，使多元主体之间难以形成流域治理的合力，导致流域治理缺乏协同性。

流域治理必须打破传统的行政区域和职能部门的界限，进一步完善流域与行政区域相结合的管理体制，形成整体效应。面向"以水为核心要素的国土空间"，改变单纯以水要素作为管理对象的做法，根据流域的多要素性（自然、行业、地区）与社会、经济、文化等复合交融性的特点，充分考虑流域生态系统与其他生态系统的关联性、与经济发展的同构性、流域治理开发保护与管理的特殊性，从产业聚集、国土空间、水资源配置等多方面设定绿色发展的边界、确立可持续发展的保障性制度，从治理体系与治理能力现代化的角度回应流域的特殊区位特征、特殊流域特性与特殊水事问题对立法的现实需求。[2]我国环境治理机制以流域为单元进行先行先试，予以相应制度设计，奠定优化流域治理、推进流域法治的基调，对于探讨跨行政区域的环境综合管理体系，探索跨行政区域的环境保护体制改革，克服机构设置的结构不合理以及解决环保行政

---

〔1〕 参见吕忠梅："寻找长江流域立法的新法理——以方法论为视角"，载《政法论丛》2018年第6期。

〔2〕 参见吕忠梅："寻找长江流域立法的新法理——以方法论为视角"，载《政法论丛》2018年第6期。

职权分工不科学的问题，具有重要的示范意义和作用。

3. 经济社会发展与生态修复相互促进

生态环境既具有重要的生态价值，又具有重大的经济社会价值。经济社会发展对生态环境、自然资源的需求极大、依赖程度极高，但我国长期以来重开发利用、轻保护修复，生态环境保护与经济社会发展之间的关系十分紧张。如长江流域，其人口和生产总值均超过全国的40%，对国民经济和社会发展全局的战略支撑地位和作用不可替代。但经过多年的开发利用，长江流域生态系统岌岌可危。现有数据显示，长江沿岸分布着五大钢铁基地、七大炼油厂以及40多万家化工企业，仅规模以上排污口就有6000多个，每年向长江排放的废污水近400亿吨，占全国污水排放量的一半以上。上游部分支流水能资源开发利用无序；中下游河道非法采砂、占用水域岸线、滩涂围垦等行为时有发生；蓄滞洪区亟需生态补偿；河口地区咸潮入侵现象有所加剧，海水倒灌和滩涂利用速度加快；大量跨流域引水工程的实施，流域内用水、流域与区域用水矛盾日趋显著。[1] 在这样的严峻形势下，长江治理体制必须将生态修复放在压倒性的位置，在立法原则上强调"保护优先"。

生态文明内在包含自然内涵、民生内涵以及发展内涵，生态文明理念下的环境治理应妥善协调经济社会发展与生态环境保护的关系。从这个意义上讲，经济社会发展与生态修复之间，并非绝对的矛盾关系。首先，应将生态环境安全作为首要的基础性价值，任何有害于生态环境安全的开发利用活动都应受到法律的限制乃至禁止。在保障生态环境安全的基础上，保证资源配置公平和权利保障公平，确保开发利用成果为全体人民所有，实现可持续发展，建立人与自然共生共荣的双重和谐法律关系。其次，经济社会发展应当服务于生态修复，为生态系统修复提供

---

〔1〕　参见吕忠梅、陈虹："关于长江立法的思考"，载《环境保护》2016年第18期。

资金、技术、人力资源等支持。最后，在进行生态修复时，要坚持"因地制宜、科学治理、用好政策、讲究效率"，将"绿水青山"转化为"金山银山"，保证生态环境得以修复的同时，提供优质的"生态产品"，创造出经济效益和新的社会价值。

第四节　大数据时代的生态文明建设：环境治理机制改革新动力

数据时代的到来，标志着人类社会进入了工业革命后更高级别的发展阶段。在大数据时代，数据意味着生产力。数据作为信息技术革命的产物，其所带来的价值远远超过以往技术变革所带来的价值。随着数据化处理技术的日益成熟，基于数据的开发和应用不断冲击着人类的认知，改变人类的行为方式和思维习惯。"数据化代表着人类认识的一个根本性转变。有了大数据的帮助，我们不会再将世界看作一连串我们认为或是自然或是社会现象的事件，我们会意识到本质上世界是由信息构成的。"[1]数据革命给人类社会带来效果性影响和范式性影响。在效果性层面带来工作效率提高、预测精准、过程再现等显性变化；在范式性层面对作为上层建筑的政治、经济、社会和法律的治理结构带来长期的渐进性变化。[2]概言之，大数据时代人类社会将受到的影响是立体化、全方位、多层次的，既有短期可见的技术革新，又有预期发生的结构性变革。

处在数据驱动发展的转折点上，学者从不同的视角观察到大数据对社会治理结构和体系的影响。大数据时代面临虚实交叠、无序衍化的社会冲突，加剧社会治理的不可控性。大数据自身成为治理的手段和突破

---

〔1〕〔英〕维克托·迈尔－舍恩伯格、肯尼思·库克耶：《大数据时代：生活、工作与思维的大变革》，盛杨燕、周涛译，浙江人民出版社 2013 年版，第 125 页。

〔2〕参见高奇琦等：《"互联网＋"政治：大数据时代的国家治理》，上海人民出版社 2017年版，第 49 页。

口。应建立政府间的数据共享、政府与企业的合作、政府与公众的互动，形成社会治理的新局面。[1]大数据重塑社会治理环境和现代公共生活，促使政府治理在结构、流程和决策方面进行变革。[2]政府进入 3.0 时代之后，应利用数据化的技术和思维，构建公众参与、开放共享、精细化和协同化、精准化和个性化的政府治理体系。[3]

环境治理作为社会治理体系之组成部分，大数据时代的到来将对其产生何等程度的影响。已有的研究多从管理学、社会学的视角分析，法学视角的研究较匮乏。郑石明等认为大数据在空气污染治理中能够对非结构化监测数据量化分析，从而提高空气环境治理的精细化程度和防治效率，增强公众参与。在制度建设方面，政府部门应当加强数据管理、隐私保护、人才培养和部门联动。[4]李娟从大数据战略与生态危机治理的角度论证，在生态危机全球化的背景下，大数据技术将生态资源数据化，从而为环境治理的全球协作提供潜在可能性。国家在全球环境治理中作为主导力量，需要制定数据政策、破除数据壁垒、处理共享与安全的关系、完善法律体系。[5]邹晓燕认为当前我国环境决策面临生态数据缺失、造假，部门割据，开发和监管乏力等问题，影响政府决策的认知，导致政府的决策与公众对日益美好的生活环境的需求产生矛盾。大数据技术的普及对加强政府环境信息公开和监测数据的共享提供先天便利条件，政府应当贯穿大数据思维，推动生态环境大数据制度化。[6]方印等分析大

---

〔1〕　参见张瑾："大数据时代社会冲突治理结构转型：价值、形态、机制"，载《上海行政学院学报》2018 年第 3 期。

〔2〕　参见黄其松、刘强强："大数据与政府治理革命"，载《行政论坛》2019 年第 1 期。

〔3〕　参见谭海波、孟庆国："政府 3.0：大数据时代的政府治理创新"，载《学术研究》2018 年第 12 期。

〔4〕　参见郑石明、刘佳俊："基于大数据的空气污染治理与政府决策"，载《华南师范大学学报（社会科学版）》2017 年第 4 期。

〔5〕　参见李娟："生态危机治理的大数据战略"，载《理论探索》2016 年第 2 期。

〔6〕　参见邹晓燕："基于大数据的政府环境决策能力建设"，载《行政管理改革》2017 年第 9 期。

数据在环境资源数据信息建设方面的困境及出现的问题以及因此导致大数据思维在环境资源法治建设的立法、执法、司法、守法方面存在的制约。因此应当提高信息化建设能力、加强数据应用水平、支持技术和人才培育。[1]学者们对大数据技术的产生及其技术优势和应用场景进行宏观展望，对制约我国环境信息化发展的技术和制度因素做出归纳。然而分析视角的"当代性"无法剖析制度变革的深层原因，处在历史的视野中观望当下的制度变革更有"带入感"。

形成于特定历史背景下的社会规范有着深刻的时代烙印，如果割裂历史的发展脉络，孤立地分析导致制度变革的影响因素，则始终无法窥得制度的全貌。环境行政管理制度形成于近代以来环境问题突出的社会背景，以风险社会理论建构起的风险行政理论扎根于风险的认知。风险的不确定成为环境预防原则的理论基石，风险管理成为环境行政的核心要义。风险认知的根本是信息的获取和分析，基于对信息的定性、定量分析而成为风险认知的全部。在信息不对称的环境中，风险发生与否没有可供参照的先验，风险预防成为风险管理的基本原则。因此，信息获取成为定义风险的首要任务。数据是信息的载体，包含着信息而成为信息的全部。大数据时代，制约数据获取的技术难题将不复存在。换言之，在大数据时代，信息不对称的情形正逐步消失，基于风险认知理论建立起来的环境风险行政管理体制受到较大冲击。在既有的环境行政管理体制内，注重风险预防、行政准入、事后追责以及政府主导的权力（利）、义务和责任配置的制度体系，已无法适应大数据时代治理转型的要求。

一、数据时代公共治理的新发展

人类社会进化的历史伴随生产力和生产关系不断发展，特定的历史

---

[1] 参见方印等："中国环境资源法治大数据应用问题探究"，载《郑州大学学报（哲学社会科学版）》2018年第1期。

发展阶段受到技术变革因素的驱动并不鲜见。新技术的应用引起社会生产生活方式的变化，并由此引发系列社会问题。传统场景中的交通事故、劳动工伤、环境污染等问题在技术变革的影响下，发生新变化。社会治理中不确定因素剧增，新型社会问题、矛盾冲突不断挑战政治社会与市民社会关系的协调。经历了政府失灵和市场失灵的西方国家，在 20 世纪 90 年代开始反思传统社会管理的弊端，并提出"第三条道路"——社会治理理论。社会治理理论，又称"新治理"，其预设前提是传统政府受到治理能力的限制，无法完全胜任社会治理的全部。因此，"新治理"模式是政府和社会走向互动、互助、协调和合作，区别于传统科层制的统治管理体制的一种新型管理方式。下文在使用社会治理或"新治理"的概念时，具有同样的语境，即指区别于传统管理的新的社会治理模式。"新治理"意指不再强调单向度的"命令－控制"管控，而是致力于实现治理主体和对象的相互沟通、协调。"新治理"要求政府让渡权力，让社会发挥更为积极的作用，形成监督公权力运作的社会组织。"新治理"更加关注过程控制，要求政府在公开透明的环境中行使公权力。"新治理"最终形成公权力、社会组织和私主体持续互动的过程。[1]

在现代社会治理的转型仍未完成的阶段，第三次技术革命的发生，使得现代信息技术呈现爆炸式发展的局面。大数据、云计算、物联网等新型应用技术的出现，成为变革经济社会生活的突破口和重要契机。数据时代的到来，使得大数据不再成为静态的数字化记录，而是如同流体一般充斥在我们周围。大数据记录、传输、分析、反馈着人类的思想和行为，无形中塑造了全新的思维和行为模式。在社会治理中，大数据应用成为正在进行中的社会治理转型的必要条件。大数据的应用将影响到社会治理的权力向度、治理模式、价值选择、目标定位等治理环节，成为社会治理转型的"加速器"。

---

〔1〕　参见俞可平："全球治理引论"，载《马克思主义与现实》2002 年第 1 期。

（一）权力向度：从政治国家到公民社会

在传统的强权政治模式中，政府作为公共治理的主导，依靠行政命令实现其权威。然而，传统的行政管理模式在当代愈发难以适应社会之变革。强权行政的高压政策与市民社会出现的难以调和的冲突状态，导致群体性事件频发，加剧社会的不稳定因素。在治理模式中，社会承接国家让渡的权力，自发进行管理，形成国家和社会共同治理的局面。在此，需要反驳的是如下观点：治理带有"社会中心主义"色彩，这是"西方价值观""带有偏见的标尺"，因为一些发展中国家的社会无法承担起被国家让渡的权力。[1]现实是，如果不培育社会力量承担国家所不能承担的重任，那么政治国家与公共社会的关系将长期处于失衡状态。政治国家为公共任务的实现，必然加强国家权力的领域、深度和程度。"大政府、小社会"的格局注定无法改变，以所谓的社会治理替代国家治理的价值观，不能实现治理所蕴含的应有价值理性。注重实质性价值的实现，而忽视程序性价值的实现，不利于启蒙民主观念和权利意识。

大数据时代权力的向度，在由政治国家转向公民社会的过程中体现得更加鲜明。理由有如下三点：第一，政治国家在传统统治模式中的"优势"——权力集中、权威绝对、管理全面等，在数据时代将成为制约政府实现治理能力现代化的弊端。数据获取便利，信息成本低廉，传输实时高效等网络化信息传输优势，无形中对政府的公共治理提出更高的要求。第二，政府的科层结构、"传输带式"决策传递方式、权威崇拜的模式，决定政府在公共治理中的局限性无法通过依循既有管理体制解决。即政府能力不足，政府必须依赖社会力量实现政府与社会的协同。第三，信息的传播呈现几何性特征，出于对政府权力滥用的警惕，社会监督理应加强。网络监督成为数据时代监督权力的最佳选择，恰如美国学者曼

---

[1] 参见高奇琦等：《"互联网＋"政治：大数据时代的国家治理》，上海人民出版社2017年版，第230页。

纽卡·卡斯特所言，"公民可以利用因特网监督他们的政府，胜于政府用它监督公民，它可能会变成自下而上的控制、信息、合作甚至是决策的工具"。[1]

（二）治理模式：从政府主导到多元共治

传统政府主导的民主化进程，缺乏民意广泛表达的机会。政府在社会管理中习惯性利用政治权威，单向度地安排社会公共生活。导致公众意见无法表达，公民权益无法得到妥善保护。在治理的权威从政治国家到市民社会的转向过程中，治理模式出现由政府主导到公众参与的转变。公众参与政治生活和社会生活一方面是参与式治理的外在表现，为公民社会参与社会治理提供合法性渠道和正当程序；另一方面为公共治理权威的树立创造了自觉认同的机会，在"善治"的语境中，治理权威主要"源于公民的认同和共识"[2]。

大数据社会治理模式中，公众参与政治生活和社会生活的意愿更加强烈。第一，数据的开放程度提高为公众参与提供便利机会。近年来在美国和欧盟层面倡导的"开放政府数据"（Open Government Data）运动，对政府信息公开提出全面要求。以改善治理质量为目标，由主权国家和政府间国际组织发表"开放数据声明"，成立"开放政府合作伙伴"，就开放政府数据制定"国家行动计划"，进一步开放政府数据。数据公开成为现代社会治理的趋势，同时为公众参与现代社会治理提供必要保障。第二，数据主体身份平等吸引公众参与。"网络公民"主体身份的平等性为现实社会中个体公平获取数据信息提供权利基础。数据时代，数据的无差别对世性保证数据信息的获取不因现实社会中主体身份、地位、民族、国别的差异而有所不同。互联网、物联网和云平台技术提供数据无

---

〔1〕［美］曼纽卡·卡斯特：《网络星河——对互联网、商业和社会的反思》，郑波、武炜译，社会科学文献出版社2007年版，第200～201页。

〔2〕俞可平："全球治理引论"，载《马克思主义与现实》2002年第1期。

国界、无时差、无种族、无差异的平等传输、公开、共享。公众参与成为"电子民主"社会的必要条件。第三，数据信息成本效益分析符合公众参与的社会预期。得益于网络技术的发展和可存储设备的技术突破，数据信息的低成本能够为政府和公众所接受。公众通过网络化的数据传输参与社会治理的成本在公众普遍可接受的范围内，民意表达的预期效益可数倍高于成本。

（三）价值回归：从工具理性到价值理性

现代信息技术的发展带动生产效率的提高，以资源配置为主导的市场经济对效率的追求是不变的主题。然而，效率和公平始终存在难以调和的矛盾。自马克斯·韦伯开始对技术理性展开批判以来，工具理性和价值理性的冲突成为学者批判的对象。马尔库塞认为技术理性（韦伯的工具理性）已经成为具有意识形态的统治理性，它将物质和精神抽象化、同一化，泯灭了"古典理性中的整体和谐"和"近代启蒙理性中的人性关爱"。[1]在对工具理性崇拜的过程中，出现了一种"技术官僚主义"倾向，映射到社会治理中就表现为唯技术论、唯工具论。对技术理性的过度偏执，将技术理性制度化、组织化反而使其成为技术理性偏离的表征。技术理性并不是和价值理性相互独立的理性，技术的目的导向反映了主体的价值追求，但目的有合理与否的区分，对不合理目的的追求将技术理性"污名化"。

政府的社会治理始终要以人民的利益为出发点和最终归宿，"政府建立起来的初衷并不是寻求高超的技术，而是寻求人民的整体福利"[2]。大数据时代，对工具理性的选择需要格外警惕工具理性的偏离。数据是中性的，然而对数据的应用彻头彻尾地体现着主体价值的追求。对数据的收集、分析、共享和保护是工具理性中特别需要贯彻价值理性的部分，

---

〔1〕 参见赵建军："超越'技术理性批判'"，载《哲学研究》2006年第5期。

〔2〕 高奇琦等：《"互联网+"政治：大数据时代的国家治理》，上海人民出版社2017年版，第108页。

技术从来不是与理性相互分离的维度，"理性与技术的结合展示的工具理性只是技术理性的一个维度，技术理性还应该包含价值理性"[1]。

（四）目标定位：从结果导向到过程治理

"善治"要求社会治理的权威应体现出"透明性、回应性、有效性和参与性"。[2]上述特征对社会治理的目标导向提出从结果责任到过程参与的要求。透明性要求治理权威在决策过程中进行信息公开，并保证权力在阳光下运行。回应性则要求权力机关在治理过程中及时回应社会的意见、需求和质询，不得无故拖延和无视。有效性则要求管理过程有效率、低成本，符合成本效益分析和行政比例原则。参与性体现为公民参与政治和社会生活，既要有形式上参与的合法途径，又要有实质上民意诉求得到回应的表达机制。社会治理的过程参与要求权力机关以公开、透明的形式，及时回应民众的需求，动态调整管理活动以符合有效的管理。

数据技术将对上述流程进行强化和再造。电子政务的适时性、便捷性、低成本性与透明性、回应性、有效性和参与性的要求相对应。移动电子政务突破了传统办公环境下，时间和空间的限制。一方面为政务人员提供便利办公条件，另一方面拓宽公众获取信息的渠道。在参与式民主的要求下，公众实时关注政府动态、全程参与治理行动，对政务的信息发布、公开、回应提出全方位的要求。公众参与已经不是表面化、形式化的浅层参与，而是全方位、深层次的重度参与。

二、大数据对环境风险行政的影响

风险规制作为环境行政规制的逻辑起点，[3]在逻辑体系、制度选择、

---

〔1〕 赵建军："超越'技术理性批判'"，载《哲学研究》2006年第5期。

〔2〕 参见俞可平："全球治理引论"，载《马克思主义与现实》2002年第1期。

〔3〕 环境法制主要以环境风险的行政规制为主导，符合环境法作为公法性质的价值导向，行政行为在自由裁量权范围内可调适立法过于稳定的滞后性。参见刘超："环境风险行政规制的断裂与统合"，载《法学评论》2013年第3期。

规则建构等方面表现出特有的逻辑：（1）在前提预设上，以环境风险的不确定性为规制起点。环境风险的不确定性内在地包含着被规制对象的客观存在的科学不确定性，即在科学理性上风险存在与否无法完全独立于经济、政治及伦理；也包含着社会认知的不确定性，即在社会理性上风险源自公众的主观感受。[1]（2）在理论模型上，以环境容量为总量控制依据。环境容量理论以资源物质载体在自然状态下的污染物容纳能力为研究对象，量化环境和资源的最大承载能力。排污权就是环境容量使用权的权利化载体，衍生出来的则是排污权交易。[2]（3）在风险预防上，以行政许可为准入门槛，以环境影响评价和环境利用整体规划为制度依据，把控环境风险。（4）在规制效果上，以环境质量标准为量化手段。界定环境行政性质量管控标准，以此保证资源环境的承载力在容许范围内。（5）在技术依赖上，以环境监测为执法依据。借助现代化的环境质量监测技术，认定污染者应承担的责任。

大数据时代的到来，基于风险预防的环境行政将受到较大影响。2016 年原环境保护部印发的《生态环境大数据建设总体方案》，对环境行政的大数据发展进行顶层规划。用数据化决策思维，再造环境行政是《生态环境大数据建设总体方案》的亮点。以推进数据资源全面整合共享、加强生态环境科学决策、创新生态环境监管模式、完善生态环境公共服务等为主要任务，对环境行政的各方面提出全新要求。概言之，大数据对环境行政的职能定位、管理模式、义务转变、责任导向等领域影响深远。

（一）职能定位：风险预防与风险沟通

风险预防原则作为环境法的基本原则和环境行政规制的逻辑起点，

---

〔1〕 参见［德］乌尔里希·贝克：《风险社会：新的现代性之路》，张文杰、何博闻译，译林出版社 2018 年版，第 19 页。

〔2〕 参见邓海峰："环境容量的准物权化及其权利构成"，载《中国法学》2005 年第 4 期。

贯穿环境规制的制度体系。然而，基于风险认知的差异，风险在不同程度上由公众的主观感受、事件本身、"自我—他人"的心理距离、专家的独立性等因素决定。[1]风险规制法律和技术措施的选择受到议事机构和规制机构在措施选定上的不确定性影响。换言之，决策机构在制定环境法律和规制措施时，同样受到风险议题的科学不确定性和统计学意义上的数据分析影响。以风险预防为主要规制目标的环境风险行政，在实际运行中却未能实现既定目标，从而陷入"政府规制风险的恶性循环"和"环境风险行政规制的断裂"[2]。风险认知的偏差成为环境风险行政难以奏效的关键因素，而风险认知的"非人格特质"和"可变性"给风险沟通提供了机会。[3]风险沟通则需要以科学证据为协商对话的根据，"有效的风险沟通要求决策者提供充足、具有说服力的事实信息和理由"[4]。环境监测数据在风险沟通中足以充当科学证据，成为沟通对话的媒介。风险的不确定性在某种程度上表现为环境监测数据缺失，无法基于详实的监测数据评估潜在行为对生态环境和人身健康的影响程度。倘若基于历史环境监测的数据真实、多样、准确且详实，那么潜在污染源对环境的影响就具有整体可预测、可评估、可规避的特质。凭借以环境大数据为基础的风险认知，可避免风险沟通成为不切实际的"空谈"。

（二）管理模式：粗放式管理与精细化治理

环境精细化治理意指制度设计、治理流程、治理技术的精细化、具体化和专业化，是环境粗放式、经验型、运动式、政绩导向治理方式的对立面。"环境精细化治理意味着环境政策的价值偏好须精准靶向、环境

---

〔1〕 参见［美］史蒂芬·布雷耶：《打破恶性循环——政府如何有效规制风险》，宋华琳译，法律出版社2009年版，第52~56页。

〔2〕 参见刘超："环境风险行政规制的断裂与整合"，载《法学评论》2013年第3期。

〔3〕 参见秦川申："对政府规制风险的思考——评《打破恶性循环》"，载《公共管理评论》2016年第2期。

〔4〕 参见郭红欣："论环境公共决策中风险沟通的法律实现——以预防型环境群体性事件为视角"，载《中国人口·资源与环境》2016年第6期。

治理的职能整合须精准到位、环境治理的组织实施须精准高效。"[1]环境精细化治理是"善治"理论中有效性的体现，精准施策隐含着成本效益分析和治理能力现代化。传统的环境管理方式依赖政策驱动、政治权威、绩效评估，实践中表现为运动式执法、粗放式管理，结果导向性严重；环境行政职权分工不明、治理主体虚化、监督主体缺失，环境治理远未形成完善、有力、科学的体系。近年来在生态文明建设提速的背景下，环境治理再依循传统的管理方式将难以完成党和国家以及人民群众对美好环境向往的重托。环境治理面临迫切转型的需求，而科学技术的飞速发展为环境治理的精细化提供了契机。依托将要建成的生态环境大数据管理平台、应用平台和云平台的技术保障，生态环境的精准化、精细化、科学化治理将不再困难。大数据成为平台建设的关键，用数据决策、治理、服务是环境行政的必经之路。

（三）义务转变：信息公开与数据收集、共享、保护

环境信息作为社会生活的"基本必需品"，充当着环境治理、风险沟通、公众参与的媒介，成为评价政府环境义务、企业环境责任、公众环境知情权的根本。"公开、透明、及时的环境信息，既关涉利益攸关方的基本权利和责任，也是破解环境困局的前提和力量。"[2]环境信息公开自《奥胡斯公约》以公约的形式在国际社会中确定以来，公众的环境信息知情权和程序性救济权正式得到确认。我国环境信息公开自 1989 年《环境保护法》明确提出以来，经历了"隐含式公开""半公开""正式公开"的历程。[3]在法制建设方面，经历了《环境信息公开办法（试行）》《环境保护法》第五章的专门规定阶段。环境信息公开的实证研究进一步表明，信息公开对环境治理存在"正向净效应"，不同污染物的监

---

〔1〕 余敏江："环境精细化治理：何以必要与可能？"，载《行政论坛》2018 年第 6 期。
〔2〕 王国莲："基本必需品视阈下环境信息的问题逻辑"，载《理论导刊》2017 年第 10 期。
〔3〕 参见孙岩等："中国环境信息公开的政策变迁：路径与逻辑解释"，载《中国人口·资源与环境》2018 年第 2 期。

测技术和信息公开程度对环境治理影响较大，信息化水平建设是环境信息公开的核心任务。[1]然而，大数据技术的应用使环境信息需要以数量级的方式计算。数据的收集、共享和保护成为信息公开中所面临的重要问题。数据收集高度依赖完整、立体的监测网络，对各环境要素的监测将成为常态。传统的环境信息收集以业务主管部门为主导，如今，在数据共享的要求下，必须破除部门利益格局。数据公开和保护存在部分张力，需要明确数据权利主体、公开范围和保护限度。

（四）责任导向：结果责任与过程监督

传统环境管理模式存在强烈的结果责任导向性，环境行政责任的成立只有明确存在危害后果的情况下才产生。环保机构囿于执法人员、装备、财政供给的有限性，存在对违法情况掌握不全、执法线索不足、执法能力欠缺的问题。环保执法倾向于结果责任，与过程监督机制缺失亦有关联。然而，结果责任的导向存在如下问题：第一，被动式执法不利于调动执法积极性，给权力寻租提供机会。环境保护是公法义务，环境行政的执法理应主动、积极。囿于环境保护与经济发展之间的冲突，环保力量长期处于被忽视的境地。环境保护受制于地方经济发展政策，环保执法缺乏主动性。被动式的环境执法，执法与否、处罚与否都存在自由裁量的空间，给权力寻租提供了机会。第二，结果认定存在不确定性。以污染状态认定行政责任，存在严重滞后性和结果的不确定性。污染物质在自然环境中容易受到物质载体的流动而扩散或消解，倘若不能迅速固定污染证据，将使危害结果不复存在或较难确定。第三，滋生污染者的侥幸心理。被动式的结果发现路径依赖，给污染者以可乘之机。污染行为的发现与否，存在较大的不确定性。即便污染行为被发现，污染物质可能早已随流体转移，再行认定污染责任较困难。大数据在线监测平

---

〔1〕 参见杨煜等："政府环境信息公开能否促进环境治理？——基于120个城市的实证研究"，载《北京理工大学学报（社会科学版）》2020年第1期。

台的建设将加强过程监督，减少人为干预，杜绝污染者的侥幸心理，转变环保执法被动的局面。除此之外，大数据为加强公众参与，提高公众监督能力提供契机。以公众环境研究的"蔚蓝地图"产品为例，其整合官方机构和自愿公布环境信息的企业发布的环境污染物在线监测数据，以可视化图像展示空气、水质和气象条件。将环境质量的状态直接展现在公众面前，无形中使公众产生监督的意愿。

三、环境行政体制的改革与重塑

环境行政处在社会治理转型期和大数据时代的叠加期，面临着多重变革因素。传统的环境行政管理体制在新时期存在较多不适，环境治理的现代化存在内外因素的激励。在经历了大部制改革后，制约环境管理体制职能发挥的部分限制因素得到削弱。然而，机构改革是环境行政管理体制改革的外部诱因。环境行政管理体制功能的发挥，仍有赖于数据化治理思维、公共服务职能清晰、"条块"关系协调、行政治理措施精准等内部机制的变革。

（一）形成从政策主导到法律主导的体制改革

大数据作为环境治理变革的驱动因素，其必要性、可行性在多数学术研究中得到论证。[1]然而，大数据驱动下的环境治理的落地，取决于制度的体系性、科学性和规范性。目前的大数据战略在国家层面是以政策的形式确立。政策实施具有灵活性和可变动性的优势；但政策的实施同样面临刚性不足，位阶较低，任意性较强的弊端。政策导向型的社会治理容易偏离预定实施目标，因此，政策文件适合制度实施的初期阶段，法律制度则适合在制定条件成熟之后的时期。法律制度的价值在于引导

---

〔1〕 参见石火学、潘晨："大数据驱动的政府治理变革"，载《电子政务》2018年第12期；方印、徐鹏飞："大数据时代的中国环境法治问题研究"，载《中国地质大学学报（社会科学版）》2016年第1期。

性和可预期性。大数据战略在社会治理中的形成，有赖于制度的刚性保障——主客体清晰、权利义务明确、法律责任到位。政府机构设置及其权力义务和责任的行使与承担，都应在法律规定的范围内进行。管理体制的改革需要综合考虑职能转变、组织重组、职权重置。与技术变革对体制的冲击相较而言，体制自我变革的冲击更为强烈。脱离法律制度的授权和约束，体制改革缺乏必要的法律依据。"从法律保障层面来讲，一国的环境管理体制就是法律构筑的产物，环境管理体制的建立是一项系统工程，需要全面的统筹和安排"[1]。以我国正在推行的地方生态环境局垂直化改革为例，基层环保执法机构成为市级生态环境局的分支机构后，由于缺乏法律的执法授权，其执法效力减弱，积极性也受到挫伤。为此，环境行政管理体制的改革可分步骤进行。首先，在地方试点。先试先行、积累经验、总结教训、适时调整，待到条件成熟之后进行配套制度修改。其次，修改法律，保障刚性实施。只有法律修改到位，才具备体制变革的法制条件。最后，严格依照制度贯彻落实，对违法行为严肃处理。制度的落实是守法和执法的目标，良法善治是法律规范制定的初衷。数据化的落实必定对部分既得利益者有所触动，缺乏法律的刚性约束无法对其形成威慑。

（二）围绕数据采集协调"条块"关系

大数据应用对环境监测数据有较高要求，监测数据全面、真实、客观是确保环境大数据战略实施的基础保障。然而，我国当前的环境监测问题突出：监测机构分属不同部门管辖、监测设备重复建设、监测职权相互冲突、监测数据质量难以保证、监测数据共享困难等，成为制约环境监测管理体系建设的关键。[2]《环境监测管理办法》作为原国家环境保

---

[1]　侯佳儒："论我国环境行政管理体制存在的问题及其完善"，载《行政法学研究》2013年第2期。

[2]　参见师耀龙等："加强生态环境监测机构监督管理的思考与分析"，载《环境保护》2018年第23期。

护总局令，适用于县级以上环保部门的环境监测活动，而其他部门的监测机构和监测活动处于监管"真空"地带。各监测机构之间的职权缺乏法律规定，导致上述问题长期存在。2015 年国务院办公厅印发《生态环境监测网络建设方案》，提出建设全国联网的生态环境监测网络的任务。要求明确各方监测事权、推进部门分工、数据联网共享，上收监测机构监管职权至原环境保护部；各地方政府应加强组织领导，职责分工，同时不得干涉监测数据。2017 年中央办公厅、国务院办公厅印发《关于深化环境监测改革提高环境监测数据质量的意见》，再次重申环境监测质量。该意见要求，重点加强地方党委、政府和相关部门、排污单位和监测机构的责任，实行社会监测机构市场准入，建立行刑衔接机制，完善法规制度。根据上述方案、意见作出的工作部署，环境监测管理体制基本理顺。然而，环境监测职权在部门间和府际间的安排缺乏更为细致的规定。在方案和意见的落实中，难免发生相互推诿和扯皮的现象。

对此，可借鉴日本环境治理监测的管理经验。以日本的水环境质量监测为例，日本水环境质量监测主体包括：（1）国家行政机关。如环境省负责制定环境监测方法、点位布设等技术性指导文件，组织地方政府开展监测，集成、分析、公布监测结果；国土交通省负责公共用水域、遗迹河流及沿岸和海洋水质监测。（2）地方政府。根据法律法规和环境省的指导性文件自行开展监测活动。（3）科研机构。开展重大环境课题研究、基础调查研究等研究项目，并负责在线数据库的维护等工作。上述监测主体相互之间的职责分工，以法律或政府机构间协议的形式被明确规定。[1] 我国正在进行的环境监测管理体制改革需要在组织机构、职权划分、部门协调、数据共享、能力建设等方面，以法制化的方式进行统筹规划。具体而言，按照方案和意见要求：（1）上收环境监测事权，化解地方财政压力，解决地方保护主义。（2）明确地方政府对监测站点的

---

〔1〕 参见陈平等："日本水环境质量监测管理概述"，载《中国环境监测》2019 年第 2 期。

维护义务，以法律化的方式加以明确。（3）垂直管理省以下环境监测机构，化解体制性的问题。（4）重新定位央地监测机构的关系，国控点位的监督权收归中央，地方政府负责监测设备的维护，地方共享国控点位监测数据；地方点位的监督、管理、维护由地方政府负责，列入地方财政预算。[1]

（三）数据公开、共享强化环境行政服务职能的转变

政府职能转变与组织结构优化是行政体制改革的关键，职能的转变离不开组织结构的优化，组织结构的优化必须以职能转变为依据。[2]在我国行政机构改革中，二者的关系被人为割裂，导致行政改革偏离预期。政府职能从公共管理向公共服务的转变是社会治理理论中"善治"的要求，与发达国家相比，我国政府职能的转变仍未到位。环境问题作为市场经济所不能解决的公共问题，理应由政府解决，以满足民众对良好环境的需求。然而，我国传统的环境行政管理职能分散在不同部门，部门利益割据和职能真空造成环境公共事务的碎片化局面。此次机构改革之后，生态环境部整合分散在其他部门的环境监管职能，有利于避免利益部门化的困境、便利环境风险规制的整体性考量。组织结构的优化是行政管理体制改革的外部表象，公共环境服务职能的转变是结构优化的根本目的。

公共环境服务职能转变的主要体现：一是畅通民意表达机制。民众意见得以表达是服务型政府构建的首要任务，不能考虑群众诉求的政治生态是单一向度的管理型逻辑。而服务型政府的出发点和落脚点是人民，只有人民的认可才是政府权威树立的根源。二是构建风险沟通渠道。环境风险的不确定性在社会中呈现不稳定状态，风险认知存在主体差异、

---

〔1〕 参见柏仇勇："环境监测事权划分与管理体系改革"，载《中国机构改革与管理》2017年第3期。

〔2〕 参见吕雅范、于新恒："中国行政管理体制改革的问题与对策"，载《政治与法律》2008年第4期。

地域差异和事件差异。缺乏风险沟通是环境群体性事件频发的重要原因，风险沟通在化解社会矛盾方面的作用无可替代。三是建立利益协调途径。社会利益诉求愈发多样化，利益协调是调和不同利益诉求的基本原则。环境利益在不同群体中存在高低位阶的排序，优先满足对环境利益需求程度较高的群体是服务型政府的应有之义，更是尊重人成为人的前提。

大数据在促进环境行政服务职能转变中的着力点体现在，以数据公开增强政府透明度，保证公民环境信息权的实现，为风险沟通提供必要基础。以数据共享对内构建部门之间资源共享的通道，对外提高数据资源的可用性，提高政府机构社会治理能力。数据公开和共享是管理型政府向治理型政府转变的必经之路，社会治理的难度和困境倒逼政府必须提高信息开放程度、构建风险沟通渠道和利益协调机制。多元化的社会需要多元化的治理主体和多元化的治理权威，政府在环境治理中唯有摒弃全能型政府的理念，充分考虑民众的环境利益诉求、主动公开环境信息、统筹环境相关职能部门职责分工，方能在全社会形成多元共治的局面。

（四）通过数据应用重塑环境行政权责关系

大数据技术的优势集中体现在对数据的应用，数据成为环境行政管理制度和流程再造的根本。环境大数据在环境行政管理制度的多个部门、多个领域、多个环节都将发挥重要作用，具体而言：（1）在空间规划中，生态环境监测数据是环境承载能力预警的直接依据，跨地域、跨部门获取的大数据在掌握真实的环境资源容量、整体规划空间布局、动态调整国土利用规划、合理引导产业布局和升级改造、控制污染源的跨地域转移等方面有着不可替代的优势。（2）在行政准入中，随着环境影响评价制度的"放管服"改革，环境影响后评价和环境影响预警的提出及环评基础数据库的建设离不开环境监测大数据的支持。（3）在监督执法中，大数据将助力动态监测和精准执法的落实。（4）在环境修复中，监测数据可长期跟踪资源破坏和环境污染的修复状况。

大数据对环境行政权责的重塑，主要体现在权力让渡、权力限缩和义务加强。首先，环境的行政管理向社会治理的转变，导致权力从行政机关向公民社会的让渡。环境多元治理格局已经形成，并通过信息公开和公众参与不断得到加强。大数据作为环境社会治理链接的纽带，在信息化时代的作用得到进一步彰显。其次，行政自由裁量权限缩。数据成为环境决策、行政和司法的关键支撑，数据失真、造假的问题并不能成为否定数据无效的借口。在政府数据开放和共享的互联网精神影响下，公开、透明、民主的政治生态倒逼恣意行政、强权行政做出改革，行政自由裁量权空间在大数据时代得以限缩。最后，环境行政的过程监管义务，风险沟通义务，信息公开义务，数据共享、保护义务不断强化，政府环境保护责任加重。大数据对环境行政管理流程的再造，加强行政机构的环境过程监督义务，生态环境大数据管理平台、应用平台和云平台的建设，保证数据的实时传输，环保机关对污染源的动态监控成为监督重点。一旦发现预警线索，可在最短时间内对污染主体行政执法，防止污染进一步扩大。环境风险认知随着数据应用的普及而发生改变，环境风险可能趋于减弱，也可能在舆论引导下加强。数据资料成为风险沟通的必备选项，风险沟通在信息高度发达的时代显得格外重要。信息公开成为联结行政机构和社会公众的关键，基于数据分析形成的环境信息在数据时代的社会治理中已经成为"基本必需品"，然而我国政府信息公开的现状与立法目的出现的偏差——"没有将保障公民的知情权置于首要的位置，而是优先规范政府行为"[1]，成为制约公民环境知情权的障碍。数据在一国之内的政府机构间和国际社会的官方合作组织之间传递成为常态，数据保护在数据时代成为关涉个体隐私、企业秘密和国家秘

---

　　[1]　杨佶："政府信息公开法律规范必须转变视角——以保障公民知情权为宗旨"，载《政治与法律》2013 年第 2 期。

密的敏感议题，对此应当依照《中华人民共和国保守国家秘密法实施条例》第 5 条所规定"机关、单位不得将依法应当公开的事项确定为国家秘密……"，而做出适当调适，将"依法应当主动公开的政府环境信息不得被确定为国家机密"[1]作为平衡数据保护和信息公开的基本原则。

---

〔1〕 严厚福："公开与不公开之间：我国公众环境知情权和政府环境信息管理权的冲突与平衡"，载《上海大学学报（社会科学版)》2017 年第 2 期。

分　论

第二章　环境私人治理的机制构造
与具体展开

习近平总书记指出："党的十八届三中全会提出的全面深化改革的总目标，就是完善和发展中国特色社会主义制度、推进国家治理体系和治理能力现代化。这是坚持和发展中国特色社会主义的必然要求，也是实现社会主义现代化的应有之义。"习近平总书记进一步深化论述："坚持和完善中国特色社会主义制度、推进国家治理体系和治理能力现代化，是关系党和国家事业兴旺发达、国家长治久安、人民幸福安康的重大问题。"[1] 推进国家治理能力和治理体系现代化是一个时代新命题，是我国针对国家治理面临的许多新任务、新要求，系统提出的中国特色社会主义制度和国家治理体系建设的一项长期战略任务和一个重大现实课题。该科学命题的提出，并不是一蹴而就的，而是镶嵌在中华人民共和国成立后有效治理社会理论和制度历经社会管制、社会管理、社会治理三个历史阶段的演进轨迹中，[2]体现了我国国家治理历经"计划管理"到

---

〔1〕 习近平："坚持和完善中国特色社会主义制度推进国家治理体系和治理能力现代化"，载《求是》2020 年第 1 期。

〔2〕 参见张文显："新时代中国社会治理的理论、制度和实践创新"，载《法商研究》2020 年第 2 期。

"社会管理"再到"社会治理"的三次重大理论飞跃，[1]这种国家和社会治理的理论与制度演进的主线脉络，为阐释和展开国家治理能力和治理体系现代化提供了基本前提与基础。我国对国家治理能力和治理体系现代化的理论体系建构与制度展开是逐渐深入和体系化地完善的。

2013 年，党的十八届三中全会报告《全面深化改革决定》在"创新社会治理体制"中提出改进社会治理方式，"发挥政府主导作用，鼓励和支持社会各方面参与，实现政府治理和社会自我调节、居民自治良性互动。"2014 年修订的《环境保护法》通过创新权利义务制度体系和增设"信息公开和公众参与"一章，建立了"政府主导、企业主责、公众参与"的多元共治新体制。[2]2017 年十九大报告将"推进国家治理体系和治理能力现代化"作为全面深化改革的总目标之一，提出"构建政府为主导、企业为主体、社会组织和公众共同参与的环境治理体系"作为加快生态文明体制改革的目标。2019 年，十九届四中全会《决定》聚焦于国家治理体系和治理能力现代化的若干重大问题，从重大意义、总体要求、制度体系、法治保障等方面为我国推进国家治理体系和治理能力现代化指明了前进方向、提供了根本遵循、描绘了制度图谱和路线蓝图。2020 年，党的十九届五中全会通过《中共中央关于制定国民经济和社会发展第十四个五年规划和二〇三五年远景目标的建议》的"'十四五'时期经济社会发展指导方针和主要目标"部分，进一步将"推进国家治理体系和治理能力现代化"作为"十四五"时期经济社会发展指导思想的重要内容，并将"加强国家治理体系和治理能力现代化建设"作为"十四五"时期经济社会发展必须遵循的原则的构成部分。

中央全面深化改革委员会第十一次会议于 2019 年 11 月 26 日审议通

---

〔1〕 参见张来明、李建伟："党的十八大以来我国社会治理的理论、制度与实践创新"，载《改革》2017 年第 7 期。

〔2〕 参见吕忠梅、吴一冉："中国环境法治七十年：从历史走向未来"，载《中国法律评论》2019 年第 5 期。

过，中共中央办公厅、国务院办公厅于 2020 年印发的《指导意见》是中共中央办公厅、国务院办公厅制定颁布的专门部署现代环境治理体系建设的纲领性文件，进一步将环境多元共治体制推向体系深化，提出"构建党委领导、政府主导、企业主体、社会组织和公众共同参与的现代环境治理体系"的体制改革目标。

通过上述简要梳理可知，我国在生态环境领域的国家治理体系现代化是以"政府主导、企业主体、社会组织和公众共同参与"为核心内容的环境多元共治体系。政策具有宏观性、原则性和方向引导性，其所确立的环境多元共治体系，描绘的是生态环境领域国家治理体系的"理想类型"和"生态系统"。这一多元主体共同参与的环境治理体系并不能自动实现，需要依赖于精巧的法律机制设计。梳理我国当前对"环境多元共治"的研究，或在宏观上从整体论的视角阐释环境多元共治具有促成保障环境利益的法律秩序、实现公众与行政主体互动协作、提升环境行政的制度化能力等功能，[1]或在微观上从还原论的视角分别阐释企业、公众等主体在环境治理中的功能，比如阐述在多元共治机制下企业环境信息披露的治理，[2]或论证地方政府环境履职的完善与制度保障。[3]宏观层面阐释环境多元共治的内涵与价值，微观角度解析多类型单一主体在多元共治理念下的环境保护职能职责与权利义务，均对推进我国环境多元共治机制的丰富与完善具有重要意义，但当前对中观层面环境多元共治本身的层次架构与机制构造鲜少讨论。实际上，政府、企业、社会组织和公民个人等各类社会主体一直以来以各种角色参与了生态环境保护与环境问题治理。当前推行的环境多元共治机制的旨趣与要义在于重新划

---

〔1〕　参见秦天宝："法治视野下环境多元共治的功能定位"，载《环境与可持续发展》2019年第 1 期。

〔2〕　参见吴真、梁甜甜："企业环境信息披露的多元治理机制"，载《吉林大学社会科学学报》2019 年第 1 期。

〔3〕　参见谢海波："环境治理中地方政府环保履职的完善与制度保障"，载《环境保护》2020 年第 3 期。

定各类主体的关系框架，实现由传统的政府单维管制模式向社会多方主体参与模式的转变。长期以来，政府是履行国家环境保护职责的主体，环境多元共治机制强调"政府主导"，虽然调整了政府与其他社会主体在环境治理体系中的权责关系，但并没有改变行政主体在环境治理中的主导地位。因此，环境多元共治机制的关键在于重构环境私人治理法律机制，并借此牵引了行政主体的环境监管权力配置与行使方式发生变革。因此，本章的研究目的是梳理与辨析环境多元共治机制下私人治理法律机制的内涵与构造，研究路径是从梳理与剖析当前出台的《指导意见》中的环境治理政策体系对环境私人治理机制的定位出发，剖析环境私人治理机制的内涵与要素，进而从政策目标与应然法理角度探讨理想状态的环境私人治理机制的完善路径。在对环境私人治理进行法理分析后，进而以当前国家公园体制改革中的治理机制为个案，剖析环境私人治理在具体领域的实现机制。

第一节　环境私人治理机制的法理与内涵

《全面深化改革决定》将坚持和完善生态文明制度体系、促进人与自然和谐共生作为新时代发挥制度优势、提高治理水平的 13 类重点任务之一，[1] 这要求在该领域完善治理体系和提升治理能力。为此，中央全面深化改革委员会第十一次会议 2019 年 11 月 26 日审议通过，中共中央办公厅、国务院办公厅于 2020 年印发的《指导意见》是《全面深化改革决定》部署的以"治理体系和治理能力现代化"为核心的制度建设和治理能力建设的目标在环境治理领域的具体化。《指导意见》围绕"构建党委领导、政府主导、企业主体、社会组织和公众共同参与的现代环境治理体系"这一体制改革目标，进一步明确了中国现代环境治理体系的任务

---

〔1〕 参见张文显："国家制度建设和国家治理现代化的五个核心命题"，载《法制与社会发展》2020 年第 1 期。

书、时间表和路线图，[1]这既为审视与评估我国当前的环境治理体系提供了参照依据，也为我国当前正在构建的生态环境领域的治理制度提出了新课题。

一、体系结构中的环境私人治理机制意蕴

《指导意见》提出构建"党委领导、政府主导、企业主体、社会组织和公众共同参与的现代环境治理体系"，体现国家顶层设计要求企业、社会组织和公众等各类社会主体参与政府环境治理活动，形成全社会共同推进环境治理的良好格局。但是，这并没有、也不预期转变政府在环境治理中主导性的地位与功能，而是需要政府让渡某些环境治理权力，这就要求在多元主体治理体系中辨析环境私人治理的指涉与意蕴。

（一）传统模式下私人主体参与环境治理的方式与本质

《指导意见》中明确了"现代环境治理体系"的体系构成。若细致梳理，该体系包括了一个二元结构，即"政府主导"与"企业主体、社会组织和公众共同参与"。基于论述目标，也为了行文方便，本章将多元主体概括为行政机关与私人主体，私人主体包括参与环境治理的企业、社会组织和公众。[2]该二元结构实质上要求，环境治理体制改革的重点是转变环境问题治理主要依赖于行政管制的现状，重视发挥私人主体在环境治理中的功能。但是，并非私人主体以任何形式"参与"环境治理，均为契合现代环境治理体系要求的"共同参与"，若从过于宽泛的角度理解私人主体的"参与"，既消减了我国正在推进的"现代环境治理体系"

---

〔1〕　参见吕忠梅："论环境法的沟通与协调机制——以现代环境治理体系为视角"，载《法学论坛》2020年第1期。

〔2〕　"私人"在《辞海》等工具书的解释和日常用语中主要指"个人"；当前在行政法领域的一些专业问题研究中，"私人主体"也往往指称在公权力主体之外的其他类型主体，比如，在对政府信息公开法的分析中，"私人主体"概指承担公共任务的其他组织、企业和个人，参见高秦伟："私人主体的信息公开义务——美国法上的观察"，载《中外法学》2010年第1期。

在体制改革层面的重要意义，也遮蔽了环境治理的制度设计与法治实践的历史面相，可能会引致环境治理现代化体制构建中的方向性偏差。事实上，我国当前推动的现代化环境治理体系改革是一个渐进的过程，这一过程起步于 2014 年修订的《环境保护法》规定"综合治理"[1]以及我国环境法制度建设和实践中引入"环境污染第三方治理"，近年来日渐趋于完善。但是，在此之前，企业、社会组织和公众等类型的社会主体已经以多种形式参与到环境治理之中了。

具体而言，企业一直以履行环境保护义务、承担环境法律责任的方式被动参与环境治理。20 世纪中期产生于美国的环境法的规制对象与责任制度直接指向大型工业污染源，[2]这成为当今世界各国环境法的"原型"，在此基础上根据时代发展和社会环境问题变迁而逐渐添加新的规制对象。即使当前我国《环境保护法》引入了"综合治理"原则、规定了守法激励制度，[3]但环境法律制度的基本逻辑还是如何有效规制企业的生产经营活动。比如，排污许可制度是蕴含着对企业承担环境责任的法律约束与企业自律的要求。[4]我国环保组织长期以来以不同形式参与环境治理，以其参与形式以是否存在法律依据为标准，可将环保组织参与环境之治理分为两个阶段：第一阶段，以环境法律关系主体的"协助者"身份参与，这表现在环保社会组织在其环境法主体地位未予明确、"身份不明"的"草根"状态下，主要是以社会监督者和协助者的身份参与环境

---

〔1〕 2014 年修订的《环境保护法》第 5 条规定："环境保护坚持保护优先、预防为主、综合治理、公众参与、损害担责的原则。""综合治理"原则是新增的一项环境法基本原则。"综合治理"原则的引入，"改变了以往主要依靠政府和部门单打独斗、事后监管的传统方式，明确了政府、企业、个人在环境保护中的权利与义务，建立了参与机制，体现了多元共治、社会参与的现代环境治理理念。"参见吕忠梅："《环境保护法》的前世今生"，载《政法论丛》2014 年第 5 期。

〔2〕 参见［美］罗伯特·V·珀西瓦尔：《美国环境法——联邦最高法院法官教程》，赵绘宇译，法律出版社 2014 年版，第 30 页。

〔3〕 具体分析参见巩固："守法激励视角中的《环境保护法》修订与适用"，载《华东政法大学学报》2014 年第 3 期。

〔4〕 参见赵惊涛、张辰："排污许可制度下的企业环境责任"，载《吉林大学社会科学学报》2017 年第 5 期。

法律关系;[1]第二阶段,以环境法律关系主体身份参与,这主要体现在我国 2012 年修正的《民事诉讼法》第 55 条概括性地规定和原则性地赋予"有关组织"的诉讼主体资格、2014 年修订的《环境保护法》第 58 条规定的环境公益诉讼条款进一步明确"社会组织"的诉讼主体资格之后,符合法定条件的社会组织可以作为主体提起环境公益诉讼、参与环境治理。公民个人一直以来也以承担环境保护义务的方式参与环境治理。学界对是否存在公民环境权、环境权的性质与内涵一直以来分歧众多,虽然有不少学者从学理上系统论证公民环境权是公民的一项基本权利,环境权是"环境法产生的权利基础、权威性问题,是环境法被信仰、被遵守的前提"[2]。但长期以来,立法机关并没有回应学界的这种理论主张,仅规定公民的检举、控告等程序性权利,规定"一切单位和个人都有保护环境的义务"。1979 年《环境保护法(试行)》以及 1989 年、2014 年《环境保护法》均没有规定公民环境权,"这个缺陷,可能使多元共治的环境治理体系难以建立"。[3]

通过上述梳理可知,一直以来,企业、社会组织和公民个人等类型的私人主体均以各种角色和方式参与我国的环境治理。虽然不同类型的主体参与方式各异,但总体概括,私人主体在当前法制语境和社会实践中参与环境治理主要呈现出以下几个特征:(1)私人主体主要是以被管理者的角色参与政府环境管理。梳理我国的环境法律体系,当前我国的环境法律规范秉持环境管制逻辑展开制度设计,立法重心和制度体系大多属于行政规制制度,环境法律体系"重规范企业环境责任,轻规范政

---

〔1〕 有研究梳理了这一阶段环保组织在环境事件中的介入模式与角色定位,包括"依靠媒体动员,干预水电开发"和"介入环境纠纷,助力维权",具体分析参见张萍、丁倩倩:"环保组织在我国环境事件中的介入模式及角色定位——近 10 年来的典型案例分析",载《思想战线》2014 年第 4 期。

〔2〕 吕忠梅:"环境权入宪的理路与设想",载《法学杂志》2018 年第 1 期。

〔3〕 参见吕忠梅:"《环境保护法》的前世今生",载《政法论丛》2014 年第 5 期。

府环境责任"[1]。现行环境规范主要以对各级人民政府及相关职能部门的确权与授权、企业与公民个人作为被规制对象承担各种环境保护义务而展开制度设计。2014 修订的《环境保护法》及相应修改的单行环境法律规范，固然在制度创新上包括完善市场机制与激励措施、创设第三方治理与多元治理机制、[2]强化制约有关环境的政府行为等几个方面,[3]但同等重要的创新之处在于，环境法律体系在规制上呈现出"史上最严"的特征，这突出表现在管理制度上赋予生态环境执法部门实施查封、扣押措施和按日计罚的权力。因此，在制度设计层面，当前环境法律体系的修改也呈现出对私人主体的规制更为严格、法网更为严密的特征。（2）制度模式以"命令－服从"为结构形态。当前的环境法律制度体系，折射出其遵循的管制逻辑与秉持的监管理念，制度结构与实施逻辑是按照自上而下的"命令－服从"以及"权威－依附"方式调整环境社会关系，这典型体现在政府通过发放排污许可证以配置环境容量资源、制定强制性生态环境标准以衡量污染物排放等行为是否受到规制等方式予以实现。在这一制度逻辑下，环境治理中引入的协商机制，本质上是在执法过程中引入的传统对抗制度模式之外的协商制度模式,[4]仍属于具体的执法制度模式，难以从根本上改变其"命令－服从"型的制度性质。（3）环境治理实施中的单向性。环境法律制度预期实现被管制对象自觉治理污染，可以采取的制度类型有三种：第一，推动企业降低污染治理成本；第二，加大污染处罚力度；第三，提高环境监管效率。[5]第一种制度类型主

---

〔1〕 蔡守秋："论修改《环境保护法》的几个问题"，载《政法论丛》2013 年第 4 期。

〔2〕 参见刘超："管制、互动与环境污染第三方治理"，载《中国人口·资源与环境》2015 年第 2 期。

〔3〕 参见王曦："新《环境保护法》的制度创新：规范和制约有关环境的政府行为"，载《环境保护》2014 年第 10 期。

〔4〕 对执法中协商与对抗这两种制度模式的分析参见刘水林："规制视域下的反垄断协商执法研究"，载《政法论丛》2017 年第 4 期。

〔5〕 参见吕忠梅："监管环境监管者：立法缺失及制度构建"，载《法商研究》2009 年第 5 期。

要是依靠市场发挥作用，通过立法建立环境保护的利益保护与主体激励机制，当前《环境保护法》规定的奖励制度、主体守法激励制度属于这类制度，但无论从规范数量还是从现实适用来看，其不属于主流。后两种制度类型主要包括通过立法赋予政府及其职能部门体系完整的环境监管职权和多样性的行政执法手段。这种制度现状使得当前环境治理实践呈现出鲜明的单向性特征，政府及其职能部门与私人主体之间整体上呈现命令与服从、标准与遵守、违法与处罚的二元关系结构。在环境治理过程中，即使公民针对其他私人主体实施的环境污染与生态破坏行为行使环境检举权，检举权制度设计机理与运行的现实逻辑也主要在于"弥补行政机关执法能力的不足"。[1]环保组织联合媒体参与环境事件的治理，也往往是预期督促与监督行政机关及时履行环境保护职责，私人主体以这些形式参与环境治理，并没有实质上改变环境治理过程的单向性特征。

因此，从制度内涵与环境法律关系模式来看，我国当前的环境治理主要采取环境行政管制机制。在此制度逻辑下，即使各类私人主体以多种方式参与环境治理，也并没有从根本上冲击与改变环境治理适用的管制模式，私人主体在环境治理过程中仍处于被管制者的地位，私人主体参与环境治理，这实际上属于在行政管制逻辑下追求更理想的环境执法效果的变通方式。

（二）环境私人治理机制的内涵

如前归纳，无论是作为环境法律关系的主体还是作为协助者、监督者，私人主体在我国的环境治理中从未缺席。因此，我国当前所推动的现代环境治理体系改革，重点不在于重新引入了企业、社会组织和公众等私人主体参与环境治理，而在于重新确立了不同类型主体在环境治理中的权

---

〔1〕　参见沈跃东："环境保护检举权及其司法保障"，载《法学评论》2015 年第 3 期。

力/权利结构。梳理《指导意见》中提出的"全社会共同推进环境治理的良好格局"的政策目标，多元共治的框架体系可以分为两个部分：（1）传统环境治理模式下的制度强化与绩效优化。这要求完善各类主体在既有的环境法律体系中承担法定义务的制度，并在现实中贯彻实施。比如，政府承担的监管执法、市场规范、资金安排、宣传教育等职责的完善与生态环境保护督察制度的优化，企业在依法实行排污许可管理制度、推进生产服务绿色化、提高治污能力和水平、公开环境治理信息等方面的完善以优化企业在环境治理中的主体责任，强化社会组织和公民在社会监督中的主体作用。（2）环境治理模式的创新。《指导意见》在"总体要求"中提出的"政府治理和社会调节、企业自治良性互动"的体制机制完善，以及在"基本原则"中提出的"强化环境治理诚信建设，促进行业自律"的市场导向机制，均超越了既有的以政府为主导的命令控制型的环境治理制度模式与运行逻辑，要求在多元主体互动模式下进行环境治理制度的更新。若将《指导意见》中原则性的政策话语转换为法律表达，即《指导意见》要求构建环境私人治理机制、改造环境行政管理体制以形成现代化环境治理体系，在我国已经构建完整的环境行政管理体制的语境下，《指导意见》要求构建的现代化环境治理体系的关键在于构建环境私人治理机制。

治理理论中"治理"是一个含义丰富的现代话语，很多研究者在多种语境下对"治理"进行了界定，其中，较有权威性和代表性的界定是全球治理委员会在其发布的研究报告《我们的全球伙伴关系》中的界定：治理是各种公共的或私人的个人和机构管理其共同事务的诸多方式的总和。[1]从词源考察，作为一种理论与范式的"治理"，是对依靠政府威权

---

〔1〕 对"治理"这一概念基本含义的多种界定的详细梳理以及对全球治理委员会对"治理"的经典定义的具体介绍与分析，参见俞可平："治理和善治引论"，载《马克思主义与现实》1999年第5期。

或制裁进行支配和管理的社会控制形式的升级与替代，是对"统治"方式的新发展，其核心在于打破公私部门在社会公共事务治理中界限分明的主体分工，"它所创造的结构或秩序不能由外部强加；它之所发挥作用是依靠多种进行统治的以及互相发生影响的行为者的互动"[1]。《全面深化改革决定》首次提出的创新社会治理体制，从"社会管理"转向"治理"的关键在于政府治理与社会自我调节、居民自治的良性互动；《决胜全面建成小康社会 夺取新时代中国特色社会主义伟大胜利》在"打造共建共治共享的社会治理格局"的原则下明确指出"构建政府为主导、企业为主体、社会组织和公众共同参与的环境治理体系"。这些环境治理体系现代化的改革目标，均不局限于治理方式更新与手段创新层面，而是对传统环境管理体制下形成的权力结构的改造。因此，可以归纳，环境治理体系现代化改革以构建环境私人治理机制为重心，而构建环境私人治理机制的旨趣并不仅在于引入多元私人主体以遵守政府管理规则、服从管制秩序的方式，浅层次地、被动地参与；其要旨在于通过机制设计，将多元私人主体引入环境公共事务的治理框架中，形成多元主体互动的治理机制。因此，环境私人治理机制的内涵包括：

1. 私人主体属于环境多中心治理中的一极。环境治理体系现代化是多中心的治理，"政府之外的治理主体须参与到公共事务的治理中，政府与其他组织的共治、社会的自治成为一种常态"[2]。这要求改变传统环境管制模式下政府与私人主体之间的"执法－守法"或"命令－服从"的单向关系结构，环境治理规则的制定、治理决策的实施与行动选择不再唯一取决于政府的单方权力，私人主体可以在环境治理的议程设置与规则运行等阶段，分享与行使一些政府让渡的权力。

---

[1] 张国芳："治理理论对我国治理变革的启示"，载《湖南科技大学学报（社会科学版）》2005 年第 4 期。

[2] 王诗宗："治理理论与公共行政学范式进步"，载《中国社会科学》2010 年第 4 期。

2. 私人主体参与环境治理的法制化。在当前的以环境管制制度为内核的环境治理体制中，政府是行使管理权力的单极主体，私人主体以公民对某一环境违法行为行使举报权、环保组织以发布调研报告等方式实现对排污企业的环境违规监督，[1] 相关私人主体以参与听证等方式参与环境治理，带有因人而异、个案触动、因案而殊的特征。至于是否取得理想效果，既没有可预期的规律，也往往取决于政府主体的接纳程度。因此，环境私人治理机制要求将私人主体参与环境治理的权力法制化，这样方可实现定型化与精细化，"把国家治理制度的'分子结构'精细化为'原子结构'，从而增强其执行力和运行力"[2]。

3. 私人主体参与环境治理的组织性。《指导意见》要求环境治理机制实现政府与私人主体的"良性互动"，在传统环境管制模式下，主要是政府主体对多元的、分散的私人主体的命令与压制。而治理指向"自组织"，即多元主体在其各自的机构和系统之间的自组织调控，无需借助外部力量而产生和维持稳定有序的机制运行结构，实现"自组织的人际网络、经谈判达成的组织间协调，以及分散的由语境中介的系统间调控（context-mediated inter-systemic sfeering）"[3]。因此，环境私人治理机制还要求通过制度设计，以利益共同点为连接点形成具体机制中成员之间的关系网络，也可

---

〔1〕 虽然我国 2014 年修订的《环境保护法》等赋予了符合法定条件的"社会组织"提起环境公益诉讼的原告资格，但根据《环境保护法》第 58 条规定的法定条件以及最高人民法院 2015 年公布的《关于审理环境民事公益诉讼案件适用法律若干问题的解释》第 4 条和第 5 条的进一步解释，实际上符合提起环境公益诉讼法定条件的环保社会组织数量有 700 余家，但现实中以提起环境公益诉讼的方式实现监督作用的环保社会组织数量非常少，有实证研究表明 2015 年提起环境民事公益诉讼的仅有中国自然生物多样性保护与绿色基金会/中国绿发会、自然之友、中华环保联合会和贵阳公众环境教育中心等 9 家。现实中，环保组织在环境治理中的参与和兼顾功能还主要是通过传统的以承担监督者、协助者的角色等方式来实现。对环保组织作为环境民事公益诉讼原告的实证分析，参见巩固："2015 年中国环境民事公益诉讼的实证分析"，载《法学》2016年第 9 期。

〔2〕 张文显："法治与国家治理现代化"，载《中国法学》2014 年第 4 期。

〔3〕 鲍勃·杰索普："治理的兴起及其失败的风险：以经济发展为例"，漆燕译，载《国际社会科学杂志（中文版）》2019 年第 3 期。

以组织分散的个体成员对政府权力形成组织化的压力，[1]形成任务明确的"战略联盟"，以有助于各类性质的主体参与治理资源竞争与治理权力制衡。

二、环境私人治理机制的核心要素

环境私人治理机制是规范私人主体在环境公共事务治理过程中的制度体系按照特定调控方式运行的结构体系。在当前的生态文明建设的政策手段日益更新、制度不断创设的背景下，需要明确界定环境私人治理机制的核心要素，以作为评估与检视相关制度的标准。

（一）角色定位：环境私人主体的运作自主权

"环境治理"作为"环境管理"的升级与替换的概念，理论基点在于"多中心化"或"去中心化"，核心指涉为转变环境管理制度遵循的"命令－服从"命令控制模式，调整政府作为唯一权力中心的关系结构，在合作主义理念下，形成多元社会主体参与环境公共事务治理的多中心结构。因此，环境私人治理机制的核心要义在于突破传统环境管制模式下私人主体作为被管制者的定位，私人主体在环境治理中享有话语权和决定权，这被鲍勃·杰索普教授界定为各种机构享有的"运作自主权"[2]，即私人主体以环境治理的参与者、环境公共事务的管理者和环境治理制度的执行者等身份参与环境治理。

环境私人治理机制的基点在于赋予环境私人主体的运作自主权，不是停留在将私人主体参与环境治理作为增强环境执法效果的一种方式，也不是在环境管理的框架下由政府单方面决定私人主体参与的阶段与时间，而是提供私人主体在特定环境公共事务治理中的决定权与选择权。这背后的理念与逻辑是公共利益观与法律模式的变迁。在传统的环境管

---

〔1〕 参见杜辉：《环境公共治理与环境法的更新》，中国社会科学出版社2018年版，第23页。

〔2〕 具体界定与分析参见鲍勃·杰索普："治理的兴起及其失败的风险：以经济发展为例"，漆燕译，载《国际社会科学杂志（中文版）》2019年第3期。

制模式下，政府是环境公共事务的单一权力中心，这基于行政机关被认为是环境公共利益的最佳代表者和判断者，但是，这种公共利益观遭到质疑和否思，"可确定的、先验超然的'公共利益'是不存在的，社会中存在不同个人和团体的独特利益"[1]。现实中，环境问题涉及广泛的利益冲突，环境保护中的地方保护主义、环境公共利益部门化和规制俘虏往往导致了环境管理中的"九龙治水"的治理困境，这些都彰显了行政机关作为环境公共利益唯一代表者的制度设计的偏差，需要多元社会主体行使环境治理中的运作自主权。

（二）运行机制：环境私人治理机制遵循沟通与协同模式

《指导意见》对现代环境治理体系提出的总体要求是实现"政府治理和社会调节、企业自治良性互动"，形成多元主体在环境治理中的工作合力，这种治理机制创新目标要求环境私人治理机制以沟通与协同作为机制运行模式。在传统环境管制模式下，政府是环境治理的主导者，依靠命令式的管理制度安排实现管理目标，行政权力的单向度运行内生的封闭性特征体现为以下几个方面：第一，制度逻辑上，通过命令控制制度维持环境行政秩序，政府之外的主体被定位为秩序的服从者；第二，制度工具上，主要适用标准、许可、禁令、配额和处罚等制度工具，私人主体在这些制度工具实施中很少有表达个人意愿与利益的制度空间；第三，制度实施上，行政权力运行具有明显的科层制特征，政府的命令控制目标自上而下层层传导，为了保证传统的常规制度的执行而适用的生态环境监察机制和执法检查机制，强化了环境执法的科层结构，其所传导的压力诱导了环境执法异化为"一刀切"的弊病。由于管制模式固有的单向性与封闭性特征，传统环境管理执法中的弊病很难解决，增进执法效果、矫正环境执法中"一刀切"等弊病只能寄希望于行政自由裁量

〔1〕［美］里查德·B. 斯图尔特：《美国行政法的重构》，沈岿译，商务印书馆 2011 年版，第 67～68 页。

权的合理行使。

因此，出路在于通过环境私人治理机制实现沟通与协同模式的治理。环境私人治理机制是一种在现代环境治理体系下增设的"新治理"模式，其产生的时代背景和政策诉求以多元主体之间的良性互动与互助合作为指向，有别于传统环境管理遵循的科层结构，不再强调单向度的"命令－控制"管控，而是致力于实现治理主体和对象的相互沟通、协调。[1]环境法的沟通与协调机制包括环境法与传统法律部门以及环境法体系内部之间的沟通与协调，[2]也包括环境治理机制具体构成及其运行方式之间的沟通与协同机制。环境私人治理机制内含的沟通与协同机制主要包括两个层面的内容：（1）环境私人主体与政府之间的沟通与协同。在环境公共事务权主要由政府行使的背景下，环境私人治理机制的运行，首先是多方主体在环境治理中相互的沟通与协同。有研究认为环境多元共治实现"各环境利益主体的地位平等"[3]，笔者认为，在既有法律体系确立的制度框架以及《指导意见》的机制改革体系中，首先强调与尊重政府始终是环境治理的主导主体，进而在此基础上，环境私人治理机制中，私人主体行使政府让渡的部分环境治理权力。因此，在环境私人治理机制运行中，私人主体与政府之间的沟通与协同就是题中应有之义，私人主体与政府就不同性质的环境治理机制实施的领域、不同类型主体的环境利益诉求、环境治理法律与政策的颁布实施等事项进行充分沟通。（2）环境私人治理机制中私人主体之间的沟通与协同。环境私人治理机制区别于政府治理机制的突出特征在于摒弃"权力－服从"的命令控制型治理模式，而是提供多方利益主体充分进行利益表达的机制空间。环境私人治理机制中

---

〔1〕　参见侯佳儒、尚毓嵩："大数据时代的环境行政管理体制改革与重塑"，载《法学论坛》2020 年第 1 期。

〔2〕　具体分析参见吕忠梅："论环境法的沟通与协调机制——以现代环境治理体系为视角"，载《法学论坛》2020 年第 1 期。

〔3〕　参见秦天宝："法治视野下环境多元共治的功能定位"，载《环境与可持续发展》2019 年第 1 期。

多方参与者均为私人主体，在机制运行中可以避免严格的行政程序桎梏，能够以治理目标为导向，在治理机制运行中可以全过程与程序灵活地适用利益表达、风险沟通、行为调适等沟通与协同机制。

（三）约束机制：环境私人治理机制的可问责性

一般而言，责任性是指主体对自己的行为负责。治理机制中的可问责性是指行使治理权力的主体对自己实施的行为承担相应的法律后果，从而约束决策与行为的恣意性。近些年来，我国通过修改环境法律规范或出台新规定等方式向各种私人主体授权，环境私人主体在一些环境治理领域逐渐行使治理权力。此权力结构的变迁改变了传统的"政府管理—私人主体被管理"的关系结构。在赋予私人主体环境治理权力的同时，也需要对其施加足够的约束。约束机制可以分为两种：一种是事前的管理型控制，这可以体现为政府主体在让渡环境治理权力过程中的监督；另一种是通过责任机制的事后监督。在我国环境治理体系现代化改革进程中，密集出台的政策与更新的制度越来越多地将政府治理权力下放、授权或外包，私人主体从之前的管制对象、决策咨询者和监督者等身份转换为行使决策权的主体。这一过程固然是环境治理体制的改进，但在此过程中，以各种方式享有和行使环境治理权的私人主体的责任性问题却没有得到足够的关注与重视。一直以来，环境私人主体履行环境事务公共职能中的责任性的缺失，是很多学者对之持有审慎态度、很多国家和地区采取保守做法的原因，而对政府行为进行司法审查的传统行政法在回应私人主体时存在着局限性，无法在一个权力分散于不同政府层级与无数私人主体之间的制度中确保责任性。[1]这也是当前私人主体参与环境治理但问责机制普遍缺失的重要原因。

问责性涉及"谁当被问责？""向谁负责？""就什么事项负责？"这

---

〔1〕 具体分析参见〔美〕朱迪·弗里曼：《合作治理与新行政法》，毕洪海、陈标冲译，商务印书馆 2010 年版，第 394 页。

几个问题：关于"谁当被问责"这一问题，法院倾向于审查所有涉及公权运用的决定，即使这些权力由私有主体行使；"向谁负责"这一问题在法律问责中指就有关公平、合理、合法等法律价值向法院负责；"就什么事项负责"这一问题，指称问责过程保障的经济价值、社会和程序价值、持续性或安全价值。[1]环境私人治理机制也需要问责性制度作为约束机制：私人主体接受政府的让渡行使环境治理权，就有责任对其行为负责，若其从事环境治理行为但由政府等其他主体承担责任，则难以对其行为的合法性与合理性进行评估；同时，法院应当对私人主体在环境治理中实施的行为是否契合合法、合理和公平等价值进行司法审查。

三、当前环境私人治理机制之检讨与改造

在风险时代常态化管理生态环境风险，要求环境治理理念与机制从后果控制升级到风险控制，环境风险发生的不确定性、交互性要求建立全过程、多层级防范体系和整合式管理体制，《指导意见》因应环境治理的这一时代需求，系统重构环境治理体系。在我国传统的环境治理体系秉持行政中心主义、生态环境法治围绕行政权力行使展开的语境下，[2]《指导意见》重构的现代化环境治理体系以重塑公私互动的治理结构、优化私人主体在环境治理中的制度功能为特色与重心。这一环境治理结构既非凭空产生也非一蹴而就，因为私人主体从未在环境治理中缺位，私人主体以环境义务履行者、环境法律责任承担者、环境公共事务参与者等多种身份参与环境治理。我国当前正推进的系列法律制度与政策措施逐渐创设、拓展与深化了多种类型的私人主体参与环境治理的制度工具，可以认为我国环境私人治理机制正处在渐趋深入的改革过程中。因此，本

---

〔1〕 体系化分析参见［英］科林·斯科特：《规制、治理与法律：前沿问题研究》，安永康译，清华大学出版社 2018 年版，第 291 页。

〔2〕 参见肖爱："生态守法论——以环境法治的时代转型为指向"，载《湖南师范大学社会科学学报》2020 年第 2 期。

书主张的"环境私人治理机制"区别于传统的私人主体参与环境治理的关键在于是否契合前述分析的环境私人治理机制的核心要素、形成私人治理机制，以前述归纳的环境私人治理机制必备核心要素作为评判标准，可以审视与检讨我国现行的环境私人治理机制。

（一）环境污染第三方治理制度

环境污染第三方治理制度是我国创设的一项典型的环境私人治理制度。我国环境法律规范与政策体系中规定了广义与狭义或实质上与形式上的两类环境污染第三方治理制度。广义的或者实质的环境污染第三方治理制度是我国一些环境保护单行法中规定的环境代履行制度。综合考察相关法律规定，环境代履行制度的内涵是指环境违法者不履行整治恢复环境义务，经各级人民政府或者其授权的相关职能部门责令限期改正，逾期仍拒不整治恢复的，或者违法者虽然进行了整治恢复，但整治恢复不符合国家的有关规定，即处置不当或者延迟处置的，相关部门有权对违法者产生的污染与破坏环境的行为按照国家有关规定代为实施整治恢复或指定有治理能力的单位代为治理，所需费用由违法者承担。[1]虽然我国 1989 年通过的《环境保护法》以及 2014 年修订的《环境保护法》均未具体规定该项制度，但该制度却以多种形式规定于数部单行法中。立法例包括，《中华人民共和国水污染防治法》（以下简称《水污染防治法》）（2017 年修正）第 85 条规定的"代为治理"、《中华人民共和国固体废物污染环境防治法》（以下简称《固废法》）（2016 年修正）第 55 条规定的"代为处置"、《中华人民共和国放射性污染防治法》（2003 年）第 56 条规定的"代处置"，《中华人民共和国森林法》（2019 年修订）第 81 条规定的"代为履行"、《中华人民共和国草原法》（2013 年修正）第 71 条规定的"代为恢复"，等等。散见于各单行法中的环境代履行制度分享了相同的

---

〔1〕 参见刘超："矿业权行使中土地损毁第三方治理制度之证成与展开"，载《甘肃社会科学》2018 年第 5 期。

制度逻辑与适用机制：当环境违法者没有履行或者没有完全履行相关职能部门依据职权作出的行政命令或行政处罚时，行政机关可以自行或者指定第三方主体代为履行，由违法者承担费用。其中，引入的"有处置能力的单位"往往是有专业能力的企业，这是执法主体与执法对象之外的独立第三方，属于私人主体参与环境治理的一种形式。

狭义的或者形式上的环境污染第三方治理制度，肇始于 2013 年《全面深化改革决定》提出的"推行环境污染第三方治理"。2014 年国务院办公厅公布《关于推行环境污染第三方治理的意见》（国办发〔2014〕69 号）系统规定了环境污染第三方治理的适用领域与机制体系，并明确界定了"环境污染第三方治理""是排污者通过缴纳或按合同约定支付费用，委托环境服务公司进行污染治理的新模式"。体系化构建的"环境污染第三方治理制度"从规范创制而非仅从学理阐释层面超越了传统的监管者与污染者之间"管制 - 服从"的封闭的二元关系结构，通过市场机制引入"有处置能力的单位"（主要是环境服务公司）作为第三方参与环境治理，实现了"排污"与"治污"的分离。因此，该制度是我国构建的在外观与内核上最为典型的环境私人治理机制。

但是，结合现行环境污染第三方治理的制度内涵，可归纳现行环境污染第三方治理制度存在如下问题：（1）第三方主体运作自主权的缺失。实质的或者说处于雏形阶段的环境代履行制度在我国环境法律体系中并非一项基本的、独立的污染防治法律制度，是否适用完全取决于行政机关的决定。专门的"环境污染第三方治理制度"的升级与进步在于赋予了排污者是选择自行承担治理责任还是委托环境服务公司进行污染治理的选择权，但这只是在环境执法中增加形式的灵活性以及在执法框架下授予给被执法对象有限度的自主权。（2）环境私人治理机制运行中沟通与协同的不足。在环境代履行制度中，多方主体沟通与协同的空间缺失，是否适用该制度或选择哪个第三方主体，完全取决于政府的单方决定。在环境污染第三方治理制度中，提供了参与环境治理的私人主体（第三方的环境服务公司）与治理对象（排污者）之间进行沟通的制度通道，以双方达成合意的方式追求最佳治理效果，但由于《关于推行环境污染第三方治理的意见》规定的原则性，在其确立的权责框架中，政府角色定位模糊，权力内容不够具体，从而不能提供私人主体与政府之间的沟通机制，这必然导致的问题是：排污者委托第三方环境服务公司实现的污染治理效果，是否能达到行政机关对污染治理的监管标准。（3）最大的问题是责任性规定的模糊与实践的争议。传统的环境法理与制度体系秉持"污染者负担原则"，由污染者承担环境治理的法律责任。但环境污染第三方治理制度引入了在现行污染防治法律制度之外的第三方主体参与环境污染治理，则责任如何承担？换言之，在污染者需要承担法律责任但其委托第三方服务公司进行污染治理、经第三方治理后治理效果未符合政府监管标准的情况下，第三方机构需要对污染者承担违约责任没有争议，但治理效果没有达到监管标准的环境法律责任由谁承担？这成为环境污染第三方治理制度内生的争议问题。已有研究通过司法判例梳理出了现实中持有的两种矛盾观点：第一，第三方机构只对污染者承担约定的契约责任，不承担因不正常运行治理设施或超标排污所引发的公法责任；第二，第三方机构应当独立承担因不正常运行治理设施或超标排污所引发的公法责任。[1]而对这一重要问题，《关于推行环境污染第三方治理的意见》的规定是，"排污企业承担污染治理的主体责任，第三方治理企业按照有关法律法规和标准以及排污企业的委托要求，承担约定的污染治理责任"。原环境保护部（现生态环境部）2017 年公布的《关于推进环境污染第三方治理的实施意见》在其"明确第三方责任"的"责任界定"中也未涉及这一问题，仅增加了"第三方治理单位在有关环境服务活动中弄虚作假，对造成的环境污染和生态破坏负有责任的"，要

---

〔1〕 具体案例及其分析参见王社坤："第三方治理背景下污染治理义务分配模式的变革"，载《吉林大学社会科学学报》2020 年第 2 期。

承担环境行政处罚责任和与其他责任者之间承担连带责任。质言之，当前的环境污染第三方治理制度只要求第三方服务公司承担契约责任，而由排污企业承担经第三方治理后依然可能产生的污染治理责任。这种制度设计极大降低了可问责性，作为第三方的私人主体在参与环境治理中基本上游离于环境污染治理的责任体系之外，导致责任分配的失衡，既影响了第三方治理市场的健康有序发展，也影响到环境私人治理机制的效果。

　　虽然在制度要素与外观上，环境代履行制度，尤其是环境污染第三方治理制度是典型的环境私人治理制度，但上述分析表明，其难以符合环境私人治理机制的核心要素标准。在环境治理体系现代化的诉求下，减少制度创新成本的最佳方式是改造现有制度。由于我国现行的环境代履行制度长期存在、散见于多部单行法中，且无论在性质定位还是在学理阐释上，环境代履行制度多被定位为一项法律责任实现方式，没有赋予其独立的制度价值，故未将其纳入环境多元治理制度的构成部分，故此，本书重点从环境私人治理机制视角探究环境污染第三方治理制度的完善：（1）针对环境污染第三方治理制度中第三方主体运作自主权缺失的问题，建议进一步细分委托治理服务型和托管运营服务型这两种模式，进而在此基础上明确每种模式中第三方分别在污染治理设施产权、服务内容上的差异，基于这些差异，不同模式下的第三方公司可以在与监管者沟通（基于私人主体参与公共事务治理的权力来源于政府让渡）、与排污者分工的基础上选择污染治理的范围、方式与程度，进而与排污者签订协议，矫正其在现行制度框架内单纯地处于受委托者的地位。（2）针对环境污染第三方治理中沟通与协同的不足，应在制度体系中明确政府及其职能部门在环境污染第三方治理的角色定位，并梳理与列举其权力清单，形成公权力主体与排污者、第三方就环境污染事项、环境污染治理程序与进展的沟通与协作模式。（3）针对环境污染第三方治理机制对私人主体问责性缺位的弊端，除了继续按照既有的制度框架适用第三方对排污者的契约责任之外，还应通过立法赋予第三方主体独立的法律主体地位，使其在一定条件下能够作为行政相对人独自承担相应的行政责任，并不能因为环境服务公司是受托人而由排污企业代替其承担部分行政责任。[1] 申言之，通过在特殊法律关系中赋予第三方以法律主体地位，使其行为接受法律机制审查，以形成有效的行为约束机制。

（二）环境民事公益诉讼制度

在我国现行制度框架中，环境公益诉讼划分为民事公益诉讼与行政公益诉讼。根据《民事诉讼法》《行政诉讼法》的规定，检察机关是提起环境行政公益诉讼的唯一适格原告，环境民事公益诉讼的原告包括检察机关与社会组织。社会组织提起环境民事公益诉讼，是近年来我国贯彻落实环境公众参与原则的一项重要制度安排，这在2014年修订的《环境保护法》将其规定于"信息公开和公众参与"一章的立法结构安排得到印证，也是学界与实务界认定为环境多元共治的一项制度创新。社会组织是本章界定的私人主体，[2] 作为私人主体的社会组织提起环境公益诉讼，是我国当前推进环境私人治理机制建设的一项重要制度设计。根据2021年《民事诉讼法》第58条和2014年《环境保护法》第58条的规定，符合法定条件的社会组织可以向人民法院提起环境公益诉讼，这是明确赋予了环保组织的法律主体资格，使得大量民间环保组织能够摆脱长期以来所处的身份不明的"草根"状态与窘境，在之前的旁观者、监督者和协助者身份之外，获得法律关系主体资格。但环境公益诉讼"开闸"后，制度设计之初曾被社会各界担忧与顾虑的环境公益诉讼案件井喷甚至是泛滥的情况并未发生，尤其是环保组织每年提起环境公益诉讼的案件数

---

〔1〕 参见周珂、史一舒："环境污染第三方治理法律责任的制度建构"，载《河南财经政法大学学报》2015年第6期。

〔2〕 虽然在现实的环境民事公益诉讼案件中，"社会组织"主要就是环保组织，但最高人民法院2015年1月6日公布的《关于审理环境民事公益诉讼案件适用法律若干问题的解释》第2条规定："依照法律、法规的规定，在设区的市级以上人民政府民政部门登记的社会团体、民办非企业单位以及基金会等，可以认定为环境保护法第五十八条规定的社会组织。"

量只有寥寥数十件，与学界预期相去甚远。从环境多元治理视角观之，环保组织提起环境民事公益以维护环境公益、实现环境治理的收效甚微。学界与实务界已经从环保组织提起环境民事公益诉讼性质定位、[1]举证责任分配等制度设计[2]以及动力机制检讨等方面予以反思。基于论述主题，本书不预期重述对当前环境民事公益诉讼制度的系统性反思，而是从环境私人治理机制视角检视环保组织提起的民事公益诉讼制度。

结合我国当前的社会组织提起环境民事公益诉讼的制度设计与司法实践，对照前述环境私人治理机制的核心要素，可知其在实现私人主体参与环境治理中存在内生困境：（1）羸弱的主体地位与有限的自主权。我国《环境保护法》第58条及《关于审理环境民事公益诉讼案件适用法律若干问题的解释》第2条至第5条规定了环保组织可以作为原告提起环境民事公益诉讼的适格条件。根据民政部门相关数据统计，截止到2017年年底，我国共有生态环境类社会组织6 000多个，其中，具有提起环境公益诉讼资格的民间组织有700多个，但现实中提起环境民事公益诉讼的只有中华环保联合会、自然之友和中国生物多样性保护与绿色发展基金会等数家。如此低的比例本身已经说明环保组织这一类私人主体通过提起环境民事公益诉讼这种方式参与的环境治理，存在着主体上的羸弱性。这种情况之所以出现，是因为环保组织难以应对环境公益诉成本高昂、缺乏专业人才处理环境公益诉讼的专业问题、环保组织的资金来源不稳定等情况，严重影响了环保组织提起环境民事公益诉讼的意愿，这就客观上约束了环保组织作为私人主体有效地行使自主权。（2）环保组织作为私人主体参与激励不足。据有关统计数据，在履行职能时仅有30%的环保组织首选环境公益诉讼作为维护环境公益的途径，57%环保

---

〔1〕　参见巩固："环境民事公益诉讼性质定位省思"，载《法学研究》2019年第3期。

〔2〕　参见江国华、张彬："中国环境民事公益诉讼的七个基本问题——从'某市环保联合会诉某化工公司环境污染案'说开去"，载《政法论丛》2017年第2期；王秀卫："我国环境民事公益诉讼举证责任分配的反思与重构"，载《法学评论》2019年第2期。

组织对选择环境公益诉讼比较谨慎,11% 环保组织明确表示不选择公益诉讼。[1] 环保组织主动提起环境民事公益诉讼积极性不高,其中很重要的原因是在现行的环境民事公益诉讼制度设计中,环保组织作为环境公益诉讼的原告,仅对诉讼结果享有名义上的利益而不享有实际利益,"使得环境公益诉讼原告既无利可图,也缺乏初始委托人的激励与约束"[2],严重影响了环保组织这类私人主体通过环境民事公益诉讼机制参与环境治理的积极性。(3) 问责性的缺失。与上述内容相关,在我国现行的环境民事公益诉讼制度中,环保组织提起环境公益激励机制的缺失与问责机制的缺位并存,激励机制的缺失抑制了其提起环境公益诉讼的积极性,而符合法定条件的社会组织在提起环境公益诉讼中问责机制的缺位,又放纵了其通过提起环境公益诉讼参与环境治理中的消极,同时,问责性的缺位还存在诱致环保组织在提起环境公益诉讼时懈怠、轻忽、随意处置环境公益的道德风险。

环保组织提起环境公益诉讼是其他国家和地区中私人主体参与环境治理的典型制度实践,也是环保组织这一类具有特殊性质的私人主体参与环境治理的最佳方式之一。针对其存在的制度缺陷,需要相应地予以制度改造:(1) 针对环境私人治理机制中主体地位羸弱与自主权限制的弊端,因应现实中真正提起环境公益诉讼的环保组织数量极少的现状,应当通过完善立法中的法定资质条件设定,或者通过更新司法解释放宽对环保组织作为环境民事公益诉讼适格原告的法定条件的限制。当更多的环保组织符合原告资格条件时,也就提供了更多主体针对不同领域环境事务的专业性而行使自主权的机制空间,避免环保组织在提起环境民事公益诉讼参与环境治理中"有心无力"的状态。(2) 针对激励机制的

---

〔1〕 具体分析参见吕忠梅:"环境司法理性不能止于'天价'赔偿:泰州环境公益诉讼案评析",载《中国法学》2016 年第 3 期。

〔2〕 陈亮:"环境公益诉讼激励机制的法律构造——以传统民事诉讼与环境公益诉讼的当事人结构差异为视角",载《现代法学》2016 年第 4 期。

不足，建议甄别与选用"败诉方负担"、胜诉酬金和公益诉讼基金等方式，形成激励机制；[1]针对问责机制的不足，建议采纳"败诉方负担"规则，以实现评价、惩罚与矫正行为的功能。

四、余论：环境私人治理机制展望

在国家大力推进生态文明建设战略的宏观背景下，短短数年间，我国密集地更新或创设了诸多以"环境多元共治"为指向的制度措施。这些制度措施的共性特征是，对传统环境管制模式下政府单维行使环境治理权力的命令控制型制度体系的反思与矫正。《指导意见》提出现代环境治理体系的目标是"实现政府治理和社会调节、企业自治良性互动"，在我国当前主要适用政府主导的环境治理机制的背景下，实现环境治理体系现代化的关键在于构架完善的环境私人治理机制，以承接政府让渡的部分环境治理权力，形成"政府治理—环境私人治理"良性互动与竞争的格局。

环境私人治理机制，并不是指私人主体参与到环境治理中，因为私人不会在任何形式的环境治理过程中缺席，只是在传统环境监管模式下，私人主体的身份主要为被管理者的身份。环境私人治理机制的内涵包括私人主体属于环境多中心治理中的一极、私人主体参与环境治理的法制化、私人主体参与环境治理的组织性。总之，环境私人治理机制冲击与矫正了传统的、封闭的政府单方管理的权力结构。构建完善的环境私人治理机制要从私人主体享有运作自主权、机制运行贯彻沟通与协同模式以及主体的可问责性等几个方面去衡量。从此角度而言，我国当前很多被认为体现了环境多元治理机制的制度，不过是"新瓶装旧酒"的尝试，比如，生态环境损害赔偿磋商制度在性质上仍属于传统的环境规制工具，

---

[1] 对几类环境公益诉讼激励方式的分析参见陈亮："环境公益诉讼激励机制的法律构造——以传统民事诉讼与环境公益诉讼的当事人结构差异为视角"，载《现代法学》2016年第4期。

环保约谈制度是延循科层结构的行政措施。我们不能否认这些制度的创制意义与社会功能，但辨析其不属于机制性质上的创新，是预期彰显环境私人治理的结构变革性意义。

梳理我国环境治理制度"工具箱"，环境污染第三方治理制度和社会组织提起环境民事公益诉讼制度属于较为典型的环境私人治理制度，均具备了环境私人治理机制的基本要素，但若从环境私人治理机制应当具备的核心要素检视，则其在私人主体运行自主权和责任性等方面均存在亟待改进的空间。除了既有制度的再造，其他国家和地区正在实施的诸如环境治理权力的外包、环境公共服务的民营化、私人主体行使环境标准设定的权力等，亦属于重要的环境私人治理方式。

第二节　国家公园环境私人治理机制的证成与构造

中共中央办公厅、国务院办公厅于 2019 年 6 月印发的《关于建立以国家公园为主体的自然保护地体系的指导意见》是我国自然保护地建设的专门性政策文件，其从基本原则、管理体制、发展机制、保障措施等方面为我国自然保护地体系建设规划了蓝图与路线、确立了目标与路径。《关于建立以国家公园为主体的自然保护地体系的指导意见》在自然保护地的管理体制建设中提出了自然保护地治理机制的创新目标与路径，在"建立统一规范高效的管理体制"中提出"探索公益治理、社区治理、共同治理等保护方式"。作为中央宏观政策文件，《关于建立以国家公园为主体的自然保护地体系的指导意见》规定的具有高度抽象性、原则性与指引性的政策体系，既需要将政策话语转换为法律话语，对辨剖宏观抽象的政策术语的具体内涵与实际指涉提出实际需求；同时，又需要与其他相关领域的政策体系相配合与协调，发挥政策的体系效应与协同效力。

建设以国家公园为主体的自然保护地体系，是一个包括自然保护地划定与体系构建、统一规范高效管理体制建设、自然保护地建设发展机制创新、生态环境监督考核制度与保障措施建设等综合性的系统工程，其中，对自然保护地体系进行有效治理，是自然保护地体系建设的题中应有之义。故此，《关于建立以国家公园为主体的自然保护地体系的指导意见》在总体要求、基本原则、管理体制、保障措施等环节均从不同角度提出了构建自然保护地体系的治理原则、创新治理机制和创新治理措施的要求。在我国将"推进国家治理体系和治理能力现代化"作为全面深化改革的总目标之一，进而将坚持和完善生态文明制度体系、促进人与自然和谐共生作为新时代发挥制度优势、提高治理水平的 13 类重点任务之一的背景下，构建以国家公园为主体的自然保护地体系，属于我国生态文明建设与体制改革中的重要组成部分，当然也要在自然保护地体系建设中实现环境治理体系与治理能力的现代化。2019 年十九届四中全会《决定》部署的我国的国家治理体系和治理能力现代化的总体要求和路线蓝图需要在自然保护地体系建设这一具体领域得以贯彻落实，中共中央办公厅、国务院办公厅于 2020 年印发的《指导意见》对环境治理领域的总体要求、责任体系、行动体系、市场体系、监管体系和政策法规体系的规定，既需要在自然保护地体系建设这一具体领域贯彻落实，又成为自然保护地体系建设中实现环境治理体系现代的指导。

　　基于此，在本章第一节已经从法理层面梳理与阐释了环境私人治理机制内涵的基础上，本章第二节以自然保护地体系建设这一具体领域为分析对象，探究环境私人治理机制在自然保护地体系建设中的具体贯彻落实。更进一步，如前述内容所言，我国当前进行的自然保护地体制改革，是一个以国家公园为主体、以自然保护区为基础、以各类自然公园为补充的自然保护地的综合体系，其中，国家公园是我国计划系统建设的自然保护地体系中生态价值和保护强度最高的最有典型性和代表性的部分，对国家公园建设、保护与管理构建的治理机制，既要体现自然保护地体系建设的一般规律，又要在彰显国家公园特殊性的基础上，体现机制建设的核心功能与预期。所以，本节内容从国家公园建设中环境私人治理的实现机制这一切点出发，对环境私人治理机制的具体实现机制展开针对性的论述。

一、环境私人治理机制的指涉与要义

《指导意见》提出构建我国现代化环境治理体系的目标是形成"党委领导、政府主导、企业主体、社会组织和公众共同参与的现代环境治理体系"，这一关于现代环境治理体系的目标表述，确立了多元主体根据自身角色定位分工参与环境治理的框架蓝图与结构系统。宏观的政策话语必须"翻译"和转换为具体的法律话语，首先需要从法律角度考察《指导意见》提出的现代环境治理体系建设目标较当前环境治理体系的创新之处，进而归纳其提出的机制需求。

（一）《指导意见》语境中环境私人治理机制内涵解析

梳理《指导意见》，可以辨析其确立的现代环境治理体系的内涵：（1）多元主体共同参与。《指导意见》对"现代环境治理体系"的描述定语为"党委领导、政府主导、企业主体、社会组织和公众共同参与"；其在"基本原则"部分确立了"坚持多元共治"原则，该原则内涵为"明晰政府、企业、公众等各类主体权责，畅通参与渠道，形成全社会共同推进环境治理的良好格局"。由此可见，现代环境治理体系建设目标首先指向反思与矫正之前的单纯的"党政主导型"的社会管理模式，追求实现环境治理主体的多元化。（2）治理手段的丰富性。在推动环境治理体系现代化改革之前的"党政主导型"社会管理模式下，环境问题应对与环境治理手段主要与行政权力运行逻辑相匹配，遵循行政管制模式。在环境行政管理目标下，环境法律制度主要以自上而下的"命令－服从"或"权威－依附"型制度为重心，环境法律制度基本上围绕着对政府及其相关职能部门确权与授权，以公民、法人或者其他组织为规制对象而展开。[1]环境管制模式下，环境问题治理制度具有鲜明的行政命令单向性、制度措施单一性等特征。现代环境治理体系则预期针对这一制度模式下适用的单一行政管理手段的内生弊端，引入多样性的治理手段，丰富制度"工具箱"。这突出表现在《指导意见》将"坚持市场导向"作为一项基本原则，要求"完善经济政策，健全市场机制，规范环境治理市场行为，强化环境治理诚信建设，促进行业自律"。（3）治理体系的结构性。《指导意见》构建的现代环境治理体系对传统环境管制模式的升级，其要旨并非从形式上引入多元主体参与环境治理——即使在传统环境管制模式下，也存在人大和政协的监督、纪检监察部门的党内纪律监督、环境司法监督，"体制内"主体以监督方式的参与与公众以环境信访、环境非政府组织和公民以"抗争"方式的参与。[2]申言之，在传统环境管制模式下，多元主体也以各种方式"参与"环境治理。但是这些主体的参与方式主要是监督，具体表现：第一，规制对象以"被管理者"身份监督环境行政权力行使的正当性，或在"协商执法"的过程中参与"规制主体与被规制主体的协商、沟通和互动，达成一致意见"的程序机制，[3]但这属于在传统环境规制模式下更多尊重被规制对象的利益诉求，以增进环境执法效果、提升执法对象对环境规制的遵从度，无改"协商型环境规制"的本质；第二，人大、政协以听取审议专项工作报告、调查、专项执法检查等方式监督行政机关环境治理，这些方式可能有政治约束力但没有硬性法律约束力；第三，环保组织最经常以环境纠纷中一方的"赞助者"身份、联合新闻媒体参与环境问题的治理，长期以来其起到的作用也主要是监督与督促行政机关合法、及时履行法定职责。《指

---

〔1〕　参见刘超："管制、互动与环境污染第三方治理"，载《中国人口·资源与环境》2015年第2期。

〔2〕　具体分析参见冉冉：《中国地方环境政治：政策与执行之间的距离》，中央编译出版社2015年版，第128～167页。

〔3〕　对"协商型环境规制"的分析参见张锋："我国协商型环境规制构造研究"，载《政治与法律》2019年第11期。

导意见》规定的"多元共治",其形式特征在于"多元",即多种类型主体参与到环境治理中;其实质特征则在于"共治",即政府、企业、社会组织和公众等多元主体参与环境治理,以形成一种环境治理的权力/权利结构,进而形成"全社会共同推进环境治理的良好格局"。

基于上述内容解析,可以界定国家公园环境私人治理机制,是指企业、社会组织和公众等非政府私人主体,行使政府主体让渡的部分国家公园中自然资源管理权力,采取丰富的市场手段,通过相对稳固的权利义务机制路径参与国家公园的建设、保护和管理。

（二）环境私人治理机制之要义

从主体及其在环境治理中承担功能的角度,可以将《指导意见》中确立的现代环境治理体系分为两大机制类型——政府主体承担环境治理中"主导"功能的治理机制,企业主体、社会组织和公众承担"共同参与"功能的治理机制。在此二元结构中,一极是政府,另一极是企业主体、社会组织和公众。如本章第一节内容界定,本章将现代环境治理体系中的二元结构概括为政府主体环境治理机制与私人主体环境治理机制,后者简称为环境私人治理机制。该二元结构要求重视私人主体在环境治理中的功能。现代环境治理体系的重心在于如何系统设计环境私人治理机制,并与以"政府主导"为核心特征的环境公权力主体治理机制形成良性互动。基于前述对现代环境治理体系改革目标与内涵构成的分析,我们可以归纳环境私人治理机制的要义:

1. 主体层面,环境私人治理机制中私人主体行使政府让渡的部分治理权力。在传统环境管制模式下,法律主要赋予政府及其职能部门环境管理职责,规定私人主体环境保护义务,这种单向的"命令－服从"的威权压制模式加大了环境管理中的对抗性。为应对这些问题,增加相对人的接受性,改善执法效果,环境执法过程中逐渐引入了商谈、说服、听证、诱导、劝诫等柔性方法。环境私人治理机制在形式上也借鉴了这些柔性手段，却有实质差异。现代环境治理体系下的环境私人治理机制主张私人主体"共同"参与环境治理，实质是要求私人主体作为政府所让渡的部分环境治理权力的承接主体，成为环境治理行使决策权的重要一极。

2. 价值层面，市场机制具有基础性功能。传统环境管制模式主要是通过政府行政权力来控制与规制各种环境违法行为，采取的制度工具包括环境目标责任制、"三同时"、排污收费等命令型的环境管理制度，这些制度遵循纵向高压的执法理念。《指导意见》将坚持市场导向作为现代环境治理体系的基本原则，这不仅是引入一种环境治理工具——事实上传统的环境管理机制运行中也并未排除市场手段的适用，比如环境代履行制度即为典型，更要求贯彻一种价值——参与环境私人治理机制的各类主体之间应享有平等地位，应当以贯彻市场机制为理念，展开具体的环境私人治理机制的制度设计，比如在美国盛行的民营化、权力下放、服务外包等私人在治理中的作用形式，[1]即典型的市场机制的具体运用。

3. 机制层面，形成私人主体参与环境治理的稳固机制。现代环境治理体系中多元主体的共同参与，不仅是多元私人主体更加积极主动地"参与"到传统的环境管制型法律关系中，更要求通过创新环境私人治理机制以形成稳定有序的机制，通过制度设计确认多元主体参与环境治理的权利义务。形成私人主体参与环境治理的稳固机制，对内能够以利益共同点为连接点形成具体机制中成员之间的关系网络，也可以组织分散的个体成员对政府权力形成组织化的压力。[2]

二、国家公园建设对环境私人治理的机制需求

现代环境治理体系是对既有的行政管制型环境治理体系的升级与替

---

〔1〕　具体分析参见［美］朱迪·弗里曼：《合作治理与新行政法》，毕洪海、陈标冲译，商务印书馆 2010 年版，第 317 页。

〔2〕　参见杜辉：《环境公共治理与环境法的更新》，中国社会科学出版社 2018 年版，第 23 页。

换，在我国环境治理坚持"政府主导"的传统下，现代环境治理体系机制创新的关键在于创设环境私人治理机制。建立以国家公园为主体的自然保护地体系，是我国当前生态文明建设领域机制创新的重要组成部分，为此，国家公园建设也须回应环境治理体系现代化的需求，建立健全私人治理机制。

与此同时，我国近几年来密集出台的关于国家公园体制建设的中央政策文件均在强调国家公园保护与管理。在"国家主导"的前提下，亦多次重申多元主体"共同参与"的政策目标与机制诉求。2019 年公布实施的《关于建立以国家公园为主体的自然保护地体系的指导意见》在"基本原则"部分提出了"坚持政府主导，多方参与"原则，要求"建立健全政府、企业、社会组织和公众参与自然保护的长效机制。"这对在国家公园保护与管理领域构建现代治环境理体系提出了具体机制诉求。在我国国家公园建设坚持"国家主导"原则的前提下，因应需求的国家公园私人治理机制便凸显了其特殊价值。

（一）国家公园多元价值对私人治理机制之内生需求

在《关于建立以国家公园为主体的自然保护地体系的指导意见》划分的国家公园、自然保护区、自然公园三种自然保护地类型中，国家公园属于在自然生态系统原真性、整体性、系统性等方面具有最重要生态价值的自然保护地类型，需要采取最高强度的保护措施。我国《建立国家公园体制总体方案》界定的国家公园内涵中，国家公园以国家利益为导向、坚持国家所有、全民共享和全民公益性。申言之，我国国家公园体制建设以生态保护第一、国家代表性和全民公益性为基本价值目标。为了实现该价值目标，我国《建立国家公园体制总体方案》《关于建立以国家公园为主体的自然保护地体系的指导意见》明确了政府治理在国家公园保护管理中的地位：（1）在国家公园体制建设的"基本原则"中明确"国家主导"原则，由中央政府代表国家行使国家公园的管理权，即使在国家公园体制试点期间暂时由省级政府代理行使国家公园中全民所有的自然资产所有权，也需要在条件成熟时，逐步过渡到统一由中央政府直接行使。（2）明确了政府在国家公园等自然保护地的规划、建设、管理、监督、保护和投入等方面的"主体"作用。（3）我国当前的自然保护地零散设置的现状，不但遮蔽了自然保护地生态系统整体性，而且不能针对不同类型的自然保护地的管理目标以实现差异性和针对性的管理保护，引致多个管理机构之间的管理事权的割裂、重叠、冲突、缺位与错位。[1]为了矫正这一问题并凸显国家公园的全民公益性，应成立专门的国家公园管理机构统一行使国家公园管理事权。

由上述简要梳理可知，现行关于国家公园的系列政策从主体地位、机构设置、权力配置等几个方面彰显了国家公园建设、保护与管理中的政府治理机制。在我国现行的法律规范体系与制度框架中，国家公园"政府治理机制"的内涵具体可以通过自然资源国家所有权制度、环境监督管理制度、环境管理权配置制度等予以法律表达，综合体现了国家公园具有的国家代表性和全民公益性。强化"政府治理"机制、实现国家公园的国家代表性和全民公益性的目标背后的理念在于，政府是环境公益的最优代表者与代理者，行政机关相对于其他主体在法律创制与公共事务处理中，在日常性、数量、专业性以及经验方面更具优势。[2]

虽然国家公园的首要功能是保护重要自然生态系统的原真性、完整性，但这并非国家公园的唯一功能。《建立国家公园体制总体方案》规定国家公园同时兼具科研、教育、游憩等综合功能。虽然国家公园建设中无人居住的"黄石模式"被很多论者认为是国家公园建设的"理想模

---

〔1〕 参见刘超："以国家公园为主体的自然保护地体系的法律表达"，载《吉首大学学报（社会科学版）》2019 年第 5 期。

〔2〕 "行政机关相对于立法机关与司法机关的法律创设活动而言，在日常性、数量以及经验方面的优势似乎在所难免。"参见［美］杰里·马肖：《贪婪、混沌和治理——利用公共选择改良公法》，宋功德译，商务印书馆 2009 年版，第 168 页。

式"，但这只是理想，不符合当前各个国家和地区国家公园建设的真实状况，也遮蔽与忽视了自然资源对于人类同时产生的多重价值。国家公园的多重价值的实现，意味着对国家公园不能采取"无人模式"的保护与管理，而是需要在国家公园中允许多类主体采取多种形式的开发利用行为。

政府治理机制主要通过划定国家公园的范围、归并优化自然保护地以保障国家公园的主体地位、编制国家公园规划、制定国家公园的管理机制来实现。因此，国家公园的政府治理机制的运行秉持整体主义进路，需要政府（尤其是中央政府）作为环境公益的代表者与代理者承担主导功能。与此同时，国家公园承载科研、教育、游憩等多元价值，这些价值的享有主体是多元的、分散的，价值的表达与利益的诉求是个人主义的，应当在环境私人治理机制中提供多元主体"自下而上"的利益诉求与表达机制。质言之，除了政府主体之外，多种类型的私人主体也会进入国家公园区域从事生产生活行为，这些行为会对自然生态系统造成不同程度的影响，需要对人类在国家公园实施的环境影响行为进行控制与约束，这就提出了环境私人治理机制的需求。

（二）国家公园事权统一思路下与私人治理机制之补足功能

政府间事权配置是国家公园体制建设中的重要内容。《关于建立以国家公园为主体的自然保护地体系的指导意见》规定，按照生态系统重要程度，将国家公园等自然保护地分为中央直接管理、中央地方共同管理和地方管理3类，实行分级设立、分级管理。这一规定根据各类自然保护地承载与保护的生态价值高低，确立事权配置的政府层级及其权力位阶，国家公园是自然保护地中生态系统价值最高、具有国家代表性的部分，需要由中央政府直接管理。《建立国家公园体制总体方案》规定建立国家公园的统一事权、分级管理体制：建立国家公园统一管理机构统一行使国家公园事权；在当前划定的国家公园体制试点区域以及拟建设的国家公园区域内存在多种自然资源所有权类型（国家所有权与集体所有权并存）的背景下，可以由中央政府和省级政府分级行使所有权。但这被定位为中间过渡阶段的权力行使状态，最终目标是，"逐步过渡到国家公园内全民所有自然资源资产所有权由中央政府直接行使"。

由上述梳理可知，我国国家公园体制建设将集中统一管理作为核心内容。在2018年的国务院机构改革中，组建的国家林业和草原局加挂国家公园管理局牌子，统一行使国家公园的管理职责。这表明国家公园体制改革以及未来的"国家公园法"将国家公园事权定位为国家事权，并统一上收由国家公园管理局行使。这一事权配置直接针对的是改革前我国自然保护地事权分散配置的现状及其弊端，我国当前存在自然保护区、风景名胜区、森林公园、湿地公园等多种类型自然保护地，由环境保护（现生态环境）行政主管部门、文化和旅游部门、林草部门等中央政府职能部门以及地方人民政府分散行使管理事权，事权分散配置导致了管理上交叉重叠、政策标准不一、多方管理主体"争权、争利、推责"的弊端。[1]

国家公园事权体制改革，固然要发挥政府治理机制在国家公园保护与管理中的主导功能，但基于国家公园被赋予的全民公益性与国民代表性的价值目标，私人治理机制的价值与功能不可忽视：（1）从国家公园事权配置与运行的现实需求考察。国家公园建设、保护与管理以生态系统的价值位阶为标准划分的特定"区域"为前提，这是一个整体性的空间概念，迥异于传统的环境与自然资源法以单一环境要素展开制度设计的路径。因此，被划定的国家公园中存在着多种类型的自然资源与环境要素，对其进行建设、保护和管理是一个非常复杂的系统工程。《建立国家公园体制总体方案》不完全列举了国家林业和草原局（国家公园管理局）统一行使的管理事权，包括生态保护、自然资源资产管理、特许经营管理、社会参与管理、宣传推介等，还有代表国家行使的

---

〔1〕　参见唐芳林等："自然保护地管理体制的改革路径"，载《林业建设》2019年第2期。

全民所有自然资源国家所有权。这些管理职责与所有权的行使难以完全满足国家公园建设、保护与管理的诸多需求，况且，单一主体的国家公园管理局在人员数量、职权分配、执法资源配置等方面，均难以应对全国所有国家公园的管理的现实需要，亟待引入多元主体参与国家公园管理。通过权力下放、服务外包、民营化等多种方式构建政府与私人主体之间的公私协力机制，可以弥补单一主体在行使国家公园事权中存在的不足。（2）从国家公园事权的配置规律考察。一般而言，在央地事权配置中，各级政府承担的公共服务职责遵循"以事定权、权随事配"的原则，政府公共服务或提供公共物品的影响范围、受益范围、重要程度以及各级政府职能分工是配置央地事权的重要标准。[1]自然资源环境事权配置背后的逻辑与规律是基于环境资源赋存区域与受益范围。国家公园的全民公益性既是一个整体概念也是一个聚合概念，国家公园的全民公益性既由统一管理机构代表，也应当由多个私人主体享有，私人主体作为国家公园的受益者应当参与国家公园事权行使环节，需要发挥私人治理机制在国家公园保护与管理中的功能与价值。（3）从国家公园事权的配置逻辑考察。国家公园体制改革延循自然资源环境事权从地方政府向中央政府流动与倾斜的配置思路，这直接针对当前的自然保护地事权分散配置的内生困境。但我们也需要客观评价，这种事权配置思路与当前央地政府权力配置从等级制的权利配置制度转向契约制的权利配置制度和网络制的权力配置思路不尽一致。[2]申言之，公共管理理论的发展和公共事务治理经验均表明，环境事权配置应当从央地政府的等级关系转向契约关系、网络关系，进而呈现出一种多中心关系，这种多中

---

[1] 参见刘超："《长江法》制定中涉水事权央地划分的法理与制度"，载《政法论丛》2018年第6期。

[2] 对当前央地政府权力配置应当从等级制的权利配置制度转向契约制的权利配置制度和网络制的权力配置制度的具体分析，参见李文钊：《中央与地方政府权力配置的制度分析》，人民日报出版社2017年版，第191~200页。

心关系不应局限于政府治理机制中各级政府内部，也应当拓展至全社会领域。《建立国家公园体制总体方案》等规定由统一管理机构行使国家公园的事权配置结构，矫正了之前由多个中央政府职能部门与地方政府分散享有与行使自然保护地管理事权的现状，但这依然属于不同层级政府之间事权配置结构的内部调整，没有改变传统的自然管理与环境治理秉持的管理模式。若预期矫正与弥补传统管制模式下政府治理机制存在的不足，需要在中央政府向地方政府梯度分权、权力下放以及政府向私人主体进行权力让渡的思路下，引入私人治理机制参与国家公园的建设、管理与保护。

（三）国家公园土地权属的复杂性与私人治理机制的转换功能

《建立国家公园体制总体方案》在界定国家公园空间布局时明确提出"确保全民所有的自然资源资产占主体地位"。在自然资源资产产权制度改革中，土地资源权属制度既是自然资源资产产权制度的有机构成部分，也是体制改革的重点和难点。因此，在国家公园建设与体制改革中确保全民所有的土地资源（国家土地所有权）占主体地位，是我国国家公园建设的前提和关键。在我国《宪法》《民法典》等立法规定的土地所有权制度中，土地所有权包括国家所有权和集体所有权。国家公园体制建设目标就是要国家公园中国家土地所有权占主体地位，其意义可以表现为三个层面：第一，国家公园中全民所有的土地占主体地位，才能在自然资源权属制度层面而非仅仅在理念层面体现国家公园的国家所有、国家象征、全民共享和全民公益性等价值；第二，土地资源是最基本的自然资源，也是其他类型自然资源的基础，因此，国家公园中全民所有的自然资源占主体地位，依附于土地资源的其他类型自然资源也才有可能占主体地位；第三，我国在国家公园体制改革目标中将国家公园事权确立为国家事权，由国家林业和草原局（国家公园管理局）统一行使管理职权，只有全民所有的以土地资源为代表的自然资源占主体地位，方能便于管理机构统一行使管理职权。

国家公园体制建设的空间布局要求"全民所有的自然资源资产占主体地位",这一目标的关键在于全民所有的土地资源资产占主体地位。但我国疆域辽阔,各地之间自然资源状态极不均衡,使得土地资源所有权结构复杂。在我国2015年开始的国家公园体制试点中,各个试点国家公园的土地所有权结构呈现出较大差异性,其中,有些试点国家公园中国家土地所有权占比较高,比如三江源国家公园(100%)、神农架国家公园(85.8%)、普达措国家公园(78.1%)、长城国家公园(50.6%),这些国家公园较能体现全民所有的自然资源资产占主体地位。而另一些国家公园中集体所有权土地占比较高而国家所有土地占比较低,比如南山国家公园中国有土地占比为41.5%、武夷山国家公园中国有土地占比为28.7%、钱江源国家公园中国有土地占比为20.4%,[1]这些试点国家公园不符合全民所有的自然资源资产占主体地位的要求。为了实现国家公园体制建设中的"确保全民所有的自然资源资产占主体地位"的空间布局目标,需要针对划定为国家公园范围内集体所有土地占比较高、管理难度较大的情况进行改造。从理论上看,在国家公园土地权属复杂,尤其是集体所有土地占比过高的背景下实现国有土地占主体地位的改造,有两种制度路径:第一,通过单方征收的方式,将集体所有的土地征收为国家所有;第二,采取多方合意的方式,通过赎买、置换、租赁、补偿、签订地役权等方式。在前一种制度类型下,主要通过政府单方主体意志即可实现,这是在传统的环境资源单方管制模式下实现预期目标的制度路径;而在后一种制度路径下,无论具体是采取何种方式,均需要多方主体(不仅是土地资源的集体所有权主体,也包括集体土地使用权主体)的广泛参与,这对国家公园建设、保护与管理中私人治理机

---

〔1〕 我国当前国家公园试点区土地所有权结构的面积与比例参见黄宝荣等:"推动以国家公园为主体的自然保护地体系改革的思考",载《中国科学院院刊》2018年第12期。

制的引入与运行提出了现实需求，私人治理机制需要为国家公园中集体所有土地上的多方权利主体表达意愿与利益诉求提供制度空间与机制保障。

三、国家公园体制建设中环境私人治理机制的框架展开

前述内容辨析了环境私人治理机制的内涵与要义，论证了我国国家公园体制建设中适用私人治理机制的必要性与特殊价值，这不仅是我国推进的现代环境治理体系在具体领域贯彻落实的需要，更是因为国家公园体制建设中的价值目标的复合性、事权配置的集中性和土地权属的复杂性对私人治理机制提出特殊需求。私人治理机制与政府治理机制协力作用，实现多方主体共同参与国家公园保护与管理的体制建设目标。本部分将进一步从阐释国家公园体制建设中私人治理机制的框架展开。自然保护地治理问题长期以来在国际层面受到广泛关注，世界自然保护联盟（IUCN）从促进自然保护地体系发展的角度提出与推荐了多种有效的治理方式，依据治理方式的差异划分了自然保护地治理类型：政府治理、共同治理、公益治理和社区治理。[1]治理机制本身包含了治理主体的确定、治理决策过程与程序的展开等复合内涵，这些均从不同角度定义了治理机制，可以提供有益启发。也有研究将私人主体参与环境治理的模式概括为集体式、双边式和单边式三种类型。[2]这些学理研究或者政策实践对环境私人治理机制的类型划分虽然形式有异，但均有异曲同工之妙，即注重从私人主体参与自然资源环境治理的数量与互动关系切入。以此为参考，本部分对国家公园体制建设中私人治理机制的框架展开也主要从类型化视角展开。

---

〔1〕　参见［英］Nigel Dudley 主编：《IUCN 自然保护地管理分类应用指南》，朱春全、欧阳志云等译，中国林业出版社 2016 年版，第 52 页。

〔2〕　参见杜辉："环境私主体治理的运行逻辑及其法律规制"，载《中国地质大学学报（社会科学版）》2017 年第 1 期。

（一）国家公园的私人主体公益治理

IUCN 定义的"公益治理"类型的自然保护地是指包括个人、合作社、非政府组织或公司控制和管理的自然保护地，其管理可以是按照非营利或营利方式实施，其出发点是对土地的尊重以及维持其美学和生态价值的心愿。[1]IUCN 划分"公益治理"类型的自然保护地存在的背景与前提是存在以土地为代表的自然资源私人所有权，在土地私人所有权的法制语境下，原住民、地方社区、私人个体、非政府组织、公司等多种类型主体，由不同的需求、利益、价值观和期望驱动，均采取了自愿保护自然生态系统的措施。在我国法制语境中，私人个体、非政府组织、公司等私人主体均不享有自然资源所有权，所以在我国国家公园这类自然保护地的治理中既不存在 IUCN 界定的"公益治理"自然保护地类型，也很难在完整意义上适用公益治理方式。但是，IUCN 所界定的自然保护地公益治理方式依然具有借鉴意义。IUCN 归纳的公益治理或私人保育有四种方法：第一，个人土地所有者自愿同意正式保护地的指定，根据制定的保育目标和保护地类型保留所有权并行使管理职责；第二，为保存特定保育价值，个人土地所有者向政府让渡某些使用私人财产的法定权利，同时保留所有权以及其他兼容的非保育使用的权利（如维持居住）；第三，非政府组织接受慈善捐款以及募集私人或公共资金以保护为目的而购买土地，或者直接从捐赠者处接受并未保护的土地而管理土地；第四，营利性公司为保育而流出、捐赠或直接管理一片区域以建立良好的公共关系，或者作为其他活动的让步或抵消。[2]虽然作为适用这些方法之前提的个人土地所有权在我国不存在，但这些方法具有的共性特征是，私人主体为政府的生态系统保护目标而自愿采取保护措施、限制自己的

---

〔1〕　参见［英］Nigel Dudley 主编：《IUCN 自然保护地管理分类应用指南》，朱春全、欧阳志云等译，中国林业出版社 2016 年版，第 53 页。

〔2〕　参见［美］巴巴拉·劳瑙：《保护地立法指南》，王曦等译，法律出版社 2016 年版，第 101～102 页。

权利效力、约束自己的行为，以符合生态系统管理目标。这种自然保护地的方式在行政法学上也被称之为"自我规制"。

IUCN 所界定的自然保护地治理类型中，公益治理是一种非常灵活的环境私人治理方式，它提供了开放空间，能最大程度地肯认私人主体的利他主义精神和环境公益意愿，为发挥私人主体在生态系统保护中的主观能动性和积极主动性提供了参与空间与制度通道。但我国当前在环境治理过程中对这一治理方式没有予以足够重视。在我国国家公园体制建设目标提出"确保全民所有的自然资源资产占主体地位"，而现实中我国自然资源权属复杂、地域差异性较大、多个试点国家公园土地权属结构以集体土地所有权为主的现实背景下，应重视参考和借鉴公益治理机制的价值与功能。具体而言，在我国国家公园体制建设中，可从以下几个方面阐释作为一种环境私人治理机制的公益治理机制的内涵，并发挥其功能：

1. 私人主体在国家公园治理中实施的公益治理本质上属于"自我规制"，是以国家确立的国家公园保护与管理目标进行的自我行为约束与权利限制，而不是在传统环境管制模式下作为被管理对象，被动地从事的一些行为或者在其享有的自然资源权利（包括所有权与使用权）上承担的一些义务。

2. 公益治理方式下，国家公园区域内的私人主体自愿采取保护生态系统的行为并不改变自然资源原有权属关系，这就要求对"全民所有的自然资源资产占主体地位"进行广义解释与实质理解，不能仅从狭义角度理解为国家享有所有权的自然资源的面积、数量在国家公园区域内占绝对数据比例意义上的多数和主体地位，而应当从实质层面考察国家在实际控制意义上的主体地位，[1]进而可以在不变更原有权属结构的基础上，通过其他权利主体限制权利行使等方式，服务于国家公园建设目标。

3. 具体而言，公益治理方式可以具体表现为：国家公园区域范围内

---

〔1〕　参见秦天宝："论国家公园国有土地占主体地位的实现路径——以地役权为核心的考察"，载《现代法学》2019 年第 3 期。

的集体土地所有权人通过自主限制权利行使的范围、方式和程度以满足国家公园管理的需要；国家公园区域内商品林的权利主体通过对商品林中经济产品的产出与经营的自我限制来实现国家公园保护与管理宗旨等。概括而言，多种类型的对国家公园区域内的自然资源享有权利的主体，通过自愿放弃使用或削减行使自然资源物权及管理权的方式，满足政府确立的国家公园管理目标。

4. 没有通过签订契约或者设置问责性指标的自我规制方式，约束力有限，因此，若引入公益治理方式作为国家公园私人治理的正式机制，必须通过正式的协议使得政府与愿意承担与公益治理的私人主体之间形成权利、义务与责任的确定法律关系。

（二）国家公园的私人主体与政府的共享治理

"共享治理"或者"共管"是 2003 年第五次 IUCN 世界公园大会（WPC）在关于自然保护地治理方法议题中要求增加的一项实现保育目标的手段，意指利用由原住民、地方社区、地方政府、非政府组织、资源利用者以及私营部门自行支配的重要财产和各种保育相关的知识、技能、资源和制度，并要求为此提供授权性法律和政策框架。[1]实际上，IUCN 倡议的自然保护地"共管"并非一项新的制度工具，在社会很多领域只要有两个以上的主体参与的事务，往往会适用"共同治理"机制。

在国家公园建设、保护与管理中适用"共管"或"共享治理"机制，虽然与前述多个领域以利益相关者理论为基础展开的共同治理分享了形式上的共同性与程序上的相似性，但在内在机理与现实需求等方面存在特殊性：（1）国家公园共享治理的机制性。在我国系统推进现代环境治理体系的背景下，本书主张的国家公园共享治理具有机制性，即国家公

---

〔1〕 参见［美］巴巴拉·劳瑞：《保护地立法指南》，王曦等译，法律出版社 2016 年版，第104 页。

园中多元主体参与"共管"不仅仅是为改进延续至今的政府治理机制的实施效果而引入的一种方法与工具，而应为一种稳固机制，该机制的适用不是对政府治理机制的补位。（2）国家公园共享治理的结构性。传统社会问题治理领域，在民主理念下均注重引入利益相关者参与治理决策与治理程序，典型如在环境影响评价的专项规划编制过程中，《中华人民共和国环境影响评价法》（以下简称《环境影响评价法》）要求在规划草案报送审批前举行论证会、听证会或者其他形式征求有关单位、专家和公众的意见。[1]这种公众参与治理的方式虽有意义，但本质上属于为增加政府治理的科学性、民主性、接受度和可执行性而采取的一种措施。而作为环境私人治理机制的共享治理，则是以"合作治理"新理论为指导，国家公园中参与"共享治理"的主体与政府主体在国家公园治理中形成一种机制上的结构，"这些主体直接参与决策过程而不仅仅是公共机构的顾问，协商的公共舆论空间组织化运作并要求共同参与，协商目的在于达成共识，采取共同决策"[2]。（3）国家公园共享治理的法制化。IUCN推荐的共享治理，主要指向为之提供授权性法律和政策框架，即将治理方式进行法制化建构。国家公园建设、保护与管理中适用的共享治理，不仅是一种理念、手段与选项，更需要通过法制化方式将其纳入私人治理机制体系，因此，在我国已被纳入立法规划的"国家公园法"以及正在启动研究的"自然保护地法"中，应当在环境私人治理机制体系中明确规定共享治理机制。

共享治理机制要求多元主体作为意志表达者和利益诉求者，与政府主体共同参与国家公园治理，其形式具有灵活性与多样性，其过程需要

---

〔1〕《环境影响评价法》（2018年）第11条："专项规划的编制机关对可能造成不良环境影响并直接涉及公众环境权益的规划，应当在该规划草案报送审批前，举行论证会、听证会，或者采取其他形式，征求有关单位、专家和公众对环境影响报告书草案的意见。但是，国家规定需要保密的情形除外。编制机关应当认真考虑有关单位、专家和公众对环境影响报告书草案的意见，并应当在报送审查的环境影响报告书中附具对意见采纳或者不采纳的说明。"

〔2〕王名等："社会共治：多元主体共同治理的实践探索与制度创新"，载《中国行政管理》2014年第12期。

通过协商协议或合作关系的制度安排，其类型及内容可以概括为以下几个方面：

1. 私人主体与政府之间签订共管合同

《建立国家公园体制总体方案》确立国家公园空间布局的目标是"确保全民所有的自然资源资产占主体地位"，从实质和功能层面理解该体制建设的目标，并非简单在形式上要求国家公园区域内国家所有的自然资源在面积、数量上占绝对多数比例，否则在有些自然资源集体所有权比例较高的国家公园，体制建设成本过高、难度过大，该目标意义指向"管理上具有可行性"。国家公园内自然资源的私人主体（政府之外的其他主体）为了满足国家公园建设、保护与管理的需要，在不改变自然资源权属现状的前提下，与政府签订共管合同，约束自身行为、限制或削减自己的自然资源权利（包括集体所有权与其他主体的用益物权），政府可以提供按照标准计算的经济补偿。共管合同主要以国家公园保护与管理需求下私人主体的权利客体与权利行使方式承担约束与限制为内容，即在明确保护对象与保护目标的基础上，通过共管合同明确列举保护需求与行为清单，分别针对私人主体权利客体中需要被列入保护对象的类型与范围以及每种保护对象提出的保护需求，在此基础上具体列举对私人主体的鼓励行为、限制行为与禁止行为清单。[1]私人主体的主体性与自主权表现在，其可以选择是否参与共管合同、是否接受政府主体提出的保护需求与约束，也可以在合同签订过程中就具体行为清单设定与政府进行充分沟通与协商。

2. 保护地役权制度

保护地役权较为普遍地被认为是在国家公园内存在复杂自然资源权属

---

〔1〕 对国家公园内保护需求与行为清单的具体梳理可参见苏杨等：《中国国家公园体制建设研究》，社会科学文献出版社 2018 年版，第 108～113 页。

结构下，平衡私人主体利益与国家公园生态系统价值公益的激励性制度工具。已有研究对国家公园内保护地役权的法律构造进行了专门讨论，[1]笔者此处强调的是，作为一种私人治理机制的保护地役权制度，保护地役权并非要求限制供役地人所有行为，而是以满足特定保护目的而进行的权利的削减与行为的限制。在保护地役权合同签订与履行过程中，应当注重提供私人主体的意愿与利益表达空间，国家公园治理中通过保护地役权实现的保护与管理，其特殊性在于在实现国家公园管理目标的同时，还需要尊重私人主体生计发展的需求，为供役地权利人提供资金补偿与非资金补偿（如提供就业机会、优先获得特许经营权等）等多种补偿方式。

3. 特许经营机制

国家公园特许经营机制即根据国家公园的管理目标，为提高公众游憩体验质量，由政府经过竞争程序优选受许人，依法授权其在政府管控下开展规定期限、性质、范围和数量的非资源消费性经营活动，并向政府缴纳特许经营费的过程。[2]特许经营机制是我国自然资源保护与管理领域常用的一种法律机制，我国《武夷山国家公园条例（试行）》等地方国家公园立法相关法律条文也规定了国家公园特许经营权制度。笔者曾以页岩气特许权为例，详细检讨了在我国当前制度语境下，自然资源特许经营权机制设计存在特许经营权沦为自然资源国家所有权的附庸而无独立性、对特许经营权人行为全过程控制的疏忽以及对特许权人权利保障的阙如等弊病，由此导致既无法实现特许经营机制的内生目标，也难以保障私权主体权益而进一步引发特许经营权主体激励不足、短期行为等负面效应。[3]若延循既有制度逻辑设计与实施国家公园特许经营权制度，

---

〔1〕　参见秦天宝："论国家公园国有土地占主体地位的实现路径——以地役权为核心的考察"，载《现代法学》2019 年第 3 期。

〔2〕　参见张海霞：《中国国家公园特许经营机制研究》，中国环境出版集团 2018 年版，第 6 页。

〔3〕　参见刘超："页岩气特许权的制度困境与完善进路"，载《法律科学（西北政法大学学报）》2015 年第 3 期。

则预期通过特许经营机制以保护国家公园生态价值、兼顾公众游憩等多元价值的目标将难免落空。因此，在拟出台的"国家公园法"中应当注重完善国家公园特许经营机制设计，从确定特许经营范围、保障特许经营权独立性与权利效力、监督特许经营权利运行过程等方面完善制度设计。

四、结语

当前，在我国系统推进国家治理能力和治理体系现代化国家战略的背景下，2020年印发的《指导意见》为我国实现现代环境治理体系规定了目标任务与规则体系。长期以来，我国环境法律体系在因应不断涌现的新型环境问题而与时俱进地更新法律、完善制度的发展过程中，逐渐补足了传统的以环境行政管制型制度为主体的治理机制，陆续引入多元主体参与环境治理过程。现代环境治理体系重申政府治理的主导地位，这就意味着需要审视、梳理与重整现有的多元主体参与环境治理的制度与程序，系统性地重构与创设环境私人治理机制。环境私人治理机制指涉多元主体共同参与、适用丰富性的治理手段、并形成多元主体的共享治理权力。国家公园体制建设是我国当前在自然资源保护领域的体制创新，在逻辑上看，国家公园建设、保护与管理中也要适用现代环境治理体系；从特殊需求而言，国家公园承载的生态价值这一首要功能之外的科研、教育、游憩等综合功能，对私人治理机制提出了内生需求。国家公园事权统一配置在适用中的困境亟待私人治理机制发挥弥补功能，国家公园体制建设的"确保全民所有的自然资源资产占主体地位"在土地权属复杂的背景下亟待私人治理机制发挥转换功能。国家公园的私人治理机制包括公益治理与共享治理这两种类型，限于篇幅，本节内容仅简要梳理了私人主体与政府之间签订共管合同、保护地役权制度设计、特许经营权机制这些具体机制实施制度。除此之外，还有赎买、租赁、置换、服务外包等具体的环境私人治理机制实现方式，这些内容留待后续拓展研究详细展开。

第三章　建立风险预防机制

——以环境与健康风险管理为核心

第一节　问题意识：环境问题的"健康"转向

改革开放释放的活力使中国的经济和社会面貌发生了巨大变化，成就了举世瞩目的"中国奇迹"。与此同时，"奇迹"所倚附的高污染、高能耗的经济发展方式也给中国环境带来了空前压力。空气质量堪忧，2005 年中国二氧化硫排放量居世界第一，2007 年超越美国成为头号二氧化碳排放国，2015 年，全国 338 个地级以上城市的空气质量监测结果显示，78.4% 的城市空气质量超标；480 个监测降水的城市（区、县）中，40% 以上的城市受到酸雨污染；972 个地表水国控断面（点位）监测显示，Ⅳ类及以上水质断面约占 35.5%；全国 31 个省（区、市）202 个地市级行政区的 5118 个监测井（点）地下水水质监测结果显示：较差和极差级的监测井（点）比例约占 61.3%，3 322 个浅层地下水水质监测井（点）中，水质较差和极差级的监测井（点）比例约为 66.2%。[1]

综上，环境问题已成为中国经济社会发展不可承受之重。根据官方说法，我国已经进入"环境污染事故的高发期"，目前正处于环境压力

---

〔1〕 数据来源："2015 年中国环境状况公报"，载《环保工作资料选》2016 年第 6 期。

最大的时期，"三个高峰"同时到来：一是环境污染最为严重的时期已经到来，未来 10 年将持续存在；二是突发性环境事件进入高发时期，特别是污染严重时期与生产事故高发时期重叠，环境风险不断增大，国家环境安全受到挑战；三是群体性环境事件呈迅速上升趋势，污染问题成为影响社会稳定的"导火索"。我们的环境容量已经达到了支撑经济发展的极限，环境问题已经成为制约中国经济和社会发展的主要瓶颈之一。[1]

　　长期以来，我们将环境问题归纳为环境污染、生态破坏，将环境作为人类活动的客体或对象。其实，环境污染与生态破坏的损害后果并不止于对环境本身的损害，当大气、水体、土壤等环境介质受到损害之后，环境介质也会通过多种途径迁移转化而导致对人体健康的损害。因此，当环境侵害依循"人类行为—对环境的损害—对人的损害"的侵害路径，环境侵害后果也呈现出"环境污染和生态破坏—人类财产损害—人体健康损害"累积加深、逐步严重的过程。如果说环境污染和生态破坏对环境本身的侵害通常是有形的、明显的，那么这些污染物在作用于人体后就会复杂得多。人类周围存在着各种环境致病因素。[2] 由于人类本身有一定的代偿能力，这些致病因素并不必然导致人体健康的损害，但当环境的变化超过了人类自身的代谢能力时，则可引起人体生理、生化功能的改变，甚至产生病理性反应。这一"潜伏期—病状期—显露期—危险期"的发展过程实际上就是有毒物质的"量变"引起人体生理机能的"质变"的过程。因而，环境侵害导致人体健康危害的过程具有潜伏期长、影响范围大、致害原因复杂等特点，并且往往需要经过

〔1〕　参见孙展："潘岳：环保已经到了最紧要关头"，载《中国新闻周刊》2005 年第 4 期。
〔2〕　人类周围能够引起经人体健康病理性变化的因素称为环境致病因素，包括生物性因素（细菌、病菌和虫卵等）、化学性因素（有毒气体、重金属、农药、化肥和其它化学品）和物理性因素（噪声、振动、放射性物质和电磁波辐射等），其中化学性污染至少占了 90% 以上。参见王五一等主编：《环境与健康：跨学科的视角》，社会科学文献出版社 2010 年版，第 38 页。

相当长的时间才能显现出来，但一旦爆发，其后果往往极为严重甚至不可逆转。

柯蒂斯认为："幸福的首要条件在于健康"。健康是人类生存和发展的基础，从人类文明诞生之日起，健康就成为人类孜孜以求的目标。这与世界卫生组织（WHO）的"健康不仅仅是没有疾病和虚弱的状态，而是一种在身体上、心理上和社会上的完好状态"的定义相符。人类健康是人类社会可持续发展的基础，人类健康可持续发展要求在满足当代人健康需求的同时，又不损害后代人满足其健康需求的能力；在满足本区域人群健康需求的同时又不损害其他区域满足其人群健康需求的能力。影响人类健康的风险因素大量存在，环境污染、社会压力、遗传因素、不良生活方式等都会危及人体健康。环境污染已成为不容忽视的健康危险因素，与环境污染相关的心血管疾病、呼吸系统疾病和恶性肿瘤等问题日益凸显。来自科恩担任首席科学家的非营利研究机构美国健康效应研究所（HEI）的《2019 全球空气状况》显示，2017 年室外 PM2.5、室内污染、臭氧这三种空气污染就导致了全球近 500 万人死亡，其中，中国的死亡人数超过 124 万，约占全球的 1/4。[1]近年来，中国环境与健康事件呈现"井喷"发展态势，[2]中国已进入环境

---

〔1〕 参见"空气污染成国人第四大健康杀手！全球每年死于空气污染疾病的人数高于交通意外"，载 https://www.sohu.com/a/308221041_99921895。

〔2〕 环境与健康一语舶来品，它是"Environment and Health"的汉译表述，但"Environment and Health"在译介时，有两种表述，"环境与健康"或"环境健康"。在学术界，两种表述方式都被大量使用且平分秋色，比如，笔者以"环境与健康"为题名在中国知网（CNKI）搜索，共搜得 541 篇文献，而以"环境健康"为题名共搜得 367 篇文献。而在法律、政策等官方文件中，"环境与健康"的表述方式已达成共识，比如 2007 年国务院 18 部委联合公布的《国家环境与健康行动计划 2007－2015》，2011 年原环境保护部公布的《国家环境保护"十二五"环境与健康工作规划》，2014 年修订的《环境保护法》也采用了"环境与健康"的表述（第 39 条："国家建立、健全环境与健康监测、调查和风险评估制度；鼓励和组织开展环境质量对公众健康影响的研究，采取措施预防和控制与环境污染有关的疾病"）。此外，原卫生部主管国内唯一的环境卫生学专业学术类期刊《环境与健康杂志》也采纳了"环境与健康"的表述，因此，本书也使用"环境与健康"这一表述。

污染导致人体健康受损事件的高发期。据统计，2011～2017 年突发环境事件 3 193 起，其中重大环境事件 30 起，较大环境事件 51 起。其中，广西龙江镉污染事件、贺江水污染事件、千丈岩水库污染事件、甘肃锑污染事件、新余市仙女湖水污染事件、嘉陵江广元段铊污染事件等重大重金属污染事件，对当地群众健康和社会稳定都造成了严重威胁，并在国内外产生了恶劣影响。[1]

表 3-1　2010～2017 年全国突发环境事件基本情况表

单位：起

	重大事件	较大事件	一般事件	总计
2011	12	2	518	542
2012	5	5	532	542
2013	3	12	697	712
2014	3	16	452	471
2015	3	5	322	330
2016	3	5	296	304
2017	1	6	295	302
总计	30	51	3 112	3 193

注：数据来源国家统计局《环境统计数据》

综上，环境与健康问题已成为影响我国公众安全和社会稳定的重大议题。如何对环境与健康问题进行法律规制，是否等到损害后果发生方可进行法律救济？环境法学的发展必须回应这些社会现实问题，应超越以救济为中心的既有模式，立足于源头治理、风险规制，放眼于如何进行制度设计、如何进行程序安排，从而建立我国以环境与健康风险评估为核心的风险预防机制，是实现环境与健康问题法律规制的应然之路与

---

[1]　参见肖筱瑜："2012—2017 年国内重大突发环境事件统计分析"，载《广州化工》2018 年第 15 期。

现实之策。

第二节　现行环境与健康风险管理存在的问题与局限

一、以污染控制为核心的监管模式存在健康风险监管盲点

目前中国的环境监管，特别是基层环境监管，主要围绕达标排放与总量控制开展工作。这种监管主要是以环境标准为核心的静态监管，面对环境与健康问题的累积性及复合性特点时，不能全面提示健康风险，与以人体健康为核心的工作要求存在差距。在统计的 58 起铅镉污染事件中，没有一件是从地方环保部门或卫生部门主动调查或监测中发现的，大多数为国务院领导批转、媒体披露和群众举报（事件爆发后的群众举报）等。

很长时期内，环境污染对健康的影响问题并未受到足够的重视。在我国已颁布的 30 多部环境保护法律中，仅有《环境保护法》《中华人民共和国清洁生产促进法》《中华人民共和国大气污染防治法》《固废法》《中华人民共和国环境噪声污染防治法》《中华人民共和国放射性污染防治法》等 6 部法律提到了"保障人体健康"，且都是宣示性的规定，缺乏具体的制度安排。其他法规、规章及标准中虽然有"保障人体健康或公众健康"的内容，但也都比较笼统，缺乏可操作性，并分散在公共卫生、食品卫生、药品管理和劳动环境保护等不同性质的法律规范之中。作为重要环境介质监管法之一的《水污染防治法》和体现风险预防理念的《环境影响评价法》更是存在"保障人体健康"的缺位问题。更重要的是，即使确立了"保障人体健康"的立法目的，从这些立法所确立的具体制度来看，其主要是以标准管制为核心的"命令与控制"模式，进而转化为以污染物排放标准为核心的企业排污管理制度，缺乏与健康问题的衔接，健康保障理念在环境监管过程中被严重边缘化。这种状况，显

然无法应对今天日益严峻的环境与健康形势，法律缺位导致公民权利不能得到充分保障、健康受害得不到及时有效的救济，成为引发群体性事件、激化社会矛盾的因素。

二、预防性手段难以实现对健康风险的预防

现行立法确立的预防性措施大致包括环境标准、环境规划以及环境影响评价，但近年来频发的环境健康危害已在不断为这些制度敲响警钟乃至丧钟，事实上宣告着制度配置的失败。

环境规划亦称环境计划，在性质上属于行政规划的一种，作为指向未来的行政手段，在环境监管中具有承上（环境标准）启下（环境影响评价）的关键作用，是预防理念的具体体现和行为模式。然而，对于此等环境监管的"核心和龙头"，环境规划不仅在法律地位和效力方面依然模糊，更为关键的是，在内部体系上存在割裂，与相关行政规划亦存在脱节。从内部而言，现行环境规划事实上是依据环境介质和行政区域分别编制规划，从而形成纵横交错的环境规划体系。而鉴于同一环境介质的不同功能由不同行政机关所把持，各行政机关的价值取向不同，导致不同部门编制的规划发生重叠和抵牾；即便上述功能监管均归属于同一部门，由于污染物质可能在不同介质间发生转移，分媒介的专项规划亦无法实现环境的协调保护。[1]从外部而言，相关规划往往容易忽略环境保护的面向。以铅污染为例，重金属污染尽管从形式上而言被归属于一种独立的污染类型，但其实质上则是大气污染、水污染、土壤污染和生物污染的相互交织，除环境规划外，实际上还涉及矿产资源规划、土地规划、食品安全规划等更为前端或末端的规划类型，尤其是相关资源开发、

---

〔1〕 由《国家环境保护"十二五"环境与健康工作规划》观之，尽管规划确立了"全面推进，重点突破"的基本原则，要求将解决全局性、普遍性环境问题与集中力量解决重点流域、区域、行业环境问题相结合，但从具体内容来看，仍是着眼于具体实现，并未解决环境规划的碎片化问题。

土地利用等前端规划，由于其规划编制者主要为资源利用部门，很难纳入环境保护价值的考虑。规划环境影响评价本能够对此缺憾进行一定程度的纠正，但由于规划环评制度本身存在着下节所称的局限性，又限制了这种矫正功能的发挥。

环境影响评价制度无疑是将法律设定的环境健康保障目标与制度具体化的首要步骤。我国亦于 1979 年《环境保护法（试行）》中引入该项制度，主要适用于建设项目，随后历经环境立法发展，直至 2003 年施行《环境影响评价法》，环评制度一路向前推进，由末端建设项目逐渐走向有限的规划环评，环评作为环境保护"守门员"的定位初步确立，对环境监管发挥了重大作用，但其缺陷亦同样显著，且不论体制外因素，单从制度层面看，环评制度亦呈典型的碎片化状态：一是作为环境健康直接守护者的环境影响评价制度亦未能将健康保障作为保障重心。尤其是在健康损失仅作为一种不确定风险存在而采取预防性措施却会增加企业负担的情况下，健康风险评价往往更容易被忽略。尽管在环境健康危害集中爆发的背景下，环保部门启动了《环境影响评价技术导则·人体健康》的编制工作，并于 2008 年出台了征求意见稿，但至今仍未有下文，且该征求意见稿仍是将该技术导则作为推荐性标准而非强制性标准对待。二是环境影响经纬万千，有其单一面和复杂面，概括而言有单一影响、累积影响和复合影响，尤以重金属污染最为典型。而我国现行环境影响评价事实上是依据项目类别分别采用不同的评价标准，在此背景下，对单一项目单一影响的评价，不仅由于缺乏环境健康风险评价而难以防止重金属污染累积影响的出现，同时也因为环境规划的割裂以及总量控制的缺乏，无法应对重金属在不同环境介质中迁移转化而产生的复合影响。三是环评制度的预防功能并未有效实现，不仅体现为作为源头预防的法规和政策环评迟迟难以制度化，并且具有承上启下功能、直接关系到空间规划与产业结构、规模和布局的规划环评也难以有效发挥预防功能，[1]而最为末端的项目环评第 31 条"先上车、后补票"条款的存在，更是使环评的预防功能丧失殆尽。[2]

三、现行监测和信息机制不符合风险管理需求

环境介质受到污染之后，并不当然对人类造成影响，必须经历人群暴露于受污染的环境中的过程，最后达到危害人体健康的风险或结果。相应的，环境与健康监管不仅是对环境质量或污染物进行监管，必须结合暴露过程进行动态监管才能达到保护人体健康的目标。因此，环境中铅、镉的环境与健康监管必须根据环境与健康多介质、多途径的特点，在各环境要素、暴露途径与人体健康之间建立科学联系，针对具体情况进行动态监管，而健康影响评估机制就是联系三者进行动态监管最常用的手段。

科学数据是环境与健康动态监管、综合监管的基础，但目前而言环境与健康监测数据不全、不准，不足以支撑环境与健康动态监管。首先存在监测数据不全的问题，无论是环境监测还是卫生监测，监测数据均不足以达到环境与健康综合监测要求。以环境监测为例，之前重点是 SO_2 等常规污染物，对与人体健康关系密切的重金属、有机污染物等指标的

〔1〕 依据现行《规划环境影响评价条例》，对于环境规划以外的综合性规划与专项规划应当进行环境影响评价，但是，对于可能对环境产生更大影响的总体规划，则并未纳入到环境影响评价的范畴；同时，尽管条例规定了应当由环境保护主管机关召集相关部门代表和专家组成审查小组审查环境影响报告书并提出审查意见，使得规划环评有"裁判员兼运动员"之嫌，更为重要的是，环评审查意见是否采纳仍取决于规划审批机关而非环保主管机关，从而使之仅是一项程序性规定而不具有实质的法律效力。

〔2〕《环境影响评价法》第 31 条第 1 款规定："建设单位未依法报批建设项目环境影响报告书、报告表，或者未依照本法第二十四条的规定重新报批或者报请重新审核环境影响报告书、报告表，擅自开工建设的，由县级以上生态环境主管部门责令停止建设，根据违法情节和危害后果，处建设项目总投资额百分之一以上百分之五以下的罚款，并可以责令恢复原状；对建设单位直接负责的主管人员和其他直接责任人员，依法给予行政处分。"据统计，大部分省级建设项目环评执行率只有 70% 左右，地市级只有 40% 左右。在 2000~2005 年经过环保部门审批、已建成的 802 个项目中，未经环保验收擅自投运和久拖不验的项目就有 90 个，占总建成项目数的 11.2%。参见耿海清："中国环境影响评价管理的现状、问题及展望"，载《环境科学与管理》2008 年第 11 期。

监测考虑较少，特别是基础监测网点人员、设备相对滞后，环境常规监测并未覆盖全部优先污染物。以铅的环境监测为例，在血铅事件发生地事件发生前，铅大多未纳入常规环境监测，大多数地区提供的环境铅污染物数据缺失或不全。就卫生监测而言，卫生监测长期以疾病为中心，重视传染性流行病统计，卫生统计数据不能及时揭示健康风险及环境疾病负担。此外，卫生监测在病因统计及地理信息统计方面较为粗糙，不符合风险管理及信息系统分析要求。

环境与健康监测还存在监测不准的问题。就铅污染事件调查而言，很多事件发生前的监测数据（如广东清远血铅事件，前后数据见表）并未能提示污染的严重性。重金属微量存在即可造成污染，监测数据精度要求较高，现行环境监测操作规范要求不能达到精确性要求。此外，现在对环境监测数据的审计复核程序相对欠缺，不能保证数据真实可用。

环境与健康监测数据的不全、不准，主要原因在于现有环境与健康监测和信息机制的缺陷。

（一）环境与健康综合监测机制缺乏整合

现行环境与健康监测体制仅是环境监测与卫生监测的集合，尚未整合成环境与健康综合监测。就环境要素监测而言，目前涉及环保、水利、农业、城建、气象及海洋部门，但目前仅有环保部门与水利部门在水环境协同监测方面进行合作，其他监测处于各自为政的状态。就环境与健康统一监测整体而言，更是缺乏明确统筹部门，不能明确行动目标及部门职责。此外，环境与健康监测在技术上不是环境监测与卫生监测的简单集合，需要对各自监测进行修改完善并进行整合对接。目前，我国环境监测和疾病监测系统独立建设，在监测点位和监测指标设置上尚不匹配，也缺乏统一调查方法和技术规范衔接，各自监测指标也缺乏翻译对接基础。例如，地方环保针对污染源的监测以常规污染物为主，没有将铅等环境健康高风险因子纳入重点监测，监测频次不具有代表性。监测点位的设计往往没有考虑地理以及各监测要素的相关性，并且对周边环境质量的变化缺乏考虑。卫生监测以疾病监测为主，对某些关键生物性标志和地理信息缺乏监测记录。

各部门均有各自的监测目的和方案标准，监测取得的数据对于环境与健康综合决策而言，或者不全或者矛盾或者口径不一致，无法用于分析。

（二）环境与健康信息共享机制亟待完善

环境与健康工作中信息缺乏共享与沟通。其一，环境与健康各部门间不具备沟通的意识。例如，作业工人铅超标状况严重是环境铅污染状况以及企业周边人群健康状况的一个很好的警示指标，而职业卫生部门在发现涉铅行业职工血铅超标的情况下并无意识提醒环保部门对企业铅污染可能影响周边人群的健康问题进行关注。

表 3−2　调研企业相关人群血铅监测情况

项目	陕西东岭冶炼有限公司	河南济源豫光金铅集团有限责任公司	广东奥克莱电源有限公司
企业能否组织职工定期体检	是	是	是
体检项目是否包括血铅	是	是	是
有无职工血铅水平异常情况	异常	异常	异常
体检职工（人）	1 208	1 212	−
其中：观察对象（人）	328	54	−
慢性铅中毒（人）	74	307	−
卫生部门对职工定期检查血铅	否	是	是

其二，环境与健康信息报送制度也不完善。从事件信息来源看，在统计的 58 起铅镉污染事件中，没有一件是从地方环保部门或卫生部门主动调查或监测中发现的，大多数为国务院领导批转、媒体披露和群众举报（事件爆发后的群众举报）等。大部分都是通过受害人群体检偶然发

现的。一部分是企业职工或其家属在体检中偶然发现的铅镉超标或中毒，根据统计共有 8 起，占比 13.7%；一部分是学生、儿童在体检时偶然发现的铅镉超标或中毒；还有一些是铅镉中毒症状比较明显住院检查时才发现病因。这些污染事件一般都是通过村民向媒体反映，由媒体高度曝光后才引起社会广泛关注。虽然，2012 年印发《国家环境与健康信息通报机制》，但该制度仅仅是原则性规定，实际工作中环境与健康的信息共享仅停留在事件的通报，共享机制尚待细化梳理，厘清信息共享中的责任与利益分配问题。

四、环境标准体系未树立风险理念

环境与健康标准是环境与健康风险评价的基础，也是维护人体健康的重要标尺之一。当前我国环境与健康标准体系尚不完善，环境保护标准和环境卫生标准等存在着很多交叉或工作的空白点。由于缺乏清晰明确的环境与健康标准体系框架，我国环境与健康问题的调查、评估和处理的科学性和有效性受到了极大的制约。我国的环境与健康管理实际上处于相互分离状态，标准的制定也基本上相互独立，现有的环境标准制度不具备控制环境与健康风险的功能。以美国环境标准制度为镜，可以发现我国环境标准制度在控制环境与健康风险方面的明显不足。

首先，价值缺失。环境标准制度没有确立保障公共健康的核心价值。迄今，我国由各部门、各层级累积制定的各类环境保护标准已达 1400 余项，但未在法律上明确环境标准制度的核心价值，更未围绕保障公共健康这个核心来构建环境标准体系，导致我国现有的环境标准不具有环境与健康风险控制的基本功能。

其次，体系割裂。环境标准与卫生标准缺乏关联。环境与健康监管涉及环保、卫生两个政府部门，需要有统一的执法依据与执法手段实现协同管理。我国不仅未将公共健康考虑纳入环境标准，而且环境标准与卫生标准"各自为政、相互割裂",冲突之处颇多,无力控制因环境问题引发的公共健康风险。

最后,内容缺失。环境与健康风险控制的指标缺失。许多与人群健康有关的重要指标并未纳入环境标准体系。尽管近年来做了一些努力,但由于环境标准制定的基础薄弱,缺乏环境基准,缺乏建立公共健康指标的基础数据,我国的环境与健康标准的内容单薄,无法回应频繁发生的环境污染影响人群健康事件的需求。

第三节　国外环境健康风险管理实践与启示

保障公众健康是环境保护的最根本宗旨,而我国现行的环境管理手段在控制环境健康风险方面仍存在一些不足。发达国家在环境健康风险管理方面有诸多经验值得借鉴,本部分介绍了美国、欧盟和日本的环境健康风险管理实践,[1]结合我国环境管理实际,以期为推动我国环境健康风险管理提供理论基础。

我国环境管理制度正经历从总量控制走向质量管理的过程,最终实现风险防范。虽然我国《环境保护法》《中华人民共和国大气污染防治法》《水污染防治法》《土壤污染防治法》等法律中明确了保障公众健康的宗旨,但是现行环境管理手段在控制环境健康风险上仍存在对人体健康危害较大的污染物未被监管、环境质量标准与保护公众健康有一定差距、常规环境监测不能反映人口暴露特征等问题。发达国家在环境风险管理,尤其是环境健康风险管理方面有诸多值得借鉴的成功模式和经验。本书将介绍美国、欧盟和日本在环境管理实践中体现出健康风险管理思路的做法,以期为我国环境健康风险管理提供参考和借鉴。

---

〔1〕 参见蒋玉丹等:"国外环境健康风险管理实践与启示",载《环境与可持续发展》2019年第5期。

一、美国环境健康风险管理

（一）明确的法律依据

美国的法律制度是通过对有害物质或产品本身（如农药、有毒化学品和固体有害废物）进行监管，规制各种环境介质（如空气、水、土壤）以及食物中的污染物的方式来解决环境健康风险。美国环境保护署（EPA）的大气管理分为常规大气污染物管理和有毒有害大气污染物管理两个方面。美国依据国家环境空气质量标准（NAAQS）对常规大气污染物进行监管，分为一级标准和二级标准。一级标准用于保护公众健康，二级标准用于维护公众福利，对公众福利的负面影响包括对土壤、水、作物、植被等的不利影响，对财产的损害以及对交通的危害等。《清洁空气法》要求 EPA 制定 NAAQS 一级标准时需提供充分的公众健康保护。有毒有害大气污染物的管理则不同，《清洁空气法》颁布之初，要求以健康风险评估为基础制定有毒有害大气污染物的空气质量标准，但这种方法十分耗时，在法案实施后的最初 20 年里仅制定了 7 种有毒有害空气污染物的空气质量标准。[1]于是，1990 年《清洁空气法》修订时，有毒有害空气污染物从纯粹的健康标准变成了混合标准，在实施基于技术的排放标准的基础上，EPA 需要进行再评估以决定是否需要采取更为严格的监管措施以保障公众健康。

EPA 的水环境管理分为饮用水管理和环境水管理两个方面。《安全饮用水法》授权 EPA 为饮用水制定国家标准，以保护公众健康免受自然存在和人造污染物的影响。《清洁水法》要求 EPA 制定环境水质基准，基于最新的科学研究成果准确反映污染物对人类健康和环境的影响。对于常规污染物，法律要求 EPA 根据"最佳常规污染物控制技术"（简称

---

〔1〕〔美〕詹姆斯·萨尔兹曼、巴顿·汤普森：《美国环境法》，徐卓然、胡慕云译，北京大学出版社 2016 年版，第 93 页。

BCT 技术）设定排污上限；对于有害污染物，与大气管理类似，国会放弃了健康标准，要求 EPA 制定排污上限时采取"经济上可实现的最佳可行控制技术"（简称 BAT 技术），但是《清洁水法》仍然保留了水质标准作为基于技术的排污上限的备用方法或安全网。

化学品管理分为农药和其他化学品管理两个方面。农药管理方面，《联邦食品、药品和化妆品法》要求制造商在生产和销售新品种的农药之前，必须向 EPA 注册登记，前提是"该农药将实现其预期功能，且对人体健康和环境不会产生不合理的不良影响"。该法还授权 EPA 为食物中的最大农药残留水平制定限值，将其定义为"合理确定不会因接触农药残留而造成伤害的水平"。其他化学品管理方面，《有毒物质控制法》要求制造商在生产新的化学品前向 EPA 提交"预生产通知"，并附带其认为此化学品"不存在任何不合理危险"的数据。对于现有化学品，《有毒物质控制法》要求 EPA 按照优先级排序、风险评价、风险管理的流程对现有化学品进行安全评价。危险废物依据《资源保护和恢复法》进行管理，针对危险废物的产生者、转运者、处理者以及储存者，该法建立了一套追踪系统，完整地记录危险废物"从摇篮到坟墓"的全过程。污染场地管理围绕《综合环境影响、赔偿及责任法》（也称《超级基金法案》）开展，要求治理全国范围内闲置不用或被抛弃的危险废物处理场，并对危险物品泄漏做出紧急反应。

（二）机构设置考虑健康风险

从 EPA 各业务司局的机构设置可以看出，健康风险管理已融入 EPA 的日常管理工作中。大气与辐射司下属的大气质量规划与标准处负责基准/标准的制订修订工作，其下专门设立了健康与环境影响部门。水司下属的地下水与饮用水处负责饮用水的基准/标准制修订，其下设立了标准与风险管理部门；水司下属的科学与技术处负责环境水基准制定，其下设立了标准与健康保护部门和健康与生态基准部门。土地与应急管理司下属的超级基金修复与技术创新处负责污染场地的修复工作，其下设立了评估与修复部门。化学品安全与污染防治司下属的农药项目处和污染防治与有毒物质处分别负责农药和其他化学品的管理，其下分别设立了健康影响部门与风险评估部门。

同时，EPA 还专门设立了研究与发展办公室（ORD）作为其科研支撑机构。ORD 目前正开展六大研究项目，人体健康风险评估项目是其中之一。ORD 下设七个研究中心/实验室，其中四个直接支撑环境健康相关研究。国家计算毒理学中心主要从事毒性、暴露及机理的预测，国家环境评估中心负责开展评估、支持决策以及工具方法的开发，国家暴露研究实验室从事暴露/剂量表征以及源解析等研究，国家健康与环境效应研究实验室主要从事毒理学研究。

（三）基准/标准制修订以健康风险评估为依据

健康风险评估是对环境因子的危害属性、剂量－反应关系和人体的暴露程度等几个方面进行的综合评价，健康风险评估的结果是暴露于环境因子中的人群或个体受到损伤的概率及程度。美国的环境管理工作以保障公众健康为出发点，其中相当一部分是基于健康风险评估的结果而开展的，具体来说包括大气、水、土壤等基准/标准的制修订。

EPA 通过制定 NAAQS 为环境空气中氮氧化物、二氧化硫、颗粒物、一氧化碳、臭氧及铅六种常规大气污染物的含量设定限值，标准制定的前期准备包括整合已有的环境与公共健康的研究成果，形成综合科学评估报告（Integrated Science Assessment，ISA）。ISA 报告涵盖的内容非常广泛，包括污染物从源头到暴露的一系列信息、剂量学和药代动力学原理以及污染物的健康效应等，直接为标准制定提供科学依据。

EPA 要求定期审查空气质量标准以确保标准能提供充分的公众健康保护，审查时需要对自上次修订以来关于环境质量和健康关系的科学证据进行搜集整理并予以充分考虑。EPA 制定饮用水国家一级标准的过程包括三个步骤：一是识别饮用水中存在的可能对公众健康产生不良效应的污染物；二是为污染物确定最高污染水平目标（MCLG），低于这个水平则预期不会带来健康风险；三是制定最高污染水平（MCL），即供给公共供水系统用户的饮用水中可容许的最高污染物水平，MCL 是强制性的标准，应该尽可能接近 MCLG。[1]EPA 已为饮用水中的 80 余项污染物制定了一级标准，对于有证据显示可能致癌以及无法确定安全剂量的致癌物，EPA 将其限值设定为零；对于非致癌物，EPA 根据其参考剂量并考虑饮水途径的贡献制定 MCLG。

美国的污染场地管理有两套标准，区域清理管理水平值（RMLs）和区域筛选值（RSLs）。二者都是基于人体健康风险而制定的，但是对应的风险水平不同。RMLs 对应 10^{-4} 致癌风险，对于长期暴露的非致癌化学品，考虑到非致癌化学品参考剂量和浓度的不确定性，危害商设定为 3，而当存在多种化学品时，基于它们有相同的毒性终点的假设将危害商设定为 1。[2]RMLs 可用于支持 EPA 是否采取清理行动的决定，但是 RMLs 并不代表着可以保护公众健康的水平，也不能作为实际清理工作中的目标。[3]RSLs 有两种来源，一是现行的相关法规要求，比如《安全饮用水法》规定的 MCL，二是基于风险评估制定的浓度值。[4]与 RMLs 相比，RSLs 选择的风险水平更加保守，采用的致癌风险可接受水平为 10^{-6}，长期暴露的非致癌化学品危害商为 1。在初步评估/场地调查阶段，通过将场地污染水平与 RMLs 和/或 RSLs 相比较确定下一步行动策略，浓度水平

---

〔1〕 See United States Environmental Protection Agency, National Primary Drinking Water Regulations, 载 https://www. epa. gov/ground-water-and-drinking-water/national-primary-drinking-water-regulations.

〔2〕 See United States Environmental Protection Agency, Regional Removal Management Levels for Chemicals（RMLs）,载 https://www. epa. gov/risk/regional-removal-management-levels-chemicals-rmls.

〔3〕 See United States Environmental Protection Agency, Regional Removal Management Levels （RMLs）User's Guide, 载 https://www. epa. gov/risk/regional-removal-management-levels-rmls-users-guide.

〔4〕 See United States Environmental Protection Agency, Regional Screening Levels （RSLs）,载 https://www. epa. gov/risk/regional-screening-levels-rsls.

高于 RMLs 表明需要采取清理行动，浓度水平低于 RMLs 则无需采取清理行动，RMLs 不属于修复标准，所以污染浓度水平低于 RMLs 的场地不一定是"干净"的，还需要根据超级基金的要求进行后续的行动和研究；如果浓度水平高于 RSLs 表明需要开展后续的调查，浓度水平低于 RSLs 则不需要采取进一步行动。

（四）污染物排放管理以健康风险兜底

EPA 分两个阶段[1]对工业排放源的有毒有害大气污染物进行管控。第一阶段执行基于技术手段确立的行业排放标准——最大可实现控制技术（简称 MACT 技术），即已经在工业实践中得以实现的低排放技术。第二阶段评估实施第一阶段规定的排放标准后的剩余风险，基于剩余风险评估结果确定是否需要改变该行业的已有监管措施。《清洁空气法》要求 EPA 在 MACT 实施后的 8 年时间内评估每种污染源的剩余健康风险，确定 MACT 是否提供了足够的公众健康保护并保护环境免受不利影响。具体来说，EPA 通过风险和技术审查（RTR）[2]的形式对工业排放源实施 MACT 标准后的风险和技术进行评估，通过审查了解剩余风险情况从而指导监管措施的修订。截至目前，EPA 已完成 52 个行业的审查，正（或计划）对 26 个行业开展审查，部分行业审查结果表明剩余风险可接受、无需对监管措施（包括排放限值）进行修订，部分行业审查结果则表明剩余风险不可接受、需要改善监管措施以降低风险。

美国环境水管理中有两个排放标准的概念，一是基于技术的排放限值（TBELs），二是基于水质的排放限值（WQBELs）也称为总最大日负荷（TMDLs）。EPA 工作人员为国家污染物排放削减系统（NPDES）许可证制定排放限值时，需同时考虑技术可达性（如 TBELs）和保障接受水

〔1〕　See United States Environmental Protection Agency, Controlling Hazardous Air Pollutants，载 https://www. epa. gov/haps/controlling-hazardous-airpollutants.

〔2〕　See United States Environmental Protection Agency, Risk and Technology Review，载 https://www3. epa. gov/ttn/atwfiles/rrisk/rtrpg. html.

体水质标准（如 WQBELs）这两个方面[1]。对于在执行了 NPDES 排污许可证管理的排污上限之后仍然无法达到水质标准的水域，州政府需要对这些水域进行排序，对于需进行优先控制的水域制定 TMDLs。TMDLs 确定从点源、非点源和自然背景源排放到水体的特定污染物或污染物的性质，并确保水体能达到水质标准。

可以看出，美国在大气管理实践中采用了先实施技术排放限值，然后评估实施后的剩余风险，将健康风险评估作为环境管理的兜底行为。美国在水管理实践中同样地先实施技术排放限值，然后评估在实施技术排放限值的情况下水体是否能满足基于健康风险制定的水质标准。对于水质不达标的水体，需要针对水体制定 TMDLs，其思路也是将健康风险作为环境管理的最后一道防线。

（五）完善的健康风险评估技术规范体系

健康风险评估的概念起源于对化学品的监管。1983 年，美国国家科学院（NAS 下属的 NRC 出版了《联邦政府的风险评价：管理程序》（简称红皮书），提出健康风险评估的四个步骤为危害识别、剂量－反应关系、暴露评价和风险表征。1985 年，EPA 创建了综合风险信息系统（IRIS）项目，建立了环境中化学物质的人体健康评估毒性数据库。为回应"红皮书"中 NRC 提出的 EPA 应发布风险评估导则以规范风险评估开展的建议，EPA 从 1986 年开始发布致癌物、致突变、发育毒性物质、化学混合物等一系列风险评估导则[2]，截至 2015 年，EPA 共发布了 97 个导则、指南、框架性文件、标准操作程序以及其他人体健康风险评估相关的文件[3]。

---

〔1〕 See United States Environmental Protection Agency, NPDES Permit Limits, 载 https://www.epa. gov/npdes/npdes-permit-limits.

〔2〕 See United States Environmental Protection Agency, About Risk Assessment, 载 https://www.epa. gov/risk/about-risk-assessment.

〔3〕 See United States Environmental Protection Agency, Risk Assessment Guidelines, 载 https://www.epa. gov/risk/risk-assessment-guidelines.

这些文件包括《风险评估与管理：决策框架》《支持决策的人体健康风险评估框架》等框架性文件，《致癌风险评估导则》《发育毒性健康风险评估指南》《暴露评价技术指南》《非职业性、非饮食的农药暴露的评估框架》《风险表征手册》等针对具体评估环节的技术导则，《建立用于外推模型的分层框架》《环境模型的发展、评估及应用导则》《蒙特卡洛分析指导性原则》《风险评估中的概率分析》等支持关键评估环节的方法类文件以及《多环芳烃定量风险评估暂行导则》《金属风险评估框架》《共性毒理机制农药的累积风险评估导则》《多种化学品、暴露和效应的累积健康风险》等针对特定污染物的评估规范。此外，EPA 还根据各业务司对健康风险评估的实际需求，编制了《超级基金风险评估导则》《危险废物焚烧设施人体健康风险评估指南》《制定危险化学品急性暴露指导水平的标准操作规程》等具体指导规范类文件。

二、欧盟环境健康风险管理

（一）环境空气质量考核时优先考虑人体健康

欧盟环境指令要求各成员国订立国家标准时应当基于保护公共健康的目的，并以最新的科研成果作为支撑。欧洲环境空气质量与清洁空气指令（2008/50/EC）对环境空气中的 PM2.5 浓度提出了新的要求，增加了与人群暴露相关的平均暴露水平（AEI）的要求，使用的监测数据来自人口密集区设定的监测站，更能反映真实的暴露情况[1]。2008/50/EC[2]要求，PM2.5 的面源监测点位设置需至少包含一个城市背景监测点位和一个交通导向的点位。为了更好地评价人群 PM2.5 的暴露情况，选定"城市

---

〔1〕 See European Commission, Air Quality Standards, 载 http://ec. europa. eu/environment/air/quality/standards. htm.

〔2〕 See Directive 2008/50/EC of the European Parliamentand and of the Council of 21 May 2008 on ambient air quality and cleaner air for Europe, 载 https://eur-lex. europa. eu/legal-content/EN/TXT/? uri = CELEX：32008L0050.

群"和较大城市区域的城市背景监测点位，计算所选站点连续 3 年 PM2.5 浓度年均值得到该成员国当年人口 PM2.5 的平均暴露水平，即 AEI。指令对"城市群"的概念做了限定，即拥有超过 25 万人口或虽人口数不到 25 万但人口密度达到成员国规定的每平方千米人口密度的组合城市。评价成员国是否达到 PM2.5 的暴露削减目标时，城市群每 100 万人口或者超过 10 万人口的其他城市地区均需设置一个点位。

根据成员国 2010 年的 AEI，即 2008 年、2009 年和 2010 年该成员国范围内被纳入 AEI 计算的站点的 PM2.5 年均值的平均水平，指令规定了一个削减百分比的要求，如果 2010 年的 AEI 超过 $22\mu g/m^3$，需要采取一切恰当的措施在 2020 年将 AEI 降至 $18\mu g/m^3$。以英国为例，其国家空气质量目标中设定 2010 ~ 2020 年期间，英国城市区域 PM2.5 的 AEI 要降低 15%[1]。

（二）对重大风险物质进行优先级排序并建立优先物质清单

清单欧盟水框架指令 2000/60/EC 针对欧盟在水政策管理目标和方式上碎片化的问题建立了一个综合水资源管理的框架。水框架指令[2]第 16 条明确了"预防水污染的策略"，详细描述了具体措施，体现了风险管理的思路，第一步就是基于风险评估对在水环境中造成重大风险的物质进行优先级排序并建立优先物质清单。指令第 16 条规定，风险评估需根据欧洲经济共同体（EEC）理事会条例第 793/93 号"现有物质的评价和风险控制"、第 91/414 号"植物保护产品"和第 98/8 号"生物农药产品"中的相关要求开展，遵循第 793/93 号中方法开展的有针对性的风险评估，只关注水生生态毒性和通过水环境产生的人体毒性。

---

〔1〕 See "National air quality objectives and European Directive limit and target values for the protection of human health"，载 https://uk-air. defra. gov. uk/assets/documents/Air_Quality_Objectives_Update. pdf.

〔2〕 See Directive 2000/60/EC of the European Parliament and of the Council of 23 October 2000 establishing a framework for Community action in the field of water policy，载 https://eur-lex. europa. eu/legal-content/EN/TXT/?uri = CELEX：32000L0060.

按照这些规定，欧盟通过 2455/2001/EC 指令建立了第一批优先物质清单，该清单在出台环境质量标准指令 2008/105/EC 时被取代，该指令确立了地表水（河流、湖泊、海洋等）中的优先控制物质，并为优先控制物质（或危险物质）的含量设置限值，附件中包含了 33 种优先物质和 8 种其他污染物在地表水中的含量限值[1]。

（三）化学品管理融入了风险预防原则

欧盟自 2007 年起实施 REACH 法案[2]，该法案规定了化学品的注册、评估、授权和限制程序，旨在通过更好和更早地识别化学物质的内在特性来提高对人体健康和环境的保护水平，要求企业承担化学品的风险管理以及提供安全信息的责任。化学品的制造商和进口商需要收集关于化学品性质的资料，以便他们有能力安全处理这些化学品，还需要将这些资料录入赫尔辛基欧洲化学品管理局（ECHA）的一个中央数据库内。ECHA 负责管理这个数据库，协调对可疑化学品的深入评估，建立让消费者和专业人士可以查阅危害信息的公共数据库。

REACH 法案要求，对于每年超过 1 吨产量或进口量的化学品，其制造商或进口商需要向 ECHA 提交注册档案[3]。注册档案应包含化学品名、物理化学性质、毒性和生态毒性、分类和标签以及化学品的使用方式；如果每年的产量或进口量超过 10 吨，则需要提供化学品安全报告。ECHA 和各成员国对各企业提交的信息进行评估，以判断特定的化学品是否给人体健康或环境带来风险，REACH 法案要求的评估主要包括注册者提交的测试方案、注册者提交的档案是否符合法规提出的要求

---

〔1〕　See European Commission, Priority substances under the Water Frame Directive, 载 https://ec. europa. eu/environment/water/water-dangersub/pri_ substances. htm#list.

〔2〕　See European Commission, REACH, 载 https://ec. europa. eu/environment/chemicals/reach/reach_en. htm.

〔3〕　See European Commission, Reach Implementation, 载 https://ec. europa. eu/environment/chemicals/reach/implementation_en. htm.

（如是否包含所有必需的测试数据以及数据质量是否过关）和物质评估三个方面[1]。

最危险的化学品（也称高度关注物质）包括 PBT，即持久性（Persistent）、生物累积性（Bioaccumulative）、毒性（Toxic）物质以及 vPvB，即强持久性（Very Persistent）、强生物累积性（Very Bioaccumulative）物质。REACH 法案对高度关注物质和具有致癌、致突变、毒性等性质的物质制定了一套授权程序，授权申请必须包含对可能的替代品的分析以及对他们的技术和经济可行性的分析，是否授权的决定也应该考虑替代品的可能性[2]。虽然授权没有设定有效期，但需要通过定期审查来决定授权所需要的条件是否仍然满足。该法案还要求，在确定了适当的替代品后，逐步取代最危险的化学品。REACH 法案与传统化学品管理的主要区别在于融入了风险预防原则[3]，对化学品进行了全生命周期、全面的风险管理，如果不能合理管理和控制化学品的风险，政府可以以多种途径限制化学品的使用。

三、日本环境健康风险管理

（一）完善的环境健康损害赔偿法律体系

日本的环境健康工作起源于污染问题最严重的20世纪60年代，与工业源排放相关的空气和水污染直接导致了全国范围内大面积爆发的公害事件。著名的四大公害事件作为推手，日本的环境政策得以收紧，随着公民维权意识的觉醒，受害群众纷纷提起诉讼，促使政府接连出台公害

---

〔1〕 See European Chemicals Agency, Evaluation, 载 https://echa. europa. eu/regulations/reach/evaluation.

〔2〕 See Lahl, Uwe、Hawxwell, Katrin Anne: "REACH-The New European Chemicals Law", *Environmental Science&Technology*, Vol. 40, No. 23., 2006.

〔3〕 参见姚薇: "取其精华 补己不足: 欧盟化学品管理的实践及对我国的启示", 载《环境保护》2009 年第 7 期。

相关的法律控制污染，日本的环境健康损害赔偿法律体系也随之逐步完善。

1967 年《公害对策基本法》是日本首部公害综合立法，首次提出了受害者救济问题。1969 年颁布的《公害健康损害救济特别措施法》确立了公害医疗救济制度。1973 年出台的《公害健康损害赔偿法》规定了两类指定区域：一类是大气污染引发的慢性病患者所居区域，另一类是水、土壤污染造成的特殊疾病患者所居区域。该法在 1987 年修订后于 1988 年实施，全面解除了对大气污染区域的指定，转向推进综合性环境保障措施和预防大气污染[1]。另外，日本政府还出台了《石棉致健康损害救济法》《水俣病被害者救济特别措施法》等有针对性的法律及时应对新公害病[2]。

（二）设立专门的主管机构及科研机构

日本环境与健康工作的重点是环境污染对健康带来的影响及公害健康损害补偿问题，由环境省主导，其中环境保健部主管环境与健康工作。厚生省和环境省在健康管理上各有侧重，厚生省侧重于对疾病的控制，环境省聚焦环境污染对健康带来的影响及公害健康损害补偿问题。环境省内设环境保健部，旨在预防化学物质对人类及生态系统造成的不良影响。环境保健部专设环境安全课，下设环境风险评估室，重点评价各种环境污染存在的健康风险。

环境省从事环境与健康研究工作的科研机构有国立水俣病综合研究中心、国立环境研究所和环境再生保全机构。国立水俣病综合研究中心设在水俣病的发生地熊本县水俣市，研究水俣病相关机理如甲基汞的健康危害等。国立环境研究所下设环境与健康研究中心，主导诸如以健康和环境安全等问题为导向的科研项目的研究，目的是建立健康和环境风

---

〔1〕 参见刘占旗等："公害补偿 以邻为镜：从日本看我国环境污染健康损害补偿"，载《环境保护》2011 年第 10 期。

〔2〕 参见於方等："成败参半的日本环境损害法律救济"，载《环境经济》2015 年第 5 期。

险的评估体系[1]。环境再生保全机构[2]的主要工作内容有公害及环境健康损害的补偿、支持多氯联苯废物处理的顺利实施以及向石棉相关疾病（如间皮瘤和肺癌）患者提供医疗费用和其他救济福利等。

四、国外环境健康风险管理对我国的启示

从美国、欧盟和日本的环境健康风险管理工作中可以归纳出几点经验。一是完善的环境与健康法律制度体系和环境健康风险评估技术规范体系是开展环境健康风险管理工作的坚实基础。二是美国在环境质量标准制定时直接考虑了污染物对公众健康的影响，环境质量达到一定的标准，就意味着环境未受到污染，公众健康便可得到保障。三是美国在大气和水管理实践中采取了先实施基于最佳技术的排放限值，然后将健康风险作为环境管理的兜底。四是欧盟在对环境空气质量进行 PM2.5指标考核时增加了对人口密集区域与稀疏区域的区别化对待，选择人口密集区域的监测站点，更加真实地反映人口的暴露情况，是在环境质量考核中优先考虑人体健康的具体做法。五是风险预防的原则贯穿于美国和欧盟化学品管理实践中，化学物质的优先级排序在美国和欧盟的环境管理实践中发挥了重要作用，促进了监管资源的合理倾斜。结合我国环境管理工作实际，可以从以下几个方面推动我国环境健康风险管理工作：

1. 建立并完善我国的环境与健康法律制度体系，为开展环境健康风险管理工作提供最根本的遵循。虽然我国《环境保护法》《中华人民共和国大气污染防治法》《水污染防治法》《土壤污染防治法》等法律中明确了保障公众健康的宗旨，但我国的环境与健康法制建设还有很长的路要

---

〔1〕 See National Institute for Environmental Studies, Japan, Health and Environmental Safety Research Program, 载 http://www. nies. go. jp/program/kadaia. html.

〔2〕 See Environmental Restoration and Conservation Agency of Japan （ERCA），载 https://www. erca. go. jp/erca/english/index. html.

走。我国现行的法律法规中零星出现的环境与健康相关内容、相关规定的条款流于形式，法律效力参差不齐，无法形成监管合力。

2. 加强环境与健康管理能力建设，开展污染物的健康效应研究，基于健康风险评估的结果研究发布本土化的基准/标准，强化我国环境质量标准与人群健康效应之间的流行病学关联，完善我国现有的环境质量标准体系。我国目前已经发布了《国家环境基准管理办法（试行）》《淡水水生生物水质基准制定技术指南》《人体健康水质基准制定技术指南》《湖泊营养物基准制定技术指南》等环境基准管理方法和制定指南，下一步应基于特征污染物、排放量、毒性、分布特征确立我国的优控污染物清单，依托此清单根据管理需求、研究基础、公众关注度和经费情况确定环境基准制定的目标污染物。同时推进大气环境基准技术指南、保护人体健康的土壤环境基准技术指南等的制定，针对水、土、气等不同介质中的重点污染物制定其环境基准值。

3. 识别日常环境监管中各个涉及公众健康的关键薄弱环节，探索将健康风险融入环境监管的渠道和路径，将健康风险作为常规环境管理的兜底利器。在工业源满足排放标准的前提下，探寻剩余健康风险评估的方法，为我国实现从"质量管理"到"风险管理"的转型奠定坚实的理论基础和坚强的技术支撑。

4. 紧密围绕重点区域、重点行业和重点污染物开展环境健康风险管理工作。对于排放不良健康效应显著的譬如砷、二噁瑛、铬、苯、1，2-二氯乙烷、多环芳烃、1，2-二氯丙烷等污染物的工业源，除了满足于常规日常监测达标，还应探索建立针对污染物健康风险的监测和评估体系。在监测体系布设时应着重考虑人口分布情况，提高监测数据与公众健康风险的指示关联度。产生对人体健康危害较大污染物的譬如炼焦、化工、电镀、有色冶炼等重点行业，除了针对实际排放的对健康危害较大的污染物进行监测和评估外，还应探索防范行业重大健康风险的管理措施，将风险预防的原则贯穿在日常环境监管之中。对于集成了重点行业和重点污染物的如山西、陕西、江西、湖南等重点区域，应探索构建区域环境健康风险分区分级体系，促进监管资源的合理倾斜，实现环境管理的有的放矢。

5. 建立我国的环境健康风险评估技术规范体系，为指导和规范环境健康风险评估提供科学指南。美国拥有完善的技术规范体系，包括框架性文件、针对具体评估环节的技术文件、支撑关键评估环节的方法文件、针对特定污染物的评估规范以及具体应用类的规范文件。我国可以借鉴美国的技术规范体系，但需从环境管理实际出发，侧重于出台符合我国实际需求的具体应用类规范文件，再根据相关需求整合已有成果出台方法支撑类技术规范。

6. 开展以解决实际问题为导向的环境健康风险评估，打通风险评估与风险管理的路径。在环境健康高风险区域，对目标污染物开展监测并基于监测结果开展风险评估，如果评估结果表明风险不可接受则要求采取措施降低风险，实现"风险评估的目的是风险管理，风险管理的依据源于风险评估"的闭环。开展风险评估之前应充分考虑其必要性，减少不必要的人、财、物浪费。风险评估结束之后应基于评估的结果，提出针对性的风险管理措施，避免普适化的建议。

第四节 从后果控制到风险预防——中国环境法的重要转型

我国的环境风险管理起步于 21 世纪初期。原国家环境保护总局于 2004 年发布的《建设项目环境风险评价技术导则》（HJ/T169—2004）是我国环境保护领域首部风险评价相关导则。2014 年原环境保护部发布了《污染场地风险评估技术导则》（HJ25.3—2014），使污染场地相关评估技术成为我国现阶段风险评估应用于环境管理的成熟领域。近几年，我国发布了《人体健康水质基准制定技术指南》（HJ837—2017）、《环境与健康现场调查技术规范横断面调查》（HJ839—2017）、《环境污染物人群暴露评估技术指南》（HJ875—2017）、《儿童土壤摄入量调查技术规范示踪元素法》（HJ876—2017）、《暴露参数调查技术规范》（HJ877—2017）和《中国人群暴露参数手册》等人体健康风险评估相关的规范指南和参考书目，为我国的环境健康风险管理奠定了一定基础。

2014 年修订的新《环境保护法》，增加了一项重要内容，就是规定了环境与健康保护制度。其一，是在第 1 条将"保障公众健康"作为立法目的加以规定。其二，是专门增加了一条 39 条。第 39 条规定，"国家建立、健全环境与健康监测、调查和风险评估制度；鼓励和组织开展环境质量对公众健康影响的研究，采取措施预防和控制与环境污染有关的疾病"。同时还在其他一些条款中强调了公众健康风险防范问题。第 47 条第 2 款规定，"县级以上人民政府应当建立环境污染公共监测预警机制，组织制定预警方案；环境受到污染，可能影响公众健康和环境安全时，依法及时公布预警信息，启动应急措施"。2018 年 8 月公布的《土壤污染防治法》，不仅在第 1 条重申了"保障公众健康"的立法宗旨，在第 3 条规定了"风险管控"原则；更为重要的是明确规定了环境风险包括公众健康风险和生态风险，并建立了风险管控标准制度。其中第 12 条第 1 款规定，"国务院生态环境主管部门根据土壤污染状况、公众健康风险、生态风险和科学技术水平，并按照土地用途，制定国家土壤污染风险管控标准，加强土壤污染防治标准体系建设"。第四章专门对土壤污染的"风险管控和修复"做了规定。新《环境保护法》和《土壤污染防治法》的这些重要规定，在一定意义上标志着中国环境与健康风险防控制度已经初步建立。[1]

一、转型的现实必要性

环境法是为了应对解决环境问题的需要而产生的新型法律，防治环境污染、保障人体健康始终是环境法的立法目的。针对环境污染对人体

---

〔1〕　参见吕忠梅："从后果控制到风险预防 中国环境法的重要转型"，载《中国生态文明》2019 年第 1 期。

健康的危害，存在两种应对方式：一种是等到污染后果产生了，甚至已经有人生病了再去采取措施，在法律上就是提起损害赔偿诉讼，进行事后救济。另一种就是通过严格的法律制度使得污染物质不能到达人体、不对人的健康产生影响，这就是通常说的风险控制。中国的环境法现在就面临着这样一个选择，即是否要从后果控制发展到风险控制阶段。本书认为，从健康损害后果控制到健康风险预防是必然趋势，环境管理需要从损害救济转向风险预防。从环境污染防治到环境质量管理再到环境风险管控，是环境管理者从被动走向主动的必由之路。

（一）中国环境问题转向"公众健康"

目前，中国环境问题的发展显现出危害公众健康的趋势。近年来，中国在经济快速发展的同时，也付出了沉重的环境代价。大气、水体、土壤等环境介质受到损害之后，会通过多种途径迁移转化，导致人体健康的损害。从环境侵害角度看，人类行为导致环境的损害，环境的损害反过来造成人的损害；从环境侵害后果看，环境污染和生态破坏会导致人类财产受到损害，最终导致人体健康受到损害；从公众健康受害时间角度看，存在潜伏期、病状期、显露期和危险期。有报告指出，空气污染作为一个主要的健康风险，是造成一些常见疾病的元凶。PM2.5 中包含硫酸盐、硝酸盐和黑碳等污染物。这些污染物能够轻易进入人的肺部及心血管系统，给人类健康带来了很大的风险。

据统计，全球大约 90% 的人口每天都在呼吸着污染的空气。2014年，李克强总理在《政府工作报告》中明确提出向空气污染宣战，并取得了显著的进展。2016 年中国的 PM2.5 年均暴露浓度下降到了 $47\mu g/m^3$，同比下降了 6%。然而，要达到世卫组织建议的低于 $10\mu g/m^3$，仍然任重道远，打赢蓝天保卫战还需要时间。2018 年 5 月 2 号，联合国粮食与农业组织发布了题为《土壤污染：隐藏的现实》的报告。报告指出土壤污染的原因主要是工业化、战争、采矿和农业的集约化发展，而城市的发展导致土壤成为日益增多的城市废物的填埋场。报告还提到全球土壤受到污染的情况，其中中国有超 16% 的土壤、19% 的农业土壤被列为受污染的土壤。土壤污染有三个后果：第一是损害植物的代谢，导致粮食作物的产量减少，部分作物无法安全食用，对粮食安全构成威胁；第二是土壤肥力下降，对土壤本身造成威胁；第三是土壤受到危险因素和化学因素影响，对人体健康构成严重威胁。在现实中，我们经常会看到两种现象：一是污染导致人体健康受害，比如儿童血铅、砷中毒、镉大米污染事件，公众进行维权，要求保护生命健康和安全；另一种是城市居民知道要在附近建设垃圾焚烧厂、化工厂等，发起反对，拒绝在家门口建垃圾焚烧厂、化工厂。这两种现象都直接与健康相关。这些现象表明，环境与健康问题已成为影响我国公众安全和社会稳定的重大问题。因此，环境法需要回答的是，环境保护的法律需求是什么？是否等到损害后果发生后才能进行法律救济？以救济为中心的既有模式是否足够？源头治理、风险规制是否应该成为环境法的制度主体？

（二）环境法向"风险"转身

其一要确立风险预防的理念和原则，其二要建立"风险评估—风险管理—风险沟通"的风险规制路径。通过这样的法律制度从源头上预防、减少或者是降低环境与健康风险的发生。这与传统的环境法主要是针对环境污染问题和自然资源消耗问题具有的范围区域性、危害表现急剧性、危害期限较为短暂、消除危害相对容易的特征是完全不同的。吕忠梅把这种变化称为环境法的转型，中国环境法必须走向第二时代——风险控制时代。但是，我们必须认识到，风险规制比后果规制的难度更大。

首先，风险的发生具有交互性。环境污染对人体健康的影响，是"污染源—环境污染—人群暴露—健康危害"的多环节过程，具有多排放源、多介质污染、多途径暴露以及多风险受体的复杂特性。

其次，因果关系存在不确定性。污染物在多介质环境的迁移转化中呈非线性关系，传输会加快或变慢，并可能发生复杂的协同效应。污染致病长期"微损害"，具有潜伏性，损害后果显现滞后期长，健康损害难逆转的特征。

再其次，风险的泛在性。环境污染导致的是不特定多数人同时承受危害，其扩散速度和范围具有典型的时空大尺度性。

最后，有些危害后果不可逆转。比如环境污染导致的畸形、癌症、基因突变，还有重金属污染导致的终身受害等，都是不可逆转的损害。

（三）环境法的风险预防功能及其实现

健康风险的特征，对环境法规制提出了需求，必须在法律上建立适应型的制度体系。危害后果的不可逆性要求确立"风险预防原则"，风险发生的交互性要求建立"整合式管理体制"，因果关联的不确定性要求明确"科学决策机制"，利益冲突的广泛性要求广泛的"公众参与"。这也意味着，新型环境法必须改变"污染控制"的规制模式、"危机应对"的规制理念和"罔顾科学"的决策程序。因此，如何从环境法的角度思考环境与健康风险规制体系的革新，即以保障生态安全、保护人群健康为目标，针对我国目前存在的环境保护末端治理、风险预防理念尚未确立，环境保护与健康风险防范断裂、缺乏以保障健康为核心的制度的现状，本着"预防胜于治疗"的风险管理理念，建立以环境与健康风险评估为核心的风险预防机制，正是本研究的立意所在。

风险预防实际上是"面向未知而决策"，法律需要解决的问题是，如何规范政府在证据、事实尚不确定的情况下采取的行动，如何判断这样的行动是否符合比例原则。这就需要确立风险规制活动的一般原则，调和风险规制活动与法治原则的要求，为政府的风险规制活动提供规制依据和正当程序。进行这样的法律规制，需要"法律＋科技"共同来完成。科技主要是解决环境与健康风险调查、监测、评估问题，建立以保障公众健康为核心的环境标准体系，法律要解决的是建立以环境与健康评估制度为核心的法律制度。

二、建立以人为本的环境与健康标准体系

环境标准（Environmental Standards）是指为保护人体健康、生态环境及社会物质财富，由法定机关对环境保护领域中需要规范的事物所作的统一的技术规定。环境标准是国家环境保护法律体系的重要而特殊的组成部分，具有法律效力，也是环境规划、环境管理、环境评价、健康风险评估与城市建设的重要依据。环境标准是在参考国家和地区在一定时期的自然环境特征、科学技术水平和社会经济发展状况下，按照严格的科学方法和程序制订的。它具有公益性、强制性、技术性和科学性四个方面的特点。因此，环境标准也称作"数字化的法律"。

（一）环境与健康标准体系的风险应对

截止到"十一五"末，我国制定各类环境保护标准1300多项，然而，我国环境标准的制订是以一定时期内的自然环境特征、科技水平和社会经济发展状况为基础，并未考虑人体健康保障的限定条件。随着当前环境相关因素在疾病致因中比例的增加[1]及各类环境与健康损害事件的日益频发，我国环境污染及生态破坏致人体健康损害的风险加剧。又在连续三年的全国性"环保风暴"的严厉执法下，我国却屡屡出现"污染排放达标，人体健康受损"的怪现象，例如，陕西凤翔东岭冶炼公司前期的建设项目审批手续齐备合法，生产阶段的排污达标，结果企业周边的615名儿童血铅超标。河南济源豫光金铅集团的生产工艺水平、环境综合治理能力先进、排放达标，结果企业周边2782名儿童血铅水平异常。[2]这些怪现象使得我们对环境监管质疑的同时，不得不反思环境标准

---

〔1〕　参见 WHO：Quantification of the disease bllrdcn attributable to environmental risk factors：China country rofde，Geneva：World Health Organization，2009. 世界卫生组织的报告显示，当前我国每年归因于环境相关因素的疾病负担为21%，比美国高出了8%。

〔2〕　参见谈珊："断裂与弥合：环境与健康风险中的标准建设——基于环境铅、镉污染造成人群健康危害的社会调查"，载《法制与经济中旬》2014年第2期。

制定的科学性及人体健康价值保障的缺失。

2007年国务院18个部委印发的《国家环境与健康行动计划（2007－2015）》中，[1]明确将"完善环境与健康相关标准"作为重点行动策略之一。当务之急，我国急需构建健康价值引领的具有风险预防功能的环境与健康标准体系，并能明确当前及今后一段时期逐步完善该体系的步骤和方法。

1. "数字化的法律"：环境与健康标准的概念

环境与健康标准是以保障人群健康为直接目的而正式批准颁布的评估环境污染致人体健康风险的有关术语、技术规范和标准限值，以及对预防和控制环境因素导致的健康风险的管理和技术措施的统一要求。[2]本书认为环境与健康标准既不等同于当前的环境保护标准，也不同于当前的环境卫生标准。而是能以保护人群健康为目的，能体现风险预防的环境保护标准与环境卫生标准的整体统一体。

环境与健康管理工作主要是评估和预测环境污染致人体健康的风险，并将"风险信号"传达给环保工作各相关部门，以便及时、有针对性地进行污染预防和控制，进而改善环境、防范健康风险。这也是我国当前及今后一段时间的工作重点。然而目前，我国的环境与健康工作尚处于起步阶段。立法上，2014年《环境保护法》首次建立了环境与健康的基本制度。其中，与环境与健康基本制度相关的有四个方面：一是理念和原则方面。即第1条确立了保障公众健康的立法目的。第5条确立了坚持保护优先、预防为主、综合治理的环保原则。以上均体现了环境与健康的"风险预防"理念。二是直接把环境与健康写入法条。即第39条明确国家建立、健全环境与健康监测、调查和风险评估制度；鼓励和组织开

---

〔1〕 参见《国家环境与健康行动计划（2007－2015）》

〔2〕 参见段小丽等："'十二五'我国环境与健康标准体系的思考"，载《环境工程技术学报》2011年第3期。

展环境质量对公众健康影响的研究。三是将环境与健康保护理念贯穿其中的多项管理制度。即第 26 条明确国家实行环境保护目标责任制和考核评价制度。第 32 条国家加强对大气、水、土壤等的保护，建立和完善相应的调查、监测、评估和修复制度。第 44 条国家实行重点污染物排放总量控制制度。第 47 条明确当环境受到污染可能影响公众健康和环境安全时，依法及时公布预警信息启动应急措施。四是规定了违法后果及责任追究。

然而，与公众健康保障理念相配套的环境与健康风险评估制度、环境与健康标准体系的构建，尚处于概念阶段，并没有具体的评估方法和程序，也没有具体清晰的标准体系框架，更谈不上及时制定和颁布。因此，环境与健康标准这一维护人体健康重要标尺的"数字化"法律的功能作用不能及时发挥，当前和未来对各类环境与健康事件和问题的调查、评估和处理的科学性和有效性将大打折扣。

2. 环境与健康标准的功能定位

环保标准是国家运用定量手段限制有害环境行为、维护生态环境和保障公众健康的工具，具有公益性、强制性、技术性和科学性四个方面的特点。其中环境质量标准体现了保护人体健康和生态环境的基本要求，污染物排放标准是落实科学发展观，构建资源节约型、环境友好型社会的重要途径。其他各类环境保护标准贯穿于环境执法、监督、管理工作之中，为推动环保管理工作的科学化、实现依法行政提供了重要保障。[1]环境标准的法律功能也可分为法律规范功能和社会导向功能。具体而言，环境标准的法律规范功能主要体现为，环境标准是环境立法、执法、司法和守法的依据。而环境标准的社会导向功能主要体现在保障国家环境利益和公众健康上。

（1）"保障公众健康"的核心功能。当前，导致人群健康风险的环

---

〔1〕 参见李英杰等："中国环境保护标准发展方向探讨研究"，载《环境科学与管理》2014 年第 7 期。

境因素较为复杂，呈现出多介质（室内外空气、地表地下水、土壤等）、多途径的交叉污染。由于环境中的污染物质并不直接对人类健康造成危害，而是通过环境介质进入人体，且在数量和浓度积累到一定限值时，才会对人类健康产生危害。环境侵害的复杂、长期积累和潜伏性特点，使得环境污染致人体健康损害因果关系不确定。加上环境污染致人体健康损害后果的严重性和不可逆性，都要求环境与健康管理工作从"末端治理"到"风险预防"的理念转变。即在制定环境标准时，首先要对某有毒有害物对公众健康的危害进行风险评估，然后设定其允许排放的最高浓度必须小于公众健康危害的限值，否则，该环境标准就起不到控制污染、保护环境、保障公众健康的作用了。[1]即环境标准要体现以保障公众健康为前提的风险预防功能。

但是，目前对环境标准目的和功能的认识还不统一，有环境标准应以保护环境为唯一目的的一元论观点，也有环境标准应为保护环境与发展经济并重的二元论观点。但根据我国目前严重的环境污染及公众健康危害的高风险形势，笔者认为，我国环境标准应像日本 60 年代至 70 年代那样，把保障公众健康作为首要和唯一的目的。我国 2014 年《环境保护法》第 1 条明确了保障公众健康，促进经济社会可持续发展的立法目的。而可持续发展的目的是保护世世代代人民的利益与健康。因此，我国应顺应《环境保护法》的立法目的，建立完善以保障公众健康为其核心法律功能的环境与健康标准体系。

（2）健康风险评估的技术支撑。目前，环境污染损害的高风险已经给我国公众健康和社会公共安全造成了极大威胁，成为制约经济社会发展的重要因素。[2]根据我国目前的污染现状，借鉴国外的环境防控经验，

---

〔1〕 参见金瑞林、汪劲：《20 世纪环境法学研究评述》，北京大学出版社 2003 年版，第 154 页。

〔2〕 参见［英］安东尼·奥格斯：《规制：法律形式与经济学理论》，骆梅英译，中国人民大学出版社 2008 年版，第 207 页。

环境与健康风险评估和风险预防成为我国环境与健康工作的首要任务。众所周知，风险是指某种事件的不确定性，其大小可用不确定性事件发生的概率来表达。从人类活动造成的环境污染对公众健康造成危害的可能性的大小，环境与健康风险评估的大小可倒逼出环境控污政策。但环境与健康风险要以环境标准为科学依据来预测，同时其风险的大小反过来为环境排放标准的制定提供科学支撑。因此，环境与健康风险评估与环境与健康标准的制定是相辅相成的。环境标准的核心功能在于鉴定预期的累积效益确定可接受风险的限度，保障公众健康。[1]环境标准可以将抽象的可接受风险水平转化为量化的可供判断的具体数据。因此，具有事前管制功能的环境标准法律制度显然应当构成环境风险战略的重要组成部分，环境标准的制定和实施是环境风险规制的重要手段。

（3）环境政策制定的科学基础。2007 年的《国家环境与健康行动计划（2007－2015）》明确要求环境与健康事业要借助科学手段来制定环境管理政策的实施路径。环境行政管理包括环境规划、环境治理、环境评价、排污收费、行政罚款、环境技术开发及具体的行政执法行为。其中，环境规划不仅在宏观上要与国家发展战略相契合，在微观上的规划目标和指标还要用环境标准来表示。具体表现在两个方面：①环境标准代表着被规制的风险范围在法律上的确定，保障了环境立法的科学性。国家组织大量具有科学技术知识的相关专家，借助科学方法分析、预测数据与结果，进而明确具体的规制目标。②环境标准可以通过客观科学的数据对相关领域的人类活动及其产生的环境负荷进行定量分析，进而用环境的承载力来判断人类的行为准则，从而约束人类活动，实现对环境污染和

---

〔1〕 英国环境污染皇家委员会（the Royal Commission on Environmental Pollution, RCEP）在关于环境污染的第 21 个报告中，认为环境标准是对符合特定条件的人类活动所造成的环境改变的可接受性（Acceptability）所进行的判断。参见周志家：《风险决策与风险管理——基于系统理论的研究》，社会科学文献出版社 2012 年版，第 106 页。

生态破坏行为的"事前管制"。[1]因而，环境规划是指对某些环境指标计划在什么地方、到什么时候、通过环境标准应达到什么目标，为我国经济和社会发展及其他行业部门提出了环境保护具体指标，有利于协调社会经济发展和行业发展与环境保护工作。[2]

（二）环境与健康风险标准体系的现实考察

环境与健康标准体系是环境与健康风险评价的基础，也是维护人体健康的重要标尺之一。自 1973 年第一个环境标准《工业"三废"排放试行标准》以来，经过近多年的发展，我国目前已形成包括环境质量标准、污染物排放标准、环境监测方法标准、环境标准样品标准，以及环境影响评价、清洁生产标准等比较完备的环境标准体系。然而，随着我国环境经济形势的变化，该标准体系在不断涌现的各类环境与健康损害事件和持续下降的环境质量下暴露出了其缺陷，已不能满足环境防治工作的需求。正如第一章第三节我国环境与健康监管的科学审视中对我国现行环境与健康标准体系问题的分析那样，我国的环境标准体系存在的问题可总结为以下五方面。

1. 价值偏失：环境标准体系尚未以人体健康保障为目标

实践中，受制于"经济发展优先的理念""环境标准应与国家的技术水平、社会经济承受能力相适应"原则的刚性约束。环境标准的制定和执行工作在面对经济指标冲击环境与健康价值的压力下，始终未能以人体健康作为其终极目标。如空气质量标准和水环境质量标准的制定未以人体健康为目标，最终导致排放达标，人体健康受损的怪圈。再如国家《土壤环境质量标准》（GB 15618 – 1995）的目的是满足相关植物的正常生长需要，而 2006 年环保总局补充出台的《食用农产品产地环境质量评

---

〔1〕 参见汪劲：《环境法学》，北京大学出版社 2011 年版，第 116 页。
〔2〕 参见彭本利："环境标准基础理论问题探析"，载《玉林师范学院学报（哲学社会科学）》2006 年第 1 期。

价标准》（HJ/T332 – 2006）以人体健康目标来规范食用农产品产地环保工作，但该标准是指导性标准，导致该标准实际上没有法律约束力，难以实现保障人体健康的目标。同时，环境标准价值的偏失导致《土壤环境质量标准》中的铅标准过高。如我国现有针对酸性土壤（pH < 6.5）环境质量中铅的二级标准250mg/kg过高，难以保障儿童的健康。

2. 内容缺失：环境标准体系尚存在不容忽视的空白地带

环境标准体系内容的缺失包括以下几个方面：

（1）《土壤环境质量标准》缺少针对儿童等敏感人群生活区域的内容。目前，我国铅环境与健康风险评估通常采用国家《土壤环境质量标准》，对儿童生活的操场和教室等地的铅暴露进行健康风险评估。然而《土壤环境质量标准》明确规定了其适用范围限于一般农田、蔬菜地、茶园、果园、牧场、林地、自然保护区等地的土壤，而非是教室与操场尘土这一儿童口手的主要暴露源。该内容缺失使得儿童面临巨大的环境致病风险。

（2）污染排放标准的总量控制标准缺失。我国目前使用的污染物浓度控制标准导致即使每个污染源达标排放，也会因污染源过多使得污染物总量超过环境容量，而造成环境污染。

（3）缺少金属污染土壤的修复技术标准。目前我国在土壤修复领域还没有建立完备的技术标准，特别是敏感用地[1]的重金属污染土壤修复应该达到什么标准还没有统一的规定，只能暂时借鉴使用范围不包括敏感用地的土壤质量标准。

（4）无组织排放标准不完善。无组织排放形式多样、环节众多、标准不完善，导致核算难度较大，同时实践中企业拒绝透露实际的运行效率，以上均会造成实际排放量大于预测值。另外，笔者实地调研后研究

---

〔1〕　敏感用地的分类参见《污染场地风险评估技术导则》（HJ 25.3 – 2014），包括《城市用地分类与规划建设用地标准》（GB 50137 – 2011）规定的城市建设用地中的居住用地、文化设施用地、中小学用地、社会福利设施用地中的孤儿院等。

推断，包括车辆运输在内的企业无组织排放是造成污染的因素之一，但是我国工业无组织排放的标准目前尚属空白。

（5）空气质量标准中污染物监测不健全。我国《环境空气质量标准》（GB 3095 – 2012）虽然将镉列出参考指标和参考浓度，但该标准的执行日期为 2016 年，另外没有制定空气 PM2.5 中镉、铅标准。国际上环境空气质量标准普遍规定的主要污染物为 SO_2、CO、NO_2、O_3、PM10 和 Pb。欧盟、英国和日本都分别将苯等有毒有害挥发性污染物作为污染物项目进行了规定，而且欧盟、英国和印度还将 As、Cd 和 Ni 等重金属污染物纳入标准中。

3. 体系断裂：环境标准之间存在脱节和冲突

环境标准的价值缺失是标准之间断裂的原因之一，同时，环境与健康风险规制工作是典型的跨部门协作管理问题，我国的行政体制也是现行环境标准与健康标准呈现"各自为政、相互割裂"的原因之一，具体情况如下：

（1）排放标准与环境质量标准的冲突。国家的污染物排放标准是根据环境与经济的综合分析制定的，是现有技术条件下的允许排放上限。但我国现行排放标准并未以相应的环境质量标准为依据来制定，因而污染源的达标排放，并不意味着环境质量达标。[1] 例如，《铅、锌工业污染物排放标准》（GB 25466 – 2010）并未解决土壤的铅污染累积性问题原因在于该标准是依据《环境空气质量标准》（GB 3095 – 1996）制定的，而后者并未考虑对土壤环境质量的影响。

（2）环境标准与卫生标准之间冲突。环境卫生标准是以保护人群身体健康为直接目标，运用环境毒理学和环境流行病学的手段，对环境中可能造成人体健康的各种有害因素作出的限制性规定，是评价环境污染

---

〔1〕 参见彭本利、李奇伟："用'创新'促进'转变'——进一步完善我国环境标准体系"，载《环境经济》2006 年第 7 期。

对人群健康危害的标尺，又是制定环境质量标准的重要依据之一。环境质量标准是衡量环境是否受到污染的尺度，是环境规划、管理和制定污染物排放标准的重要依据。而现实的环境标准人体健康目标价值的缺失是环境卫生标准与环境标准断裂的具体体现。

4. 科技无力：环境标准的科学性支撑不足

环境标准的科学性决定了环境标准要以科学技术来武装自己，使其充分发挥应有的功能，然而我国环境标准的制定走过了几十多年，在内容、目标、技术方法上都需要与时俱进，其科技支撑不足主要表现为：

（1）监测技术无法满足环境发展的需要。环境监测是环境评价、污染防治的主要科学依据，我国已基本建成较完善的监测体系，包括国家环境监测技术标准与规范、230多种国家环境标准样品，以及数百种部门和行业的技术方法标准，监测的污染因子达百余种。但随着污染因子日益复杂多样化，我国目前的监测设备、手段、技术方法已不能满足环境发展的需要。同时，监测标准分析方法也存在局限性，因此，我国应加强对监测仪器设备及分析方法的研发投入。

（2）卫生防护距离标准制定不科学。卫生防护距离标准是用风险监管理念来保护污染企业周边的居民健康，是环境影响评价的重要环节。卫生防护距离的制定不仅要考虑污染源的排放强度、排放方式、排放浓度、企业周边的地形地貌、气象条件等，还应该考虑时间累积效应。由于污染物随着时间的推移具有积累性，所以卫生防护距离应是动态的风险区划。然而，我国目前的卫生防护距离却是用一个统一的公式计算出来的，在频发的环境与健康事件中已显得苍白无力。如铅锌冶炼企业的防护距离是《铅锌行业准入条件》（现已失效）规定的1000米，但《铅锌行业准入条件》（现已失效）中并没有明确说明安全防护距离是以评估人体健康风险为依据来确定的。以陕西凤翔东岭冶炼公司为例，距离这家企业1000米开外的住宅区土壤铅含量超标，儿童血铅超标率高达35%。表明在规定的安全防护距离之外的居民仍然存在铅中毒的风险。

5. 建设滞后：地方环境标准补充不足

环境与健康风险问题随着不同地域的地理环境条件和经济结构而存在巨大差异。因此，地方政府应根据本地的环境特点和经济技术条件补充出台相应的环境标准。同时，地方环境质量标准与污染物排放标准要配套制定，因为，即使制定了严于国家排放标准的地方污染物排放标准，但由于缺乏严格的地方环境质量标准，最终使地方污染物排放标准不能很好地发挥作用，导致污染严重、人体健康受到危害的后果。但截止到2013 年 3 月 1 日，只有北京市、上海市、重庆市、山东省、广东省、浙江省等少数地方政府制定了城市大气环境质量标准[1]，而环境与健康问题更加严重的云南却没有制定相应的地方控制标准。新《环境保护法》第 10 条对地方污染物标准制定的明文规定将推动我国环境标准体系建设，为环境与健康风险管理起到积极作用。

（三）国外环境与健康标准体系的经验与启示

"他山之石，可以攻玉"，我国环境与健康风险的法律规制工作刚刚起步，而美国、欧盟各国、日本等国经过多年的发展已经形成了比较完备的环境与健康标准体系。通过对这些国家的环境与健康标准体系建设进行分析，总结得出四种模式可供借鉴。

1. 美国的环境与健康风险管理标准体系

1970 年，作为美国联邦环保行政机构的联邦环保署（EPA）成立，50 多年来，EPA 为美国人民拥有清洁而健康的环境做了大量的工作，它一方面通过推动一些全国性的法律法规的制定与实施，承担起减少环境危害、建立环境标准的任务；另一方面通过推行健康风险评价来提高行政决策的科学化。美国的环境与健康法律制度主要通过监管各种媒介

---

〔1〕 数据来源：中国环境标准网。

（如空气、水和食物）中的污染物以及有害物质或产品本身（如农药、有毒化学品和固体有害废物）来解决环境与健康风险。相关法律有《清洁空气法》《清洁水法》《安全饮用水法》《综合环境影响、赔偿及责任法》《紧急计划与社区知情权法案》等。这些环境保护法律法规、标准的制定以保护人群健康为核心，通过环境与健康风险评估，制定环境保护标准的限值。从而形成了以上述法律为框架的世界上最为完备的环境保护政策法规体系。

（1）美国环境与健康行动计划。2001 年，美国国会批准了美国疾病控制中心（CDC）制定的《国家环境公共卫生监测计划》（EPHT）财政预算，该计划由国家环境卫生中心环境卫生监测部具体实施。该计划拟建立一个集合健康数据和环境因素数据的全国性网络，该网络由危害监测、暴露监测和健康效应监测三个部分组成。[1]2002 年 9 月，美国开始资助一些州和地区组织建立国家《国家环境公共卫生监测计划》网络，在此基础上，美国疾控中心制定了 2005 年~2010 年《国家环境公共卫生监测计划》，其目标如下：①建立全国环境公共卫生监测网络；②加强监测网络技术人员培养和基础设施建设；③将信息传播作为制定促进国民健康政策，采取相关行动的指导；④促进环境公共卫生科学研究；⑤促进国家健康计划和环保计划的良好合作。2004 年 EPA 提出了《人体健康研究战略》（Human Health Research Strategy）[2]，明确了 2006 年~2013 年提高人体健康风险评价科学基础的战略方向。此外，EPA 在 2005 年还专门制定了健康风险评价计划[3]。这些规划和计划为美国环保局更好地开展环境与健康工作提供了指导方向和远景蓝图。

---

〔1〕 参见宋瑞金等："国外制定《国家环境与健康行动计划》的基本思路与框架"，载《环境与健康杂志》2007 年第 1 期。

〔2〕 See US EPA, Human health research strategy, Office of Research and Development, US Environmental Protection Agency, 2003.

〔3〕 See US EPA, Human health risk assessment multi-year plan, Office of Research and Development, US Environmental Protection Agency, 2005.

（2）美国环境与健康法律及标准体系。美国环境与健康法的基本框架主要包括《清洁空气法》、《清洁水法》、《综合性环境影响、赔偿及责任法》（即《超级基金法案》）、《从环境与健康风险和安全风险保护儿童法》、《联邦杀虫剂、杀菌剂和灭鼠剂法》、《噪音控制法》、《石油污染法》、《农药登记制度完善法》、《水污染防治法》、《资源保护和恢复法》、《安全饮用水法》和《有毒物质控制法》等23个联邦环境法。美国的环境标准主要规定在《清洁空气法》《清洁水法》等各种环境法律中，美国环境质量标准包括大气环境质量标准、水环境质量标准、固体废物处置场规范及污染物排放的一系列相关标准等。此外，从20世纪70年代起，美国EPA还陆续发布了《比较风险评估》《致癌物健康风险评估技术指南》《发育毒性健康风险评估指南》《暴露评价技术指南》等，同时，为了支持这些技术方法标准的执行，建立了包含化合物毒性数据库的综合风险信息系统（IRIS），发布了规定每10年更新一次的《暴露参数手册》，为环境与健康风险评估提供了很好的参考数据基础。[1]美国的环境标准具体如下：

①大气质量标准。美国大气质量标准规定在《清洁空气法》中，它创立了在联邦政府领导下与地方政府合作的空气污染控制体制。州和地方政府的主要责任是在环境质量标准的约束下，通过制定、实施排放标准，对污染源排放实施技术强制，从源头上预防和控制空气污染。美国EPA先后针对六种污染物制定了标准，并在环境基准得出的结论的基础上，对每个标准值的取值时间都作了规定，并设立了空气质量控制区。同时，州或联邦环保局对空气进行污染物排放限制，制定了持续限制的

---

〔1〕 See US EPA, Risk assessment principles and practices（EPAll00/B – 04/001），Washington DC：Office of the Science Advisor, US Environmental Protection Agency, 2004；US EPA, Human health research progrmn multi-year plan（FY2006 – 2013），Washington DC：Office Of Research and Development, US Environmental Protection Agency, 2006；US EPA, Human health risk mment multi—year plan, Washington DC：Office of Research and Development, US Environmental Protectiorl Agency, 2005.

空气污染物排放量、排放速率和浓度。此外，美国 EPA 还对污染源采取了排放限制，其中固定污染源排放标准有新污染源实施标准和有害空气污染物国家排放标准。排放标准遵循"技术强制"原则，将排放标准建立在采用一定的先进技术所能达到的水平上，即强迫污染者采用先进工艺和污染控制技术来达标。

②水环境标准体系。1972 年美国国会对《水污染控制法》进行了大幅度修正，并通过了修正案。《清洁水法》采用了以污染控制技术为基础的排放限值和水质标准相结合的管理方法，改变了过去纯粹以水质标准为依据的管理方法。这种改变使执法更有针对性、可行性和科学性，大大提高了该法在水污染控制方面的作用。

③固体废物和污染场地环境标准体系。20 世纪 90 年代之前，美国主要采用填埋的方式处置固体废物。但由于可用于填埋的土地有限，且填埋废物可能污染地面及地下水，因此采取措施控制因填埋废物而产生污染对当时的美国来说尤为迫切。为此美国 EPA 于 1991 年 10 月 9 日颁布了固体废物填埋场技术规范。

此外，美国的环境保护标准体系中还包括土壤环境质量标准、声环境标准等。综上，美国 EPA 逐渐形成了以健康风险评价为核心的管理决策体系环境与健康标准体系。以环境与健康风险评估为信号，明确污染防控重点，通过改善环境质量从而明确"防范风险"是我国环境与健康工作的主要切入点，因此，美国环境与健康风险评价和管理标准的模式是我国当前应当主要予以借鉴的对象。

2. 欧盟的化学品环境风险管理标准体系

（1）欧洲环境与健康行动计划。1989 年 12 月，欧盟成员国在德国的法兰克福召开第一届欧洲环境与卫生部长级会议，与会国代表一致通过《欧洲环境与健康宪章》。随后，1994 年 6 月，欧盟成员国在第二届欧洲环境与卫生部长级会议上[1]，号召制定《欧洲环境与健康行动计划》（NEHAP），共同应对发展中面临的环境与健康问题。随后 1999 年 6 月，发布了《伦敦宣言》，并大力支持《欧洲环境与健康行动计划》（NE-HAP）的实施。[2]2004 年 6 月，对环境与健康行动计划重新进行了评估、修订，并制定了 2004 ~ 2010 年环境与健康行动计划[3]。随后 2010 年，欧盟制定了第六个环境行动计划《环境 2010：我们的未来，我们的选择》（Environment 2010：Our Future，Our Choice）。该行动计划确定了欧盟未来 5 ~ 10 年环境政策的优先领域：遏止气候变化；保护大自然和野生生物；环境与健康；自然资源和废弃物。同时，还制定了配套的工作措施：一是对环境污染与健康的关系进行深入研究；二是制定考虑社会弱势群体的健康标准；三是减少使用农药的风险；四是制定新的空气污染治理的战略；五是改善控制化学物质的系统，以减少化学物质带来的风险。

（2）环境标准体系的建设。欧盟的环境立法建立在健康标准、监控系统和健康威胁因素的控制基础上，形成了日益完善的环境与健康法规政策体系。欧洲联盟的环境与健康工作主要是以人体健康保护为目标，通过化学品的风险评估和管理，进行源头控污。[4]环境标准以指令或条例形式颁布，其体系内容包括水、空气、噪声、固体废弃物、化学品及转基因制品、核安全与放射性废物、野生动植物保护及基础标准等已经公布了的 200 余项。（参见图 3 – 1）。

为了确保环境与健康工作充分有效的开展，欧盟首先在数据上要求

---

〔1〕 See Declaration on action for environment and health in Europe, Second European Conference on Environment and Health. WHO Regional Office for Europe. Helsinki, Finland, 1994.

〔2〕 See Declaration, Third Ministerial Conference on Environment and Health. WHO Regional Office for Europe. London, England, 1999.

〔3〕 See Children's environment and health action plan for Europe, Fourth Ministerial Conference on Environment and Health. WHO Regional Office for Europe. Budapest, Hungary, 2004.

〔4〕 参见菅小东等："化学品立法与环境保护"，载《环境科学研究》2007 年第 1 期。

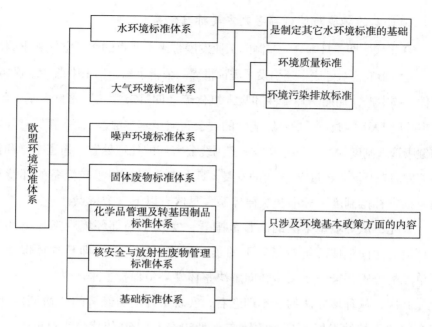

图3-1 欧盟环境标准体系框架图

收集和传递的时效性；其次是重视综合研究工作，鼓励开展新的研究计划；再次在政策上，欧盟注重建设项目开发阶段的预防性政策制定，加强环境与健康风险评估工作，避免先污染后治理的情况频繁出现；最后建立环境与健康风险评价系统。

综上，欧盟的化学品环境风险管理标准体系的特点有：一是有法律法规的支持。欧共体的化学品及其安全使用条例主要是对化学品的注册、评估、授权和限制进行规定，进而改善环境、保护人类健康。二是环境标准体系主要以化学品风险评价和管理为核心，包括制定系列化学品风险评价的技术规范和风险管理的有关措施、手段和细则等，以此为相关法律法规的执行提供技术支持。该模式对我国的化学品环境风险管理体系和有关标准体系的完善具有借鉴作用。同时，其儿童及社会弱势群体的健康标准制定也是我国可以借鉴的方面。

3. 日本的环境与健康损害判定类标准体系

60 年代后期，日本毫无节制的工业发展带来了严重的水、空气和土壤污染，进而影响公众健康，还引发了震惊世界的公害事件，如汞中毒（水俣病）事件、镉中毒（痛痛病）事件和吸入氧化硫（四日市哮喘）事件。基于此，日本政府 1967 年颁布了最具影响力的《公害对策基本法》。日本随后对环境与健康管理制度的不断完善也是紧密围绕公害病的处理处置、损害赔偿和预防等方面来开展。经过 50 多年的发展，日本基本形成[1]了较完备的环境与健康损害补偿制度、标准和法律体系，具体有以下三个特点：

首先，从环境基本法的调整范围看，实现了局部环境观指导下的单一环境立法向整体环境观指导下的统一环境立法转变。即日本环保法律从单纯的公害污染防治逐步转向解决整体性环境保护上来。[2]

其次，从环境立法的基本理念看，实现了环境与经济的"协调发展"理念向"可持续发展"理念的转变，即 50 年代～60 年代公害对策阶段的"协调发展"观——70 年代公害立法阶段的"环境保护"优先观——1992 年以后的"可持续发展"观。

最后，从环境立法看，法律体系完备，制订严谨，条文细致，具有可操作性。并且日本宪法规定，地方自治团体在国家法律、政令允许的范围内，可以制定适合本地区的环境法令、条例。

综上，日本环境标准体系具有上位法的支持，1973 年发布的《公害健康损害赔偿法》对于公害补偿的范围、人群、鉴定和补偿的基本原则均作了规定，并划定了补偿标准适用的区域。同时，为了使标准得到有效使用，日本还建立了由国家环境保护机构负责，地方卫生机构配合开展有关疾病诊断和损害判定的执行机制。

---

〔1〕 参见冷罗生：《日本公害诉讼理论与案例评析》，商务印书馆 2005 年版，第 20～57 页。
〔2〕 参见石淑华："日本的环境管制体系及其启示"，载《徐州师范大学学报（哲学社会科学版）》2007 年第 5 期。

由于日本的标准体系是针对特殊情形下发生的特殊公害病而制定的，且有上位法的支持和适用区域人群等特殊条件限制。因此，这种标准体系的建设模式在我国当前的环境形势下不太适用，但日本在70年代工业污染严重、人群健康损害及风险加剧的形势下，环境立法的"环境保护"优先理念，即把保护人体健康和生命、保护生活环境作为环境立法的首要宗旨的立法理念，以及法律制订的严谨细致性、具体可操作性，单项法的针对性和具体性等，却是我们当前环境立法及标准制定的借鉴重点。

4. 韩国的环境与健康标准体系

此外，韩国环境与健康立法及标准建设方面也有非常值得我们借鉴的地方。韩国2008年3月颁布的《环境与健康法》，是世界上第一部也是迄今为止唯一的一部环境与健康法。该法以预防和维护公众健康和生态安全为目标，旨在针对生态退化和有毒有害化学品污染对公众健康和生态安全的影响和损害，建立一套评价、识别和监测的方法，且第四部分专门针对儿童健康，规定了风险评价、有毒物质使用、儿童风险信息等内容。

韩国早在1963年就颁布了《环境污染防治法》，其中也规定保护人体健康是该法的主要出发点，但由于当时韩国政府仍以经济发展为先，环境与健康问题并没有引起人们的普遍重视。随着韩国工业化和城市化快速地发展以及能源消耗的急剧增加，从20世纪70年代开始出现了一系列严峻的环境污染问题，1977年韩国环境法修订为《环境保护法》，其中增加了环境影响评价等内容，但环境污染对健康的危害问题并未引起政府和民众的普遍关注；1985年爆发的温山病[1]是激发公众环境与健康意识的导火索，在公众环境健康意识觉醒以及公众推动的压力之下，环

---

[1] 温山病：从1983年开始，温山工业区周边的居民开始患上一种原因不明的严重疾病，后来人们把这种疾病称为"温山病"，并很快发现它就是韩国版的日本"痛痛病"。1984年的患病人数是500人，1985年猛增到700人，政府通过新闻报道向公众宣传了该病作为一种公害病，引起了公众的广泛关注。

境与健康问题才开始真正引起政府的关注，1990 年韩国政府将《环境保护法》分解为六部独立的法，即环境政策框架法、清洁空气保护法、水环境质量保护法、环境争端调解法、有毒化学品管理法、噪声和振动控制法，从多方位对人体健康进行保护。但 1991 年的洛东江苯酚污染、1994 年固体废物焚烧厂的二噁英排放、2000 年的废弃矿区的重金属中毒等事件的发生，引发了社会动荡、政府公信力下降、经济发展受阻等问题，受到韩国政府的高度重视；截至 2008 年，韩国政府已经颁布了 44 部专门的环境法律，包括《生态系统保护专门法》《四大主要湖区流域管理法》《室内空气质量管理法》《持久性有毒物质管理法》《环境与健康法》等。在环境标准体系的制定方面，除了环境质量标准和污染物排放标准外，《环境与健康法》的颁布使环境与健康风险评价成为政府的主要工作，同时，该法还规定了政府要对环境风险因子进行管理及认定，包括新技术和新物质的限制使用等。所以，制定一系列技术规范成为环境与健康标准的主要构成。

韩国是世界上第一个发布环境与健康标准的国家，韩国的经验表明，法律应当是支持环境与健康标准的依据。开展环境与健康风险评估，控制影响健康的环境因子是环境与健康工作的重点。同时，韩国的环境与健康问题及发生发展阶段都与中国有很多类似的地方，但自 2008 年《环境与健康法》及环境与健康系列技术规范及相关标准的相继制定以来，其环境问题逐渐好转。因此，韩国的经验表明，我国当前应效仿制定中国的"环境与健康法"，并建立配套的以保障人群健康为目标的环境与健康风险标准体系。

（四）我国环境与健康标准体系的完善路径

2007 年《国家环境与健康行动计划（2007 - 2015）》中明确将"完善环境与健康相关标准体系"作为重点行动策略之一。面对"十二五"期间复杂、严峻的环境与健康问题，我国急需构建环境标准体系，明确当前及今后一段时期逐步完善该体系的步骤和方法。

1. **价值回归：确立"公众健康保障"作为环境标准建设的核心目标**

2014 年《环境保护法》第 1 条确立了保护和改善环境，防治污染和其他公害，保障公众健康的立法目的。"保障公众健康"核心目标的确立，其意义在于环境法是以人类在利用和改造自然环境的生产生活中所产生的社会关系为调整对象，注重污染防治和保护环境，最终还是以人为目的。因此，环境法这种以"人—自然—人"的调整模式，即通过对人的行为进行规范来保护环境，其最终目的还是实现对人的生存环境、人类健康的保护。环境法在保护公民环境权的同时，最终实现对公民健康的保障。环境法中对公众健康保障的先行规定，及现实严峻的环境污染状况及上升的环境与健康风险，势必要求环境标准及配套的法律法规制度也要紧紧围绕这个目标向前推进。

确立公众健康保障在环境标准体系构建中的中心地位，是人类社会发展的终极价值追求。在人类的生存发展中，健康因其直接决定着生命的质量而居于中心地位；生态则因维系着人体与外部的物质与能量交换关系，对人体健康具有直接影响，居于次中心位置；经济是人类生存与发展的物质保障，它以生态环境为基础，服务于人的需要，理应居次于生态环境的基础地位。由此，环境标准形成一个"人体健康—生态修复—经济发展"由内向外的价值序列。[1]环境标准又是制定国家环境政策的依据，是环保执行的基本保证，而法律法规制度是平衡协调人际利益关系的规范标准，因此环境标准体系"公众健康保障"核心地位的确立对生态环境保护、推进生态文明建设、促进经济社会可持续发展具有重要的实践意义。

建设以"公众健康保障"为目标的环境标准体系，要从三个方面着

---

〔1〕 参见赵立新："环境标准的健康价值反思"，载《中国地质大学学报（社会科学版）》2010 年第 4 期。

手：一是从影响人体健康的环境媒介的整体性和系统性出发，并充分考虑某种污染物在不同环境介质中的迁移特征，强化污染物排放标准与环境质量标准之间的衔接。二是要开展环境基准研究。环境基准是环境中某污染物对人体不产生不良或有害影响的最大剂量或浓度，环境基准数据是环境与健康评价，制定环境与健康基准的基础。对环境污染与人体健康损害的内在机理进行研究，追踪污染源和环境因素、判定环境与健康因果关系，对制定科学的污染物排放和环境质量标准，保障人体健康具有重要作用。三是建立科学完善的环境监测体系。环境监测数据是进行环境与健康影响评价、开展环境基准研究、制定环境标准、制定环境政策及环保执法的科学依据，也是克服环境标准不确定性的保障工具。

2. 体系弥合：促进我国环境与健康标准体系的融合与协调

环境质量标准是以保护人的健康和生存环境，防止生态环境遭受破坏，保证环境资源多方面利用为目的，对污染物（或有害因素）容许含量（或要求）所作的规定，是衡量环境是否受到污染的尺度，是环境规划、管理和制定污染物排放标准的依据。污染物排放标准是国家为保护生态环境和人体健康而对人为污染源排入环境的污染物的浓度或总量所作的限量规定。环境卫生标准是以保护人群身体健康为直接目的，运用环境毒理学和环境流行病学的手段，对环境中与人群身体健康有关的各种有害因素作出的限制性规定。因此环境卫生标准是评价环境污染对人群健康危害的尺度，是进行卫生监督和卫生管理的法定依据，又是制定环境质量标准的重要依据之一。从某种意义上讲，环境卫生标准本身也是一种环境质量标准。上述各种标准之间既各自侧重，又相互联系，相辅相成，构成一个以控制环境污染，保护人群健康为目的的统一整体。环境与健康标准体系是对现行环境保护标准体系（环保部门）和环境卫生标准体系（卫生部门）的补充和完善，是链接污染物排放标准、环境质量标准和有关健康标准的纽带。

根据环境与健康工作的范围和需求，我国环境与健康标准体系应当包括三个层面：（1）环境与健康风险评估类标准。指评价和预测环境污染健康风险的有关术语、技术规范以及对防控环境风险的管理和技术措施的有关规定。该标准由环保部门制定和执行，适用于环境污染的健康危害发生之前，用于预测和评价有关环境保护措施和政策对环境质量改善的成效，指导环境质量标准制定、污染防治措施执行等，是实现环境与健康风险管理的基础。（2）环境与健康影响评价类体系。指调查、识别和评价引起不良健康效应的环境相关因素的有关术语、技术规范和对策措施等的统一规定。该标准由卫生部门和环保部门共同制定和执行，适用于环境污染的健康危害发生之时，用于判断环境污染的健康影响程度，得出是否需要和采取何种措施的建议。环保部门负责制定特征污染物识别、环境污染状况调查和有关评价方法等，卫生部门负责制定健康

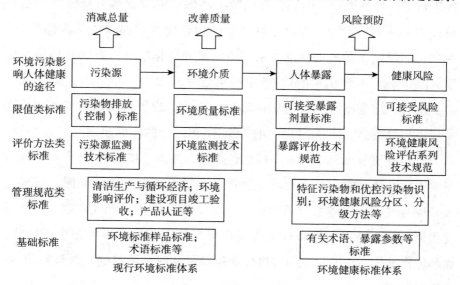

图 3 - 2　环境与健康标准体系框架[1]

---

〔1〕　参见段小丽等："'十二五'我国环境与健康标准体系的思考"，载《环境工程技术学报》2011 年第 3 期。

调查和判断环境污染健康影响程度的有关方法。（3）环境与健康损害判定类标准。指对环境因素与健康损害之间关系的判定方法及有关补偿救济方法的有关规定。该标准由卫生部门制定和执行，适用于对环境污染与健康危害之间因果关系已经比较明确的特定地区或特定问题的诊断和判定。包括危害区域划定方法、健康损害诊断和判定方法以及补偿救济方法等系列技术规范。

3. 内容完善：健全我国环境与健康标准体系的内容

面对严峻的环境污染形势及与日俱增的健康风险，建立以环境与健康风险预防为核心的环境标准体系已刻不容缓。我国现行环境标准体系主要体现在从"污染源"到"环境介质"阶段，污染物排放标准与环境质量标准分别服务于削减总量和改善质量的目标，但鲜有服务于环境与健康防范风险的内容。因而，在已写入环保法的"保障公众健康"这一目标的引导下，环境与健康标准体系的构建应着重加强从"人体暴露"到"健康风险"阶段的标准体系建设，将环境标准体系延伸到环境与健康标准体系。环境与健康标准体系框架见图3-2。

从"人体暴露"到"健康风险"这部分体现了风险预防的理念，正是环境与健康标准体系的主要组成部分。该部分的标准建设同"污染源"到"环境介质"的标准体系一样也包括四个层面，如图3-2所示。环境与健康标准体系应当是现行环境标准体系的延伸和完善。同时，还要连接环境与健康标准体系与卫生标准体系，一旦产生健康效应后，对于环境污染的健康损害判定类标准等工作应当属于卫生标准体系中的内容，而环境标准体系中的环境与健康标准范畴只是对环境与健康风险的预测、评价和管理。

综上，根据现行环境标准体系的分类，环境与健康标准体系可以纳入"管理规范类标准"中，包括三部分内容，即环境与健康调查技术规范、环境与健康风险评价技术规范、环境与健康风险管理相关标准，具体见图 3 – 3。

在环境与健康标准体系的健全完善过程中，本书建议可优先启动的标准为部分环境与健康调查类技术规范、环境与健康风险评价技术规范和部分基础标准。如暴露参数、环境污染的人体暴露评价技术规范总则、重金属环境与健康风险评价技术规范、重金属环境与健康风险分区和分级技术规范等。同时，还要在如下几个方面进行具体标准的完善：

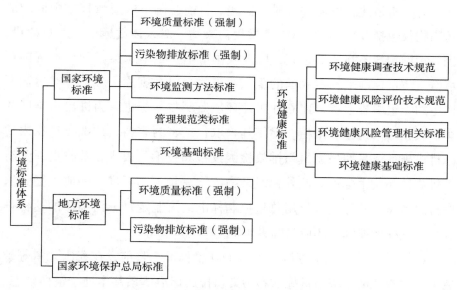

图 3 – 3　环境与健康标准在现行标准体系中的地位及其构成

（1）完善无组织排放标准。无组织污染排放源指不经排气筒而无规则的排放源，如设置于露天环境中具有无组织排放的设施（煤堆、建材场、垃圾场等），或指具有无组织排放的车间和工棚等。大气污染物无组织排放监测是环境管理的技术依据，通过对无组织源所排放的污染物的监测，为大气质量评定、环境影响评价、环保验收及仲裁监测提供数据基础，也为环境科学研究提供技术支持。大气污染物无组织排放的监测与污染源类型、污染物性质、环境标准及地形、周边建筑物、气象条件相关。目前，与大气污染物无组织排放监测相关的规范性文件有《大气污染物无组织排放监测技术导则》（HJ/T55－2000）、《建设项目竣工环境保护验收管理办法》（现已失效），但由于无组织排放形式多样、环节众多、污染物种类繁多等，目前的无组织排放检测技术及分析标准不能满足环评及环境与健康风险评估的需求，在实践中往往实际排放值比预测值高。加强对无组织排放的环境监管标准的研究，可从以下三个方面着手：一是完善和建立重点污染物目录数据库，对重点污染的性质、特征进行分析描述，以便进行科学监测。目前我国空气质量标准中监测的污染物仅包括 SO_2、CO、NO_2 等常规污染物，对人体健康危害严重的铅、镉等污染物却不在监测之列，因此我国应借鉴欧盟、英国和日本等国环境空气质量标准来制定我国的重点污染物目录数据库；二是针对运输所产生的无组织排放源，建立针对性环境监测技术标准，为进出污染区的车辆设置污染物排放限值，促使其采取包括密封容器、冲洗车辆在内的减排措施；三是加强无组织排放检测设备和技术的投入，及时更新无组织排放检测技术标准。此外，污染物浓度总量控制标准，还应该把无组织排放污染也核算进去，用总量控制标准约束制定每个污染源的达标排放量，这样才能降低环境与健康风险。

（2）建立针对儿童等敏感人群的环境标准。目前，在我国儿童等敏感人群聚集地的环境质量标准和污染物排放标准体系基本处于空白状态。如我国对儿童生活的操场和教室等地的铅暴露进行健康风险评估通常采用国家土壤环境质量标准，然而土壤环境质量标准明确规定了其适用范围不包括教室与操场尘土这一儿童口手的主要暴露源。这使得对环境与健康敏感人群甚至是高危人群的风险预测和防范机制难以构建，因此，建立针对儿童等敏感人群的环境标准刻不容缓。

在国际上，欧盟、美国和韩国等均对特殊人群包括儿童、老年人、孕妇等易受环境风险因子感染的人群制定了专门的管理计划和环境标准。如2008 年韩国《环境与健康法》第四章第23 条明确规定为了保护儿童健康，环境部应评估总统令规定的儿童活动区域的暴露于环境风险因素的程度，并且根据总统令设立环境安全管理标准。儿童活动区域内设施的所有者与管理者应当遵守环境安全管理标准。在第 24 条儿童产品风险物质的控制中规定环境部应当制定并公开玩具与儿童经常使用或接触的固定设施（以下称为儿童产品）中影响其健康的环境风险因子的种类和毒性名单，建立包括风险评估在内的相应措施以控制相应的环境风险因子。在第 25 条儿童风险信息的提供中还规定环境部应当建立与公布有关环境风险因子的毒性其对儿童健康影响的数据系统。

综上，我国可从以下三个方面建立儿童等敏感人群的环境标准：一是建立与公布对儿童健康影响的环境风险因子毒性数据系统。便于公众及时了解对儿童健康产生影响的有毒有害物质及其危害特征，达到风险预防的目的，同时也为儿童等敏感人群的环境标准提供数据基础。二是在评估儿童经常活动区域暴露风险的基础上，建立相应的环境质量标准。如可以用来评估儿童活动场所的土壤环境质量标准。三是针对儿童玩具和建筑材料中的环境风险因子建立相应的环境标准，让孩子免于家庭中环境风险因子的危害。

（3）制定土壤修复技术标准。目前，我国与污染土壤修复技术相关的标准有《污染地块土壤环境管理办法（试行）》《污染场地环境监测技术导则》《污染场地风险评估技术导则》《污染场地土壤修复技术导则》《土壤环境质量标准》《工业企业土壤环境质量标准》《土壤环境监测技术规范》《地下水环境监测技术规范》等。但敏感用地[1]的重金属污染土壤修复标准缺失，现使用的还是原有的土壤质量标准。故急需修订金属污染土壤修复技术标准。制定土壤修复技术标准可从以下几个方面入手：一是根据有毒有害污染物对人体健康影响的基础标准，制定敏感用

---

〔1〕　敏感用地的分类参见《污染场地风险评估技术导则》（HJ25.3－2014），包括 GB50137 系列规定的城市建设用地中的居住用地、文化设施用地、中小学用地、社会福利设施用地中的孤儿院等。

地的污染物可接受暴露剂量标准和可接受风险标准；二是根据敏感用地污染物的暴露途径，建立相应的暴露评价技术标准和环境与健康风险评估技术规范；三是根据污染物特征对环境与健康风险进行分级分区管理。

（4）加强地方环境与健康标准建设。环境与健康风险问题具有很强的地域属性，因此，地方政府应根据本地的环境特点和经济技术条件补充出台相应的环境标准。新《环境保护法》第10条对地方污染物排放标准的明文规定将推动我国环境标准体系建设，为环境与健康风险管理起到积极作用。

重视地方环境标准的制定，以便因地制宜。因此建议我国可制定配套新《环境保护法》的"地方环境标准管理办法"。一是明确地方标准制定者的职责、权限，建立和完善地方环境标准体系；二是明确地方标准制定的原则、依据，提高其合理性、可行性、针对性、操作性；三是理顺国家环境标准与地方环境标准的关系，确立以地方环境标准为主，国家环境标准为辅的格局；四是根据地方的环境特点，可鼓励地方制定严于国家标准的与地方排放标准配套的地方环境质量标准。使地方污染物排放标准有效地发挥作用，保护生态环境和人体健康；五是对环境质量标准污染物排放标准进行分等级管理。

4. 配套支撑：保障我国环境与健康标准体系的科学性

环境标准是一部数字化的法律，是指导环境政策制定、环保执法的科学工具，是环境与健康的重要技术支持和保证。保持我国环境与健康标准的科学性应从以下几个方面入手。

（1）保证环境与健康标准制定部门的协同性。新《环境保护法》第15条和第16条均对环境质量标准和污染物排放标准的制定单位和条件进行了明文规定，即由国务院环境保护行政主管部门行使制定国家环境标准的职能。事实上2012年8月公布的《环境保护法修正案（草案）》曾提出国务院环境保护行政主管部门会同有关部门根据国家环境质量标准和国家经济、技术条件，制定国家污染排放标准的议案，强调环境标准制定过程中的部门间协调。但是由于环保部门"会同有关部门"制定排放标准的修改条款，不仅与现行有效的职责分工和管理体制相违背，而且弱化了环保部门的综合宏观职能，将对环保工作带来不利影响。故环保部门提出了要求标准制定主体的专门性，即设立制定国家环境标准的专门机构。在2013年7月公布的《中华人民共和国环境保护法修正案（草案）（二次审议稿）》中删去了这一修改。

鉴于环境与健康工作的协同性，本书认为环境标准是卫生、环保等相关部门都应该共同执行与维护的标准。因此，应设立制定国家环境标准的专门机构，由环境保护部门牵头，相关部门及公众参与，对我国现行环境标准按照以保障公众健康为标准进行评估，提出修订方案，并在环境基本法中确立环境标准的法律地位。该方面可借鉴加拿大和美国的经验。其中，加拿大在制定环境标准时，团队由议会、内阁、政府部门和各个规制机构、法院、工业协会以及非政府环保组织等组成，按照透明、公开、负责、尊重专家意见等原则制定标准；美国虽由联邦环保署负责，但也有各机构、各团体以及民众的广泛参与。

（2）提高环境标准制定过程的民主化、科学化。在我国环境标准制定程序一般为标准管理部门立项、委托相关单位起草标准、征求意见、审查、批准、出版。除在征求意见阶段外，公众很难参与其中，且相关信息的不对称，公众在标准征求意见阶段的参与也并不充分。公众参与的缺失使相关标准的制定过程缺乏透明度，不利于标准的严格执行。同时，环境与健康问题是与经济社会发展和民生质量紧密相关的重大社会问题，因而制定、执行"以公众健康保障为核心"的环境标准体系，必须高度重视公众的参与，建立通畅的沟通机制，鼓励公众参与环境标准的研究与制定，并开辟多种渠道广泛开展宣传和交流活动，尊重公众的知情权，让公众了解真实情况，为环境标准颁布后的实施奠定坚实的社会基础。

在环境标准制定的科学性方面，我国最早主要参考了美国、欧盟、日本等国家和地区的环境空气质量标准，而1996年以来，很多国家和地区的标准都不同程度地进行了修订，见表3-3。同时2014年我国《环境保护法》第1条关于"保障公众健康"立法目的及第39条"制度环境与健康风险评估制度"等相关条款的修订，都要求我国现行环境标准体系需及时做出配套修订，保障环境法的有效实施。

表 3-3 1996 年以来各国铅、镉质量标准制定、修订情况[1]

国家/组织	时间	修订内容
WHO	1997 年	发布适用全球的《空气质量准则》（AQG），规定了铅的基准值
	2005 年	发布《AQG》全球升级版，对铅的基准值进行了修订
美国	2008 年	加严空气中 Pb 的浓度限值，连续 3 月滚动平均 0.15μg/m³
欧盟	1999 年	发布《环境空气中 SO₂，NO₂，NOx，PM10，Pb 的限值指令》，规定 Pb 等五种污染物浓度限值
	2004 年	发布《环境空气中砷、镉、汞、镍和多环芳烃指令》，规定了镉等污染物 2012 年目标浓度限值
	2008 年	发布《关于欧洲空气质量及更加清洁的空气指令》，规定 2010 年的目标浓度限值
印度	2009 年	修订了 1986 年实施的空气质量标准，删除 TSP 污染物项目，加严了 Pb 的浓度限值
澳大利亚	1998 年	调整了基于健康 Pb 的空气质量标准

事实上，我国的很多标准制定后未进行过系统的修订，这与环境标准是根据国家经济、技术条件制定相矛盾。如《生活饮用水卫生标准》及检验方法标准在1985年颁布后20年后才进行修订，从而使得标准量

---

〔1〕 本表修改自《环境空气质量标准》（征求意见稿）编制说明。

值不能及时反映现有科学研究的最新成果，也不能有效保障公众健康。因此，应当加强环境标准制订修订的进度与速度，以满足环境与健康管理的需求。从国际经验看，很多国家都从法律上规定标准必须保持定期更新。如日本《环境基本法》第 36 条就规定环境标准的制定旨在保护人的健康及保全生活环境方面，必须经常加以进行合理的科学判断，并进行必要的修订。美国《清洁空气法》第 309（d）（1）条则要求联邦环保署每五年需要审查现行的空气质量基准和国家环境空气质量标准。

由此，我国在对环境标准及时更新的同时，也应对已公布的环境标准在实施一至两年后，由起草单位对该标准实施的效果及可行性进行回顾性评价，通过环境标准实施效果及可行性评价报告，可对该标准是否进行修订做出判断，这种回顾性评价应成为起草单位的义务和责任。当标准需修订时，由评价单位向政府机构提出修订建议，并由该标准起草单位按修订规范的要求具体承担标准的修订任务，提出标准修订草案，经环境标准技术委员会审查，向社会广泛征求意见，并经环保部门批准后发布。另外，确实有必要修订时，可以由主管部门组织有关单位和人员对环境标准进行修订，也可以由积极参与的社会单位承担环境标准的修订任务。这样既可以有利于促进社会公众对环境标准修订的参与，发挥社会各方面的积极性，又可以加快环境标准修订的进程，满足社会和环境管理的需要。

（3）加大环境与健康监测网络建设及环境与健康科研的投入。环境与健康标准的制定离不开环境与健康风险因子等基础数据的监测和环境与健康影响的基础研究。为此，国家应加大环境与健康监测网络建设及环境与健康基础研究的投入，并制定综合的研究计划框架，并在此框架内促进多学科之间的交流与合作，以推进环境与健康的基础和系统研究，逐步实现保护环境安全和全民健康的目标。具体地，第一，构建国家级公益性环境与健康基础数据库。[1]此外，目前环境与健康的监测体系不完善，大量关于环境与健康的指标没有被列入监测体系。优化环境与健康的监测体系，完善环境与健康的数据库是本领域十分紧迫的任务。第二，加大国家环境与健康基金支持力度。各种基金尤其是国家财政应给予重点支持，设立环境与健康专项资金，及时更新监测设备和仪器，并通过科研手段开发和研制最新、最敏感的仪器设备，优化改进环境监测方法和分析方法，使环境标准的制定及应用更具科学性，以改善我国的环境与健康工作。第三，组建高素质的环境标准管理队伍。环境标准科学研究离不开专业的科研人员，进一步充实、加强环境标准研究所的建设，使其成为环境标准工作强有力的技术支持系统。

三、建立环境与健康风险评估制度

环境与健康风险评估，也称环境与健康风险评价，是依据某种污染物的危害特性和剂量－反应关系，基于对环境暴露浓度监测和对人群暴露行为的调查结果，以风险度为评价指标，并选取适当的风险评估模型，定量描述并预测暴露状态下的环境污染物对人体健康的危害风险。健康风险评估是环境风险管理的科学依据，风险管理是决策者同时考虑风险评估结果、社会经济条件、法律等因素来决策的过程，风险控制需要采用污染防控、产业结构调整、合理的规划等多种环境保护手段来综合实现。

2014 年《环境保护法》第 39 条明确提出了，我国环境与健康工作的当务之急是"建立、健全环境与健康监测、调查和风险评估制度，并鼓励开展环境质量对公众健康影响的研究"。可见，我国现行环境基本法已将环境与健康风险评估制度列为环境与健康风险法律规制的基本

---

〔1〕 参见孟伟等："国内外环境与健康的管理与研究"，载《环境与健康杂志》2007 年第 1 期。

制度。

风险具有科学上的不确定性，风险管理也面临着决策上的困难。国际上一般由政府组织专家进行专门的风险评估作为克服风险不确定性的科学手段，而风险评估理论与制度也随着风险规制在食品安全、公共卫生、企业管理等公私领域的广泛适用而迅速发展。1984 年，美国环保署署长 William RuckeLshaus 正式提出，将风险评估（Risk Assessment）与风险管理（Risk Management）纳入美国环保署主要决策计划中[1]。世界银行（WB）已经将健康风险评估列为评估其投资项目环境影响的指标之一，并与欧盟取得共识，欧盟成员国在开展环境影响评价时应考虑健康风险评估。风险评估制度最早在我国食品安全风险规制领域得到立法确认，2009 年公布的《中华人民共和国食品安全法》设专章规定了食品安全风险评估（第 2 章食品安全风险监测和评估第 11 ~ 17 条共 7 个条文），并对食品安全风险评估的评估机构、专家委员会、评估的提出、评估范围、评估方法、评估报告等方面内容进行规定。食品安全风险评估制度的理论与实践为环境与健康风险评估制度的构建提供有益的经验借鉴。因此，为了实现环境与健康风险决策科学，亟需构建我国环境与健康风险评估制度。

（一）环境与健康风险评估的界定

1. 环境与健康风险评估的内涵

一般地，风险是指危险发生的概率，在风险评估中常常指某种危害发生的可能性的大小，以及发生这种危害所造成的后果的影响程度。[2]风险包括危害、接受者及途径三要素，在健康风险评估中，危害主要指重金属等有毒有害物质，途径有直接吸入、经口手摄入或皮肤接触三类，

---

〔1〕 See David M. Driesen, Rovert W. Adler, supra note 27, p. 172.

〔2〕 See The Royal Society, "Risk analysis, perception and management", The Royal Society, 1992.

接受者为人群。[1]环境风险常指由于自然原因或人类活动引起的环境质量降低，进而可能对自然生态、人体健康产生危害，常用危害发生的概率及其后果来表示。[2]环境风险评价通常指评价由于人类活动产生的有毒有害物质（包括环境化学物、放射性物质等）对人体健康、生态系统及社会经济等可能的影响程度。[3]健康风险评估（Health Risk Appraisal，HRA）常用来描述和评估某一个体的未来健康状况、患病或死亡的可能性大小。这种分析过程目的在于估计特定时间发生某种状况的可能性，而不在于做出明确的诊断。此处，环境与健康风险评估是将环境污染与人体健康联系起来的一种评价方法，利用对环境暴露浓度的监测结果和人群暴露行为的调查结果，用一定的风险评估模型预测有害污染物对人体发生不良影响的概率，因此来评估该有毒有害污染物对暴露人群的健康影响。其主要特点是以风险度作为评价指标，将环境污染程度与人体健康联系起来，定量描述污染物对人体产生的健康危害。[4]1983年美国NRC（National Research Council）在《联邦政府的风险评价：管理过程》中提出，环境与健康风险评价是指估算人群暴露于造成环境污染的化学物质中而产生的不利健康影响的过程。世界卫生组织（WHO）将环境与健康风险评估定义为判断政策、规划、建设项目对人群健康潜在影响及其影响分布的程序、方法和工具。我国《环境影响评价技术导则　人体健康（征求意见稿）》中称为人体健康评价（Human Health Assessment），是指环境影响评价、区域评价和规划环境评价中用来鉴定、预测和评估拟建项目对于项目影响范围内的特定人群的健康影响（包括有利和不利影响）的一系列评估方法的组合（包括定性和定量）。

---

〔1〕　参见李湉湉："环境健康风险评估方法　第一讲　环境健康风险评估概述及其在我国应用的展望（待续）"，载《环境与健康杂志》2015年第3期。

〔2〕　参见毕军等：《区域环境风险分析和管理》，中国环境科学出版社2006年版。

〔3〕　参见白志鹏等主编：《环境风险评价》，高等教育出版社2009年版。

〔4〕　参见温海威："沈阳浑河冲洪积扇区重金属污染特征与评价"，吉林大学2013年硕士学位论文。

综上，环境与健康风险评估是环境风险评估的重要组成部分，在环境保护、农药管理、食品安全监管、医药管理、化学品风险控制等方面发挥着重要作用。政府开展环境与健康风险评估的最终目的是将评估结果与政治、经济、法律等信息结合起来，制定相关环境管理政策，以支撑环境与健康风险管理。环境与健康风险评估可为处理各类环境与健康危害事件，制定环境保护、公共卫生相关政策与标准，筛选并采取可行的健康干预措施，与公众进行风险沟通交流提供必要的基础数据支撑。[1]

2. 环境与健康风险评估的步骤

《联邦政府的风险评价：管理程序》将健康风险评估分为四个步骤：危害识别、剂量－反应评估、暴露评估和风险表征，并对各部分作了明确的定义，形成了健康风险评估的基本模式。该"四步法"被 1980 年美国《综合环境影响、赔偿及责任法》（即《超级基金法案》）、1992 年美国《公共健康评价导则手册》所采纳，被广泛应用于空气、水和土壤等环境介质中有毒化学污染物质的人体健康风险评估，该"四步法"也被加拿大、荷兰、法国、日本等国家吸收借鉴，成为世界各国公认的健康风险评估基本范式。具体而言，美国健康风险评估模式包括以下四个步骤[2]：

（1）危害识别。危害识别旨在鉴定风险源的性质及强度，它是风险评价的第一步。危害是风险的来源，指重金属等有毒有害物质能够造成不利影响的能力。证据加权法（Weight of Evidence）是识别危害的常用方法，即为某一特定目的对某一有毒有害物质进行科学的定性评估。这种评估方法需要收集大量的资料，包括污染物质的物理化学性质、毒理学和药物代谢动力学性质、短期试验、长期动物试验研究、人体对该物质的暴露途径和方式及其在人体内新陈代谢作用等方面资料。对这些资

<hr>

〔1〕　参见李湉湉："环境健康风险评估方法　第一讲　环境健康风险评估概述及其在我国应用的展望（待续）"，载《环境与健康杂志》2015 年第 3 期。

〔2〕　参见于云江等："环境污染的健康风险评价及其应用"，载《环境与职业医学》2011 年第 5 期。

料进行评估后，将动物和人类资料根据证据的程度进行分组。通过以上方法来确定某一重金属污染物是否具有危害性。对于有毒有害混合物进行危害判定时，应对混合物中的组成进行证据权重分析。此外，还必须确定有毒有害物质在环境中相互作用产生新有毒有害物质的可能性。

（2）剂量-反应评估。剂量-反应评估是对有害因子暴露水平与暴露人群健康效应发生率间的关系进行定量估算的过程，是进行风险评估的定量依据。剂量-反应关系是在各种调查与实验数据的基础上估算出来的，故流行病学调查资料是其首选资料。另外，敏感动物的长期致癌实验也为重要资料。在无前两种资料的情况下，不同种属、不同性别、不同剂量、不同暴露途径的多组长期致癌实验结果，亦可用来估算剂量-反应关系。剂量-反应关系往往不是直接得到的，而是通过一定的模型估算出来的。对于流行病学调查资料来说，尽管其数据直接来源于人群，但这些人群往往处于低暴露水平，而低暴露水平的剂量-反应关系则需进行估算。对动物实验资料来讲，更需要通过一定模式将动物实验结果外推到人，将高剂量结果外推到低剂量，将一定暴露途径得到的剂量-反应关系，外推到人在一定暴露方式下的剂量-反应关系。因而，估算模型的建立、选择、使用及对其可信度的分析，是目前风险评价领域面临的重要问题，这一问题的研究和解决可直接推动风险评估的发展。

（3）暴露评价。暴露评价指定量或定性估计或计算暴露量、暴露频率、暴露时间和暴露方式的方法。暴露人群的特征鉴定及被评物质在环境介质中浓度与分布的确定，是暴露评价中不可分割的两个组成部分。暴露评价的目的是估测整个社会或一定区域内人群接触某种化学物质的程度或可能程度。暴露评价主要包括以下三个方面：第一，表征暴露环境，即对普通的环境物理特点和人群特点进行表征，确定敏感人群并描述人群暴露的特征，如人相对于污染源的位置，活动模式等；第二，确定暴露途径，即根据污染源污染物质的释放特征、污染物在环境介质中的迁移转化以及潜在暴露人群的位置和活动情况，分析污染物质通过环境介质最终进入人体的途径（呼吸吸入、皮肤接触、经口摄食等）；第三，定量暴露，是定量表达各种暴露途径下的污染物暴露量的大小、暴露频次和暴露持续时间等。

（4）风险表征。风险表征即利用前面三个阶段所获取的数据，估算不同条件下可能产生的健康危害的强度或某种健康效应发生概率的过程。表征风险评估主要包括两方面的内容：一是对有害因子的风险大小做出定量估算与表达；二是对评定结果的解释及对评价过程的讨论，特别是对前面三个阶段评定中存在的不确定性做出评估，即对风险评价结果本身的风险做出评价。其中评定结果的解释及评价过程的讨论，尤其是对评价过程中各个环节的不确定性分析，对整个风险评价过程都有至关重要的意义。风险评估过程：第一，确定表征方法。根据评价项目的性质、评价目的及要求，确定风险表征的方法有定量法和定性法。第二，综合分析。主要比较暴露和剂量－反应关系，分析暴露量相应的风险大小。第三，不确定性分析。分析整个过程中产生不确定性的环节、不确定性的性质、不确定性在评价过程中的传播，尽可能对不确定性的大小做出定量评价。第四，风险评价结果的陈述。给出评价结论，对评价结果进行文字图标或其他类型的陈述，对需要说明的问题加以注释。

（二）科学的限度：环境与健康风险评估的不确定性

环境与健康风险评估是一个科学的过程，但由于风险是一种概率，风险评估是推测某种危害发生的概率，而概率是随机事件发生的可能性的度量，是用确定性的方法来量化不确定的事件即发现随机事件的统计规律性，因此概率本身具有主观的不确定性。风险评估依赖科学数据，但是通常需要从有限的科学证据和相关科学解释进行推论。[1]风险评估的每一个步骤都存在不确定性下的推论和价值判断（见图3－4），评估信

---

〔1〕 See David M. Driesen, Rovert W. Adler, supra note 27, p. 172.

息的获取往往借助统计方法，因此误差伴随着风险评估的整个过程，其评估结果有时过高有时偏低。此外，风险评估模型的选择及风险本身也混杂着决策者个人价值判断与公众认同的结论，风险评估专家对于风险标准与社会大众认识不同等问题，皆引发争议。因此，环境与健康风险评估的不确定性也即科学研究本身的固有局限。

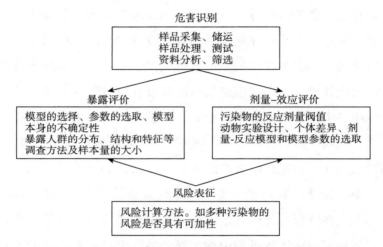

图 3 – 4　健康风险评估各阶段的不确定性分析[1]

有学者指出，"客观科学的经验基础并不是绝对的。科学并不是建立在坚固的岩床上而是建立在沼泽之上的"[2]。尽管专家见解是基于科学方法和经验法则，但由于科学的不确定性，专家们作出的推断和建议，也常常用一定的可靠性来衡量。通常毒理学家在努力确定可疑物质的最高人体安全剂量时，倾向于用动物最高安全剂量（这被称为有效反应最低剂量）除以 100。[3] 基于动物与人体的构造，对化学物质的反应不同，

---

〔1〕　参见于云江等："健康风险评价中的不确定性"，载《环境与健康杂志》2011 年第 9 期。

〔2〕　［澳］艾伦·查尔默斯：《科学究竟是什么》，邱仁宗译，河北科学技术出版社 2002 年版，第 73 页。

〔3〕　参见［美］史蒂芬·布雷耶：《打破恶性循环：政府如何有效规制风险》，宋华琳译，法律出版社 2009 年版，第 57 页。

有调查已经表明所有在动物研究中证明存在阈值并非真正表明该物质处于阈值以下对人体就是安全的。例如，砷在动物研究中并不是一种致癌物，然而暴露于空气中高水平砷中的冶炼厂工人则出现了高水平的肺癌率。[1] 在这种情况下，科学研究可以给出一定的范围即置信区间和置信度，置信区间长度越大则精度越低，置信度越高则人们对该区间可覆盖真值的可信度就越大，可以此来评价结果的精度和可信度。正如美国环保署署长莉萨·杰克逊曾表明的那样，"事实是我们的确不知道，我们是在一个在科学上具有巨大不确定性的领域展开运作。我们所面对的是公众深感恐惧的物质。如果他们想要更多的信息，我们也没法给他们"[2]。的确，不确定性来自方法论、认识论乃至本体论上的一系列问题，我们甚至不知道我们未知的究竟是什么。因此，环境与健康风险评估在环境标准的制定与风险管理中可以充当有用的工具。为了使科学更好地服务环境与健康风险评估，保障风险评估结论的可靠性，法律应在制度设计上强调评估机构独立、信息公开、同行评审以及异议监督等原则，从而控制风险评估的不确定性。[3]

（三）可靠性的提升：环境与健康风险评估的法制化路径

1. 环境与健康风险评估制度的基本原则

一般而言，风险评估制度必须遵循以下四个方面的基本原则，即科学上的可靠性原则、独立性原则、透明性原则和公众协商性原则。

（1）科学上的可靠性原则。由于风险评估的科学性，风险监管的决策和执行常以评估结果为依据。[4]一些风险法规也常以"科学方法""科

---

〔1〕 参见 Joel Brinkley, Animal Tests as Risk Clues: The Best Data May Fall Short, N. Y. Times, Mar. 23, 1993, at All. 电影《猩球崛起》虽然是一部科幻片，但也反映出一直存在的这种质疑。在该部电影中，同样的病毒使猩猩变成高级智慧生物，却导致接触到病毒的人死亡。

〔2〕 ［美］史蒂芬·布雷耶：《打破恶性循环：政府如何有效规制风险》，宋华琳译，法律出版社2009年版，第67页。

〔3〕 参见黄凯："环境与健康风险的法律规制研究"，中南财经政法大学2014年博士学位论文。

〔4〕 See Cary Coglianese, Gary E. Marchant, "Shifting Sands: The Limits on Science in Setting Risk Standards", *University of Pennsy lvania Law Review*, Vol. 152, 2004.

学依据""科学原则"等强调风险评估的"科学"意义。[1]显然,科学上的可靠性原则是风险评估制度最重要的基本原则,它要求风险评估专家向风险管理者提供风险评估建议时应当具有高可靠性。[2]因为,环境与健康风险评估过程中的监测信息、选取样本、筛选模型、估计未知参数、实验等具有的不确定性都要求风险评估工作科学性上的高可靠性。这一重要原则可有效增强风险评估制度在整个风险监管体系中的绩效,有效实现风险规制的任务,进而建立公众对风险管理机构的信任。"制度的绩效与获得人们信任的程度呈正相关关系。"[3]

为确保科学上的可靠性,可从以下两方面予以保障:一是遴选不同学科领域、理论界和实务界的高水平科学家来组成专家委员会,即评价候选人,其标准是:具有与环境、健康安全领域相关的专业知识,在该领域中从事风险评估或审查等工作,并具有公众认可度,且具有多学科交叉背景,有丰富的分析复杂问题、解决问题及项目管理经验和沟通技巧。二是科学制定并严格遵守风险评估程序。该程序可由自我评估—内部审查—外部审查三个环节构成,以提高评估结果的可靠性。

(2)独立性原则。其包含三层意思:一是风险评估机构应以维护公共利益为准则,并独立采取行动;二是风险评估机构和科学评估人员在评估过程中应不受外部影响,尤其不应受生产企业和其他利害关系人的影响而进行独立评估;三是在行政上,风险评估机构应当独立于政府。这种风险

---

〔1〕《中华人民共和国食品安全法》(2009 年)第 13 条第 4 款规定:"食品安全风险评估应当运用科学方法,根据食品安全风险监测信息、科学数据以及其他有关信息进行。"第 16 条第 1 款规定:"食品安全风险评估结果是制定、修订食品安全标准和对食品安全实施监督管理的科学依据。"《食品安全风险评估管理规定(试行)》第 5 条规定:"食品安全风险评估以食品安全风险监测和监督管理信息、科学数据以及其他有关信息为基础,遵循科学、透明和个案处理的原则进行。"

〔2〕 See Ellen Vos, Frank Wendler, *Food Safety Regulation in Europe*: *A Comparative Institutional Analysis*, Intersentia, 2007.

〔3〕 Ortwin Renn, *Risk Governance*: *Coping with Uncertainty in a Complex World*, Earthscan, 2008, p. 255.

评估与风险管理的分离，是安全风险监管制度的一个重要特色。[1]

为确保独立性原则得以实现，需要在法律上建立四项主要法律机制：一是建立一套确保专家选择独立性的规则；[2]二是建立一套严格的程序以确保科学方案的采纳具有独立性和公平性；[3]三是确立一套利益声明规则，确保风险评估机构根据公共利益来行动；四是确立一套解决利益潜规则的规则，防止风险评估机构成员与相关利益主体之间存在利益上的潜规则，使评估结果公平公正。

（3）透明性原则。透明性原则是保证公众的知情权，使公众及时监督政府和企业行为，防止风险转化为危机的重要手段。同时，透明性原则也可以增强风险监管体系的民主性。透明性原则的含义是指风险评估机构实施风险评估的过程和结果都要公开和透明。即风险评估机构应公开科学评估的议程和时间、所采纳的意见及基本信息、评估成员的利益声明、科研成果及其他机关单位对科学意见的请求。此外，一般情况下，管理委员会应当公开举行会议。

为确保透明性原则得以真正实现，应当建立至少两项法律机制：一是风险评估机构应当规定公众可以获知涉及风险评估的信息范围及相应的程序。二是实施执行透明度的各种手段。

（4）公众协商性原则。风险评估机构应当与公众代表、企业代表和其他利益团体进行有效沟通，一般认为"公众"包括学者、非政府组织、行业和所有受影响的各方。公众协商的内容包括：为能够获取可靠信息可向公众征集信息、数据和观点，评估结果的论证可征集公众的意见。

---

〔1〕 See Martion Dreyer, Ortwin Renn, "*Food Safety Governance: Integrating Science, Precaution and Public Involvement*", Springer-Verlag Berlin Heidelberg Press, 2009, p. 3.

〔2〕 See EFSA. Indepence, http://www.efsa.europa.eu/en/topics/topic/independence.htm. 2014 – 04 – 06.

〔3〕 See EFSA. The Policy on Independence and Scientific Decision-Making Processes of the European Food SafetyAuthority, http://www.efsa.europa.eu/en/key-docs/docs/independencepolicy.pdf. 2014 – 04 – 06.

公众协商是一个反复交互的过程，其目的是有效实现透明性原则和科学上的可靠性原则，从而增强公众对风险监管体系的信任。[1]

为了确保公众协商性原则得以有效实现，必须对协商的对象、时间、需要遵循的规则、想要获得的结果以及在何种条件下协商等问题作出规定，必须及时通知需要协商的公众并向其提供相关信息。[2]为此，需要具体规定三种协商的法律机制：首先，利害关系人的协商平台。该平台中的利害关系人包括风险规制涉及的各类主体。该平台不仅有助于识别各种利害关系人（包括具有相关知识的人、企业和消费者、感兴趣的人），而且还可以在各种利害关系人之间建立联系并收集第三方的评论。其次，组织有针对性的协商。风险评估机构可以通过听证会，来建立利害关系人与专家之间的联系和沟通，使风险评估有效进行。最后，通过网络、媒体提高利害关系团体之间的协商质量。在网络公开相应规则的基础上，使用专业媒体报道协商过程，或者运用信息反馈的方式来保障协商有效性。

3. 建立环境与健康风险评估专家制度

环境与健康风险评估的专家对于环境与健康风险评估制度的构建至关重要，他们不仅担负着风险评估过程和结果的科学性，还要获得各种利益主体特别是公众的信任。因为环境与健康风险监管法律制度的设计需要面对：如何确保评估建议的可靠性？如何确保评估过程的独立性、结果的公平公正性及评估机构和专家维护公共利益的正当性？这也是困扰健康风险评估科学顾问制度设计者的难题。[3]食品安全风险评估领域的

---

〔1〕 See Ellen Vos, Frank Wendler, "*Food Safety Regulation in Europe: A Comparative Institutional Analysis*", Intersentia Press, 2007, p. 233.

〔2〕 参见杨小敏、戚建刚："欧盟食品安全风险评估制度的基本原则之评析"，载《北京行政学院学报》2012年第3期。

〔3〕 参见戚建刚、易君："论欧盟食品安全风险评估科学顾问的行政法治理"，载《浙江学刊》2012年第6期；沈岿："风险评估的行政法治问题——以食品安全监管领域为例"，载《浙江学刊》2011年第3期。

立法及实践值得借鉴，欧盟《统一食品安全法》以及《中华人民共和国食品安全法》都明文规定了风险评估专家制度。2009 年年底我国国家食品安全风险评估专家委员会正式成立，该机构从 2010 年开始正式运作。鉴于此，环境与健康风险评估也应建立风险评估专家制度。

（1）专家成员的遴选制度。公正科学的风险评估专家遴选制度对于确保同行专家和公众对他们的信任至关重要。风险评估科学委员会和科学小组成员的遴选制度的主要内容至少应当包括以下四个方面。

首先，候选人的评价标准。在重金属污染环境与健康风险评估方面，专家候选人的评价标准共有五项：一是与科学委员会或科学小组的职责范围相关的具有从事与环境污染、健康安全等相关的风险评估经验；二是在与科学委员会或科学小组的职责涵盖的相关研究领域内具有公认的权威性；三是具有跨学科的，最好是国际化背景的专业经验；四是具有复杂信息的分析能力以及准备草案性科学建议和报告的能力。五是具有成熟的沟通技巧。显然，这五项标准主要涉及纯粹的科学能力，特别是与科学委员会或科学小组的职责相关的科学能力。上述五项标准中的前三项的权重系数最高。[1]

其次，遴选程序。遴选科学委员会和科学小组成员的程序依次分为六个阶段：一是发布公告。公告应当载明选择标准。二是对申请人申请的有效性进行形式上审查。三是对符合标准的候选人进行客观和公正的评选。四是对风险管理机构评价的外部复审。为了确保风险规制机构以一种一致的方式对所有适格的候选人加以评价和打分，还需要请外部专家来进行外部复审。五是通过外部的复审程序之后，确定最佳候选人的入围名单。六是从入围名单中任命候选人。评价小组会向执行主任提供一份关于拟任命候选人以及拟任命的理由报告。风险规制机构最终任命专家担任科学委员会或科学小组的正式成员。

---

〔1〕 参见陈君石：“风险评估在食品安全监管中的作用”，载《农业质量标准》2009 年第 3 期。

再其次，专家的更新程序。当出现科学委员会或科学小组成员被辞退、辞职或需要增加新成员的情形时，风险规制机构应当在候补名单中选择新成员。需要履行的程序是，由风险规制机构首长向管理委员会提出建议，管理委员会在征求科学小组主席的意见的基础之上加以批准。若候补名单中无符合要求成员，则可另外选择。

最后，确保成员独立性。科学的遴选制度是保障科学委员会和科学小组成员的评估建议可靠，以便获得同行专家、社会公众与其他利益主体信任的基础性制度。同时，确保这些成员在不受外部影响的情况下，以公共利益为出发点，独立地、公正客观地实施风险评估，也是实现评估结果可靠、赢得社会公众和其他主体信任的重要因素。

（2）建立利益声明规则确保专家根据公共利益来独立行动。[1]为保证科学委员会和科学小组的成员在不受任何外部影响下开展风险评估活动，他们需要签署利益声明，即要对自己将作的评估建议的公共利益性、科学性、公平公正性负责。在会议召开之前，专家成员应当完成并反馈他们的利益声明。只有当成员的利益声明得到风险规制机构的审核之后，他们才能参加相关的会议。

（3）建立其他规则以确保成员能独立自主的作出决定。[2]风险规制机构还应当建立其他规则，进一步保障成员独立的作出决定。它们包括：一是成员之间禁止职责委任。这是指科学委员会和科学小组的成员是依据其个人的能力而被任命的。二是集体决策且成员之间享有平等发言权。不能用个人的权威性去影响科学小组或科学委员会的决定，少数派的意见将被记录在案。主席和副主席无权对成员行使管理权力。三是风险规

---

〔1〕 See EFSA, Decision of the Management Board of the European Food Safety Authority concerning Implementing Measures of Transparency and Confidentiality Requirement, http：//www. efsa. europa. eu/en/keydocs/does/transparencyimplementation. pdf, 2012 - 06 - 14.

〔2〕 See EFSA, Policy on Independence and Scientific Decision-Making Processes of the European Food Safety Authority, http：//www. efsa. europa. eu/en/keydocs/does/independencepolicy, pdf. 2014 - 06 - 11.

制机构负有多项职责以确保成员独立开展风险评估工作。这些职责有如为成员独立开展风险评估工作提供工资、项目经费和预算保障。风险规制机构中的其他成员也必须签署保证其职责的公共利益性及不受干预的利益声明。

（4）确保评估过程的公开透明制度。如果说遴选制度和独立性制度主要从成员本身以及防止成员与其他主体之间产生不正当的利害关系的角度来让成员的活动赢得风险管理机构以及公众的信任，那么评估过程的公开和透明性制度则主要从成员提供科学建议的依据和解释来规范其行为，以便风险管理机构以及公众等主体对其产生信任。[1]具体内容如下：

首先，对于主要环节公开和透明性问题予以法制化。评估过程的公开透明的原则应包括：一是评估方法要前后保持一致，且具有公认的标准性；二是专家成员提供的科学建议要有科学依据和解释说明；三是评估过程及最终的评估建议及结果应当向社会公开；四是成员应对提供的评估建议的不确定性作出解释，并对减少不确定性的方案加以描述。就公开的内容而言，所涉及的事项：每一项风险评估科学建议的目标和适用范围的信息；对某一事项作出评估建议时，所使用的任何既定的指南、数据质量标准、默认假设、决定标准以及对于任何偏离既定规定的做法的理由等的信息；用以识别相关数据和其他信息，包括文献调查的范围和标准的方法；科学委员会和科学小组的议程和时间、关于科学建议的会议纪要、少数派成员的意见、成员的利益声明、科学建议的请求、科学建议被拒绝或修改的理由等信息；作出科学建议所依据的数据来源信息；适用或排除某些数据的标准的信息，成员应当在科学建议中说明和

---

〔1〕　See EFSA, Uuidance of the Scientific Committee on Transparency in the Scientific Aspects of Risk Assessments carried out by EFSA, http://www. efsa. europa. eu/de/scdocs/doe/1051, pdf, 2014 – 06 – 14.

描述适用或排除数据的标准，对于被排除适用的数据，应当给出理由；作出科学建议时所涉及的不确定性和差异性的信息。

（2）对于透明性与保密性之间的关系予以规范化。规范成员落实风险评估、提供科学建议活动的透明性与保密性之间的关系，首先，奉行公开和透明基本原则。即与成员实施风险评估、作出科学建议活动有关的信息应最大限度的被公开或让公众获得；其次，即使对于依法应当保密的信息，如果为了保障社会公众健康的需要，该类信息也应当公开。即在某些极端情况下，特别是一种化学品或重金属将对公众健康带来重大风险时，保密的要求将被解除，社会公众有权及时地获得该类信息；最后，对于评估过程需要保密的信息，应根据法律规定保密的方式，即指风险规制机构的成员、科学委员会和科学小组的成员、顾问论坛成员以及外部专家都应当签署一份书面的保密声明。

4. 健康风险评估纳入现行环境影响评价制度

从美国联邦环保署（EPA）的经验来看，健康风险评估是环境与健康管理的主要工作和最佳切入点。健康风险评估结果是政府制定各项环境管理政策及决策的科学依据。2014年《环境保护法》第39条已把环境与健康风险评估制度纳入环保工作。从我国目前的环境监管过程及制度来看，较为可行的思路是将健康风险评估纳入现行的环境影响评价制度中，既完善了我国的环境影响评价制度，又可实现源头控污、降低健康风险的目的。

理论上，健康风险评估与环境影响评价都是环境风险规制的有效制度工具，两者既存在不同目的又紧密相连。健康风险评估是指对有毒有害物质危害人类健康的可能性大小的估算，从而为预防或降低健康风险进行一系列的风险管理措施。而环境影响评价是指在某地区进行可能影响环境的工程建设，在规划或建设之前，对建设项目实施后可能对周围地区环境造成的影响进行调查、预测和评价，并提出预防或者减轻不良环境影响的对策，制定相应方案。两者的密切相连之处表现为：一是都是对可能影响环境的建设项目、环境规划等进行评价；二是二者的评价程序也有部分重合之处，比如对于污染物的排放种类、排放量的检测方法都是一样的；三是健康风险评估可有效弥补现行的环境影响评价止步于对环境影响评价的缺憾。[1]

2001 年《环境污染健康影响评价规范（试行）》，规范和统一了环境与健康危害事件（或事故）评价工作的程序；"十五"期间，原国家环境保护总局组织实施"环境污染对人体健康损害及补偿机制研究"的科技攻关项目，开展环境污染对人群健康损害医学诊断标准、健康损害分级标准、健康损害认定程序及其相关标准的制定研究，以及我国健康损害补偿机制与法律框架研究[2]。2007 年，科技部将环境污染的健康风险评估与管理技术研究列入"十一五"科技支撑计划重点研究项目，区域环境污染健康风险评估研究正式启动。2007 年 11 月，原环保总局、原卫生部等 18 个部委联合发布《国家环境与健康行动计划（2007－2015），明确将"开展环境污染健康危害评价技术研究"作为行动策略之一。2008 年 4 月 1 日环境原保护部发布了中国环境科学学会和北京大学医学部公共卫生学院起草的《环境影响评价技术导则——人体健康（征求意见稿）》，迄今尚未正式通过。

健康影响评价（HIA）是环境影响评价的重要组成部分。但目前我国环境影响评价的范围主要集中于对空气、水、声环境的影响预测、评价，对健康影响评价普遍缺失，迄今我国建设项目健康影响评估的技术导则尚未正式颁布。与发达国家相比，我国健康影响评估在制度、内容、

---

〔1〕 原环境保护总局在 2001 年规定了建设项目环境影响评价的环境影响要素类别，共划分为 10 种，分别是水（地表水、地下水、海水）、气、声、固体废物、生态、核及放射性、电磁、水土保持、社会经济、人体健康。可见，已经将人体健康列为我国的环境影响评价要素，但实际中的健康影响评价普遍缺失。

〔2〕 原国家环境保护总局："改善环境质量 保障人体健康—国家环保总局加强环境与健康工作的总体思路"，载 https://www.mee.gov.cn/ywgz/fgbz/hjyjk/200607/t20060726_91379.shtml。

方法、人员及实践方面还处于滞后与不完善的阶段，这也导致许多建设项目健康风险未评估或仅被形式评估、污染控制措施缺乏针对性，导致健康损害事件频发，在部分地区甚至引发群体性事件和社会不稳定。具体而言，将健康风险评估纳入环境影响评价制度之中，应当从以下几个方面入手。

（1）将"保护公众健康"列为环境影响评价的目标。自 1969 年美国国会通过《国家环境政策法》建立环境影响评价制度以来，目前已有 100 多个国家建立了环境影响评价制度。西方发达国家环境影响评价目的一般包括"保护人类健康"，但我国环境影响评价的目的缺乏人类健康目标的设计，这是由于社会经济发展阶段差异所致，具体见表 3 - 4。除了各个国家建立了环境影响评价制度外，欧盟、联合国环境规划署、世界经济合作与发展组织、联合国欧洲经济委员会、世界银行、亚洲开发银行等一些国际组织也根据自身的需要建立了环境影响评价体系和方法，并将其作为项目投资建设的重要决策依据。因此，在我们《环境保护法》的修订基础上，环境影响评价制度的目的也应调整为"保护公众健康"。

表 3 - 4　不同国家环境影响评价制度的目标

国家	建立环境影响评价制度的目的	来源
中国	实施可持续发展战略，预防因规划和建设项目实施后对环境造成不良影响，促进经济、社会和环境的协调发展	中国《环境影响评价法》
美国	促进人与自然的和谐，预防、排除对环境与生物圈的损害，促进人的健康与幸福，增强对生态系统、自然资源之于国家重要性的认识	美国《国家环境政策法》[1]

---

〔1〕　The national environmental Policy act of l969.

续表

国家	建立环境影响评价制度的目的	来源
加拿大	确保对建设项目决策进行审慎的论证，不会产生不良环境影响；促进可持续发展，实现健康环境与健康经济；确保公众可以及时有效地参与环境影响评价过程	加拿大《环境影响评价法》[1]
欧盟	保护人的健康、生物多样性、生态系统生产力；保障公众参与	欧盟《公有、私营项目环境影响评价指令》[2]
日本	充分考虑建设项目环境保护事宜，保障当代、后代的健康生活	日本《环境影响评价法》[3]

（2）将健康风险评估纳入环境影响评价之中。联合国环境规划署设计的环境影响评价程序图反映了目前国际上普遍的环境影响评价思路。我国于1993年制定了《建设项目环境影响评价技术导则　总纲》，在2011年进行了修订，新的程序与国际接轨，增加了公众参与等内容。目前，为贯彻《环境保护法》《环境影响评价法》《建设项目环境保护管理条例》，原环境保护部已完成《建设项目环境影响评价技术导则总纲（征求意见稿）》[4]。环境影响评价程序图（见图3-5），图中括号内的内容为把环境与健康风险评估纳入环境影响评价内容中后，环境影响评价工作增加的工作内容。图3-5中环境影响评价的核心环节已与目前国内外的环境影响评价一致，包括筛选影响因子、确定影响范围、预测影响程度、提出预防措施、公众参与等。在上述环节中，人群健康成为筛选、确定范围、预测、预防、公众参与的一个重要内容。

---

〔1〕　Canadian environmental assessment act. 1992.

〔2〕　The Council of European effects of certain public and Community，Council directive on the assessment of the private projects on the environment（85/337/EEC）. 1985.

〔3〕　Environmental impact assessment law. 1997.

〔4〕　《关于征求国家环境保护标准〈建设项目环境影响评价技术导则　总纲（征求意见稿）〉意见的函》（环办函〔2015〕2162号）

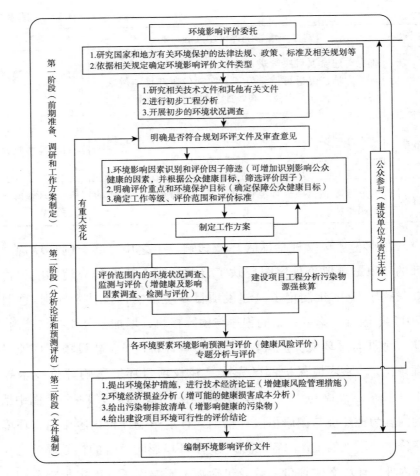

图 3 – 5　环境影响评价工作程序图

（四）实证研究：陕西凤翔儿童血铅超标案[1]

地处陕西省凤翔县长青镇的东岭集团股份有限公司（东岭集团），是一家年产铅锌 20 万吨的冶炼企业，有配置在一起的铅锌冶炼和焦化两个生产项目。2006 年投产运行，员工 1000 多人，2009 年实现销售总收入

---

〔1〕　该案例来自中南财经政法大学等：《环境铅、镉污染致人群健康危害的法律监管研究》，2015 年 3 月，2011 年原环境保护部环保公益专项课题研究报告。

19.6 亿元，上缴税金过亿元，是当地经济的重要支柱。该区 2009 年 8 月 7 日爆发儿童血铅事件，8 月 15 日认定东岭冶炼公司是这个事件的主要原因，8 月 17 日该厂全面停产，从建厂到停产运行了 3 年。

该次事件的调查结果显示：地下水、地表水、周边土壤铅浓度均符合国家相关标准，陕西东岭冶炼有限公司的废水、废弃、固水淬渣排放符合国家相关标准，周边土壤中的铅平均值同 2008 年相比，呈上升趋势，但也符合国家标准。公路旁空气环境铅浓度比远离道路的区域明显偏高。

该次事件的儿童血铅水平调查结果显示：距厂区 1000 米以内的 731 名受检测儿童中，有 615 人为高铅血症或铅中毒，约占 84%；仅有 116 人的血铅含量在 100μg/L（微克/升）以下（相对安全）。距离这家企业 1000 米开外的住宅区土壤铅含量超标，在受检的 2183 名儿童的血样检测中，有 750 人为高铅血症或铅中毒，儿童血铅超标率高达 35%。甚至距离东岭冶炼公司 2 公里以上的高咀头村，也有儿童出现血铅超标现象。表明在现行规定的安全防护距离之外的居民健康仍然存在铅中毒的风险。原环境保护部西北督查中心、省环保厅联合督办调查组初步判定，造成凤翔多名儿童血铅超标的主要污染源是陕西东岭冶炼公司的涉铅企业。

1. 问题分析

（1）该企业环评时的卫生防护距离是《铅锌行业准入条件》（已失效）[1]规定的 1000 米，但 1000 米开外的儿童血铅超标率高达 35%。东岭集团党委副书记赵卫平也承认："企业的污染排放达到了工业排放标准，但与人居指标仍有差距。"事实上，《铅锌行业准入条件》（已失效）中并没有明确说明安全防护距离是以评估公众健康风险为依据来确定的。

（2）该次事件调查结果显示：该厂污染排放达标、周边环境质量达

---

〔1〕《铅锌行业准入条件》（国家发展和改革委员会公告 2007 年第 13 号）

标，企业建厂前后周边土壤中铅含量呈明显上升趋势（与 2008 年"三同时"验收时土壤铅含量 19.4mg/kg~26.8mg/kg 相比，一年时间里土壤铅含量升高了 7.73%~39.5%，达到 20.9mg/kg~37.4mg/kg），路旁空气环境铅浓度比远离道路的区域明显偏高。具体见表 3-5。该问题说明该项目的环境影响评价未以公众健康保障为目标，环评未考虑有毒有害污染物的积累效应，同时，反映我国的环境标准与卫生标准之间的冲突。事后，宝鸡市环境监测站站长、本次事件环境监测组组长韩勤有解释说，虽然工厂的排放都符合国家的标准，但是累积的排放都是在一个区域，所以会造成区域内生活的人血铅超标。

表 3-5　事故发生后陕西凤翔东岭冶炼公司周边环境铅污染情况表

监测项目	陕西东岭冶炼公司	
	监测点位数	监测值
气	2	距企业 1 公里 0.3μg/m3、交通干线旁 2.2μg/m3（日均值）
地表水	3	0.004mg/L
地下水	24	0.004mg/L~0.020mg/L
饮用水	1	0.004mg/L
土壤	110	企业 7 公里范围内，12.63mg/L~55.9mg/kg
底泥	2	排污口处为 4640mg/kg，排污口下游 800 米处 1200mg/kg

（3）陕西省发改委网站上公布的凤翔东岭项目一期工程建设期限为 2004 年到 2006 年。但东岭项目的环境影响报告书，事实却是 2004 年 3 月由西安地质矿产研究所作出的。说明陕西东岭集团 ISP 冶炼工程的环境影响评价未按环境影响评价工作程序进行，环境影响评价流于形式，其科学性有待怀疑。事实上，2006 年年初东岭公司焦化厂投产，当年就发生了水污染事件，40 米深井下抽出的水，漂着油花，很难闻，村民用这水洗衣服和浇菜地。

（4）此次事件的调查中发现，当年为了给"大项目"东岭公司征地，政府对村民"软硬兼施"。然而，按环评要求本该1000米内全搬迁的居民，政府却将其搬迁距离缩至500米。最后，当厂区建设必须搬迁的人搬完后，环评认为需搬迁范围内（工厂周围500米）的人，政府却搁置了。这充分说明了政府官员"GDP至上的发展观"及环境与健康风险监管的缺失。

2. 环境与健康风险评估步骤

综上，环境风险监管是预防健康风险的有效手段，而环境影响评价与健康风险评估制度更应发挥其应有的作用，在环境与健康风险管理的前端有效预防健康风险。下面将以陕西省凤翔县长青镇的东岭集团股份有限公司为例，剖析环境与健康风险评估纳入环境影响评价之后的工作过程。具体步骤如下：

第一步：环境影响因素识别与评价因子筛选。

在了解和分析建设项目所在区域的主体功能区划、发展规划、环境保护规划、环境功能区划、生态功能区划等资料的基础上，分析建设项目在建设、运行等阶段对各环境要素可能产生的污染影响、生态影响及公众健康影响等。依据环境影响因素识别结果，结合区域环境功能要求、环境保护目标，筛选确定评价因子。

东岭集团股份有限公司（东岭集团）是一家年产铅锌20万吨的冶炼企业，有配置在一起的铅锌冶炼和焦化两个生产项目。根据《铅锌行业重金属产排污系数使用手册》中的《3212铅锌冶炼行业产排污系数表》可知，铅锌冶炼业产生的污染物包括工业废水中的汞、锌；工业废气中的铅、镉、汞、锌、砷等。其中，粗铅和电解铅产品生产的不同工艺中，工业废气中铅污染物的产生量高达5106克/吨～13 094克/吨铅产品，即使经过过滤式除尘法或静电式除尘法等末端治理后，铅的排放量也高达18.4克/吨～654.7克/吨铅产品，是镉、汞、砷等重金属污染排放量的几十倍甚至上百倍。镉、铅、汞、砷污染物均会对人体健康产生严重危害。其中铅对孕妇、儿童的损害尤其严重，且不可逆。因此，铅及其化合污染物应筛选为重点评价因子。

第二步：污染物源强核算。

根据污染物产生环节（包括生产、装卸、储存、运输）和产生方式，核算建设项目有组织与无组织、正常工况与非正常工况（包括开停工及维修等）排放源强，给出污染物产生的种类、方式、浓度、总量等。其中污染源强核算方法可采用类比分析法、实测法、实验法、绩效法、排污系数法、物料平衡计算方法等。

东岭集团股份有限公司（东岭集团）在铅锌冶炼中主要采用密闭鼓风炉工艺炼铅（ISP 工艺），其中电解铅产品的 ISP 工艺的产排污系数见表 3-6。

表 3-6　电解铅产品的 ISP 工艺的产排污系数表[1]

产品名称	原料名称	工艺名称	规模	污染物	污染物指标	单位	产物系数	末端治理工艺	排污系数
电解铅	铅锌混合精矿	密闭鼓风炉工艺炼铅（ISP工艺）	各种规模	废气	铅	克/吨-电解铅	8942	过滤式除尘法、静电除尘法	118.2
					锌		2984		52.59
					镉		276.3		3.614
					砷		180.3		6.510
					汞		3.337		0.456
				废水	汞	克/吨-电解铅	1.301	中和法	0.029
					锌		147.8		1.478

（1）生产过程中产生的铅污染物用排污系数法进行核算。东岭集团股份有限公司是一家年产铅锌 20 万吨的冶炼企业，假设年产电解铅 15 万

----

〔1〕　参见《铅锌行业重金属产排污系数使用手册》中的《3312 铅锌冶炼行业产排污系数表》

吨，并采用过滤式除尘法、静电除尘法或中和法末端治理工艺，则该企业生产中，废气中铅排放量为 $= \dfrac{20 \times 10000 \times 118.2}{10^6} = 23.64$（吨/年）。

（2）装卸、储存、运输过程中产生的铅污染物用用类比分析法、实测法、实验法等进行核算。

（3）在污染物排放量的核算中还要考虑积累作用。

第三步：进行环境现状调查与评价。

（1）对自然环境现状调查与评价，包括地形地貌、气象、水文、土壤、生态、水和大气环境等调查内容。

（2）环境质量和区域污染源调查与评价，包括：一是选择建设项目等标排放量较大的铅污染因子作为主要调查对象，并注意点源与非点源的分类调查；二是评价区域环境质量现状，分析得出东岭集团股份有限公司的投产运行将会影响该区域的环境质量，并定期进行监测，分析环境质量的变化趋势，明确存在的环境问题。

（3）进行人群健康背景调查。由于东岭集团股份有限公司在生产过程中排放涉及铅、镉、汞、锌、砷等危害人体健康的重金属污染物，需对该区域的人群健康进行本地调查，并定期监测铅等有毒有害污染物指标和人群健康指标，对该区域的人群健康风险评估，为风险区划及风险管理提供科学依据。

第四步：根据上述步骤的数据及铅污染物排放量的核算数据，选择合适的模型对环境与健康风险评估。

（1）大气铅污染物浓度预测。首先选择国家环保总局环境工程评估中心推荐的 AERMOD 大气扩散模型，即大气污染物在对流边界层（CBL），水平方向呈高斯分布扩散，在垂直方向呈双高斯分布扩散。来预测距离厂区 50km 以内的点源、面源、体源等排放出的污染物在短期（小时、日平均）、长期（年平均）的铅污染物的浓度分布。同时，还可预测随着大气污染物的扩散，空气中的污染物沉降到地面，经过长时间的累积浓度。进而为铅污染暴露人体健康风险评估提供数据支撑。

（2）铅污染暴露的健康风险评估。铅是一种广泛存在于生活环境的重金属污染物，可通过土壤、灰尘、大气、水体等环境介质暴露于人群，并通过手口途径或者皮肤接触而进入人体危害健康，研究表明，铅对儿童、孕妇损害尤其严重，对儿童神经系统和大脑的损伤具有不可逆性。其中，血铅水平是反映铅暴露环境下儿童健康危害的关键指标，环境与健康风险评估需建立铅污染暴露下儿童血铅模型进行预测。本研究选本土化的 IEUBK 模型对 0.5 岁 ~7 岁的儿童健康风险进行评估，选择该模型的原因见第三章内容。其中，IEUBK 模型的输入和输出如下：

输入：儿童吸入的空气量（m^3/day）、饮水量（l/day）、摄入的膳食量（g/day）、摄入的土壤 – 灰尘量（g/day）以及各介质中的铅浓度（$\mu g/m^3, l, g$）。其中，AERMOD 模型输出的大气铅浓度和沉降铅累计的预测结果可作为 IEUBK 模型的空气铅暴露模块和灰尘铅暴露模块的输入，土壤铅浓度、当地农作物膳食中的铅浓度，可通过其与大气铅沉降累计进行回归耦合获得。该回归耦合是研究的难点，需要对两者进行长期监测，根据获得的数据进行关联分析。期望在"国家鼓励开展环境基准研究"下得到解决。

输出：不同年龄段儿童的血铅含量及其概率分布。

最后，根据预测儿童血铅水平及其分布，进行健康风险评估，并预测 5 年、10 年、15 年、20 年等不同时间段的风险水平，据此提出相关预防及治理措施进行健康风险管理。

综上，环境与健康风险评估过程见图 3 – 6。在污染物暴露过程中，随着时间的积累，人群健康风险会随之增加，此时对于居住区或敏感区域，卫生部门要定期进行健康检查，环保部门要定期进行污染监测，当风险增高时提出预警，并采取土壤修复或土壤置换的方式进行风险控制，或对企业进行生产技术的提升、污染治理措施改进、降低产能降低排放量等方式来控制风险，保障公众健康。

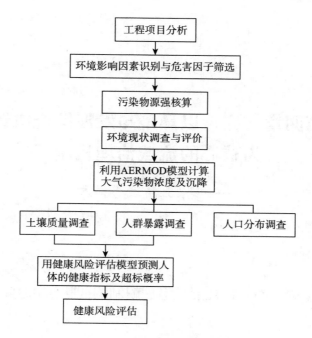

图3－6　环境与健康风险评估流程

第四章　完善以环境与发展综合决策为核心的流域治理机制

——以长江流域为样本

第一节　长江流域治理机制的现状与问题

一、母亲河生态环境之痛：法律何以解忧

自习近平总书记2016年1月在重庆召开第一次长江经济带发展座谈会，明确提出长江经济带建设"共抓大保护，不搞大开发"的要求以来，中央和沿江省市做了大量工作，在强化顶层设计、改善生态环境、促进转型发展、探索体制机制改革等方面取得了积极进展。通过出台《长江经济带发展规划纲要》及10个专项规划完善了政策体系；扎实开展系列专项行动整治非法码头、饮用水源地、入河排污口、化工污染、固体废物，基本形成共抓大保护的格局；采取改革措施保持经济稳定增长势头，长江经济带生产总值占全国比重超过了45%；积极推进公共服务均等化，聚焦民生改善重点实现人民生活水平明显提高。但是，长江生态环境形势依然严峻。2018年，生态环境部、中央广播电视总台对长江经济带11省市进行了暗访、暗查、暗拍，对长江的生态环境状况进行"体检"，在约10万公里的行程中，发现了许多沿江地区污染排放、生态破坏的严重

问题，一些地方并没有真正改变粗放的发展模式，在环境治理方面能力不足明显。推动长江经济带发展，当务之急是先"止血"，抓好长江生态环境的保护和修复。

（一）长江保护法目标明确

2019 年 1 月 21 日，经国务院批准，生态环境部、发展改革委印发《长江保护修复攻坚战行动计划》（以下简称《行动计划》），明确提出长江保护修复的目标：到 2020 年年底，长江流域水质优良（达到或优于Ⅲ类）的国控断面比例达到 85% 以上，丧失使用功能（劣于 V 类）的国控断面比例低于 2%；长江经济带地级及以上城市建成区黑臭水体控制比例达 90% 以上；地级及以上城市集中式饮用水水源水质达到或优于Ⅲ类比例高于 97%。为了实现这一目标，《行动计划》提出了从源头上系统开展生态环境修复和保护的整体方案，即以改善长江生态环境质量为核心，以长江干流、主要支流及重点湖库为突破口，统筹山水林田湖草系统治理，坚持污染防治和生态保护"两手发力"，推进水污染治理、水生态修复、水资源保护"三水共治"，突出工业、农业、生活、航运污染"四源齐控"，深化和谐长江、健康长江、清洁长江、安全长江、优美长江"五江共建"，创新体制机制，强化监督执法，落实各方责任，着力解决突出生态环境问题，确保长江生态功能逐步恢复，环境质量持续改善，为中华民族的母亲河永葆生机活力奠定坚实基础。为此，必须"强化长江保护法律保障。推动制定出台长江保护法，为长江经济带实现绿色发展，全面系统解决空间管控、防洪减灾、水资源开发利用与保护、水污染防治、水生态保护、航运管理、产业布局等重大问题提供法律保障"。这表明，《行动计划》不仅为长江生态修复建立了目标导向，而且也提出了明确的立法需求。在一定意义上可以认为，长江保护立法的主要任务就是将"两手发力""三水共治""四源齐控""五江共建"的要求转化成为有效的法律制度。

（二）长江保护立法共识尚未达成

2019 年 3 月 9 日，在第十三届全国人大第二次会议新闻中心举行的记者会上，全国人大环境与资源保护委员会委员程立峰在回答中外记者有关长江保护立法的提问时，明确表示长江保护法为第十三届全国人大常委会立法规划的一类项目，已列入 2019 年全国人大常委会立法工作计划并已启动立法工作，成立了由全国人大人口与环境资源委员会、法律工作委员会和国务院各部门、最高人民法院、最高人民检察院共同组成的《长江保护法》领导小组，制定并通过了《长江保护法》的立法工作方案。这意味着《长江保护法》的制定已真正进入"快车道"。但如何做到立法既要快些又要好些，是我们必须思考的问题，"国不可无法，有法而不善与无法等"。

实际上，近两年有三个承担相关研究的课题组以专家建议稿的方式提出了长江保护法草案建议稿，从不同角度设计了长江保护法的制度体系。今年，《长江保护法》立法领导小组各参加单位也在努力工作，开展了多项立法调研、理论研讨和征求意见工作。从目前了解的情况看，各方面对《长江保护法》的性质定位、价值取向、制度架构等一些关键问题还缺乏基本共识。这种情况必须引起高度重视并应得到妥善解决。否则，既可能影响《长江保护法》的立法进程，更会影响《长江保护法》的立法质量。虽然《长江保护法》的立法指向非常明确——为保护长江而立法，但对如何在我国已基本建成的法律体系中确定《长江保护法》的"定位"是关键，否则无法妥善处理《长江保护法》的立法宗旨与任务；虽然立法的本质是与长江经济带建设有关的各种利益的博弈与协调，但对各种利益的判断与选择必须遵循一定的价值判断标准，否则无法建立符合长江经济带绿色发展所需要的法律秩序；虽然长江保护修复的各种政策指向、经济方法、技术措施、监管目标已经明确，但《长江保护法》不能把各种政治、经济、技术、管理手段简单"搬家"，否则无法形成符合法律运行规律的理性制度体系。在这个意义上，《长江保护法》的制定所面临的问题，不是我们是否需要这部法律，而是我们需要制定一部什么样的《长江保护法》。习近平总书记指出："人民群众对立法的期盼，已经不是有没有，而是好不好、管用不管用、能不能解决实际问题；不是什么法都能治国，不是什么法都能治好国；越是强调法治，越是要提高立法质量。"

（三）长江保护立法的不同思路

如果说，任何立法都是在矛盾的焦点上切一刀；那么，对《长江保护法》而言，切好这一刀却十分不易：一是长江保护立法作为流域立法，在中国特色社会主义体系中没有"位置"，如何在立法依据较为欠缺的情况下确定长江保护法的定位，需要慎重考量；二是长江大保护的"两手发力""三水共治""四源齐控""五江共建"综合性立法需求，与我国现行的分散式立法模式存在冲突，如何在立法基础十分薄弱的现状下创新立法思维，需要勇气担当；三是长江保护立法的制度体系建构缺乏相对成熟的法学理论，如何从法理上和逻辑上解决长江保护立法的制度设计，需要法律智慧。

面对"长江病"，从法律上也有两种方案可以选择：一种是"西医"方案，针对已经产生的长江生态恶化问题，制定严格的法律制度和标准，限制甚至禁止各种可能影响长江生态环境的生产和生活活动，最终将既遏制长江生态恶化的趋势同时也扼制长江经济带的发展，这显然不能体现"绿色发展"的理念，也不是我们想要的结果。另一种是"中医"方案，根据长江生态恶化的现实状况，建立环境与发展综合决策机制，在以最严格制度保护长江的同时，通过实施长江经济带空间管控单元、实行生态修复优先的多元共治等方式协调生态环境保护与开发长江经济带的关系，既突破生态环境问题重点实现"药到病除"，也建立健全资源环境承载能力监测预警长效机制做到"治未病"，这才是我们的期待。

其实，长江经济带的现状表明：生态环境恶化是"病征"，不顾资源环境承载能力搞大开发是"病因"，缺乏生态环境空间管控和系统性治理理念是"病根"，因此，按照"头痛医头脚痛医脚"的"西医"方式，不能真正解决问题，必须运用"中医"的辨证施治和系统调理方法，把脉问诊开"药方"。从法律上看，要拿出一套"中医"方案，必须首先认真梳理涉及长江经济带发展和保护的各项权利，发现权力配置的"寒热征"、找到权力运行的"淤堵点"，然后才可能辨证施治，提出"祛风驱寒、舒筋活血"的运行机制策、开出"调理脏腑、疏通经脉"的流域立法方。

二、水资源开发利用与保护存在的权利冲突

法律上的权利冲突是指两个或者两个以上具有法律依据的权利之间，因法律未对它们之间的关系做出明确的界定所导致的权利边界不确定性、模糊性，而引起的权利之间的不和谐或矛盾的状态。权利冲突既有同类权利之间的冲突，也有不同类型权利之间的冲突。产生权利冲突的原因可能有很多，其实质是权利背后的价值、利益冲突。从立法的角度看，解决权利冲突问题的前提是对冲突的权利进行价值识别、判断和选择，在确定价值判断标准的基础上，通过明晰权利边界、确定权利顺位等方法，解决权利之间的矛盾问题。制定一部高质量的长江保护法，前提是对长江经济带建设所涉及的各种权利是否存在冲突以及冲突产生的原因进行分析。

（一）水资源开发利用权利冲突具有世界普遍性

权利冲突的产生与人类对自然资源的开发利用方式逐步扩展密切相关，水资源作为人类生存和发展必不可少的环境要素和劳动对象，是法律上权利最密集且最容易产生权利冲突的领域，水权也是世界各国法律制度中最为复杂的权利体系。尤其是水作为自然资源和环境要素具有明显的流域特性且与所处地理位置的生物种群、气候条件等相互作用所形成的独特流域生态系统与经济社会系统共同孕育了人类的不同文明，因此，与水资源利用有关的权利冲突也呈现出明显的流域特性。

纵观人类的水资源利用史，水的资源属性与利用方式随着人类文明的发展不断丰富多元，各种权利也相伴而生。人类进入农业文明以后，因农业的灌溉需要人们开始了建水库、修水坝、打水井等对水资源控制和管理性利用，为了保障这种利用的独占性和排他性而产生了设定用水秩序、平衡用水利益冲突的需要，"河岸权"得以产生。随着工业文明时代的到来，工业化生产方式及其所带来的人类社会生活方式的巨大变化，水资源利用方式不再局限于农业灌溉，将水作为土地附着物的"河岸权"无法满足水资源利用多元化的需要。于是，逐渐产生了独立的水权利，如先占优先权、取水权等新的权利，水权体系不断得到丰富和完善。但是，这些权利基本上是建立在个人对水资源开发利用基础上的私权，较少涉及公共利益。进入 20 世纪以后，科技的不断进步与生产力水平的不断提高，使人类对水资源开发利用的认知更加全面、多元化，在对水资源的控制与管理更加强化的同时，也加速了对水资源的污染和破坏。一方面，人类对水的利用从水量扩展到水能、水域空间、岸线、水环境容量、河床砂石、河道航道、水生动植物等各个方面，并不断突破水资源的时空束缚修建大型水利工程以对水资源进行管控，进而延伸出了对水资源的集中统一管理模式及权利，包括水资源利用在内的综合性权利——发展权诞生；另一方面，水资源的污染与破坏日益加剧，水质性缺水、工程性缺水、生态性缺水问题如影相随，对个人权利的绝对保护导致公共利益的损害，流域生态环境恶化、水危机直接影响到人类生存，要求保护健康环境的环境权逐渐成熟。这些不断出现的新变化使得水资源利用和保护的权利冲突不断涌现，对传统的水资源利用秩序造成剧烈影响。

（二）长江流域资源开发利用的权利冲突具有特殊表现形式

在中国，由于长期以来的农业社会生产方式，兴水利除水害是历朝历代各级政府最重要的工作，虽然很早就有了涉及水资源利用的田律，规定了遭受水旱灾害必须报告，以及禁止在春天捕鱼等内容，但主要是刑法规制，私法意义上的水权在中国传统法律中没有出现。中华人民共和国成立后，我国在"水利是农田的命脉"的指导思想下大兴农田水利建设，围绕农业发展所进行的水资源开发利用活动也主要是由政府组织。从法律上看，我国是公有制国家，实行自然资源全民所有制，根据宪法和水法规定，水资源属于国家所有；但在立法上一直没有明确宪法上的"国家所有"与民法上的"国家所有"的关系。包括水资源在内的自然资源使用权如土地使用权、林地使用权、取水权、渔业捕捞权、渔业养殖权等民法上的用益物权制度并不明确，我国在立法上也没有形成完整的水权体系。在这样的法律体系下，长江流域资源的开发利用呈现两个突出特征：一是长江流域资源实际上成为中央各部门行政权的标的，长江流域资源开发利用权的取得、行使、终止都是采取许可、划拨、确认、收回等行政性手段。二是横跨大半个中国的长江流域资源实际上为地方占有并使用，流域开发利用权并未真正受到国家所有权的制约，中央和地方对国家所有的自然资源及其利益呈共享关系。这实际上是长江流域资源开发利用"九龙治水"、各自为政的法律原因。

我国相关立法中，与长江流域水资源开发利用和保护有关的国家法律既有《水法》《水污染防治法》《中华人民共和国防洪法》《中华人民共和国水土保持法》等"涉水四法"，也有《民法典》《中华人民共和国土地管理法》《中华人民共和国城乡规划法》《中华人民共和国节约能源法》《中华人民共和国行政许可法》等相关法律；在行政法规层面有《中华人民共和国防汛条例》《中华人民共和国河道管理条例》《长江河道采砂管理条例》《中华人民共和国水文条例》等行政法规，在部门规章层面有《蓄滞洪区运用补偿暂行办法》《长江流域大型开发建设项目水土保持监督检查办法》《长江流域省际水事纠纷预防和处理实施办法》《长江水利委员会入河排污口监督管理实施细则》。这些法律法规规章初步建立了水资源开发利用与水污染防治、防洪减灾、水土保持、节水与水资源配置和调度、河道资源管控、流域水事纠纷处理等多项制度。从理论上讲，这些法律法规都应该成为长江经济带建设的依据，各种不同法律关系的主体基于法律的赋权可在不同空间对不同形式的资源利用其不同功能，应该可以形成各得其所、和谐融洽的长江流域水资源开发利用和保护秩序。但因为这些立法涉及多层级、多机关、多法律关系，各种规范的出台背景、价值取向、核心内容、制度体系缺乏协同，各种权利间的关系在缺乏必要统筹的情况下不可能有清晰界定，必然导致实践层面的诸多法律冲突。经过对涉及长江流域事务管理的 30 多部法律授权的梳理，我们发现长江流域管理权分别属于中央和省级地方政府，其中在中央分属 15 个部委、76 项职能，在地方分属 19 个省级政府、100 多项职能[1]。这种状况极易导致法律上和事实上的权利冲突：一方面是"法律打架"，各种法律规定相互矛盾；另一方面是"依法打架"，各执法主体越权执法、选择性执法、扭曲执法等问题不断，权利的行使与保障难以顺利实现[2]。各主体在依法依规行使各自的权利时无法有效控制其外溢性影响，使得基于不同权利的水资源利用和保护行为及其结果之间出现相互矛盾甚至剧烈的冲突，进而影响长江流域水资源利用秩序的稳定。这些冲突在法律层面表现为权利的不和谐和矛盾，在事实层面表现为长江流域水资源开发利用和保护之间的结果相互抵牾甚至抵消。

在资源开发利用方面，不同主体的权利界限不明确，权利间的关系不清晰，导致冲突不断。在流域层面，《水法》建立了流域管理与区域管理相结合的体制，也在具体制度中对流域机构授予了制定流域综合规划、水功能区水质监测、新建排污口审核、水量分配和应急水量调度、取水

---

〔1〕 参见吕忠梅："寻找长江流域立法的新法理——以方法论为视角"，载《政法论丛》2018 年第 6 期。

〔2〕 参见吕忠梅、陈虹："关于长江立法的思考"，载《环境保护》2016 年第 18 期。

许可审批等权限。但是，《水法》多处使用"水行政主管部门或者流域管理机构"的表述，但未明确水行政主管部门与流域管理机构权限的划分标准或者适用条件。在地方层面，《水法》第 12 条第 4 款规定："县级以上地方人民政府水行政主管部门按照规定的权限，负责本行政区域内水资源的统一管理和监督工作。"但没有明确不同层级水行政管理部门"规定的权限"的划分方式及其相关程序，导致各地方"三定方案"规定职责权限差异很大。在中央各部门间，存在许多重复授权、交叉授权、空白授权，使得规划编制、水量与水质统一管理、水工程管理与水量调度、水道与航道管理等方面的权力出现了诸多矛盾和冲突。

在生态环境保护方面，《水污染防治法》与《水法》都作了相应规定，但两部法律之间存在明显冲突。虽然都使用了"统一管理"的术语，但生态环境行政管理部门对水污染防治和水生态保护统一监管的职权与水利行政部门对水量与水质统一管理的职能之间缺乏明确的法律界定；虽然都设置了流域管理的相关制度，但其授权范围与权力行使方式缺乏协调与衔接，两部法律所指称的"流域水资源保护机构"和"流域水资源保护领导机构"并非同一机构；导致区域管理中开发利用的"实"与流域生态保护中无人负责的"虚"现象大量存在。长江流域有特殊的生态系统，其生态环境保护的需求与历史上形成的开发利用方式和产业布局直接相关，在与长江流域资源保护有关的制度方面，还存在着流域整治、水能资源开发与保护、航运与渔业发展统筹、长江沿岸入河排污指标分配、排污总量控制、洲滩与岸线利用与管理等流域生态环境保护方面的"真空"。这导致了一些制约长江经济带建设的重大问题：长江上游主要是支流水能资源开发利用无序；中下游较为普遍的存在河道非法采砂、占用水域岸线、滩涂围垦等行为，蓄滞洪区生态补偿机制缺乏；河口地区咸潮入侵现象有所加剧、海水倒灌和滩涂利用速度加快；跨流域引水工程的实施，导致流域内用水、流域与区域用水矛盾日趋显著。

正是由于法律上的权力配置呈现出区域权力强与流域权力弱、流域资源开发利用权力利而实与流域生态环境保护权力小而虚的巨大反差，各地方、各部门、各行业为追求自身的发展目标而忽视流域生态环境保护，导致了"长江病"的发生。在这个意义上，长江生态环境保护立法，核心在于通过界定权力边界、畅通权力运行机制，妥善消除各种权利之间的冲突，实现长江流域资源开发利用与生态环境保护关系的协调发展。

三、传统空间视角下流域治理机制存在的问题

尽管，空间对流域治理机制的塑造具有前述特殊作用。但不容忽视的问题是，"空间"本身就是一个相对概念，依据不同的空间观可以对流域空间做出不同的判断。这将直接影响空间对治理机制的塑造程度和结果，进而影响流域治理法治化的进程和效果。目前，对于流域空间的认识，普遍采用的是一种"一元空间观"——将流域视为由"点"（湖泊、水库等重要水体）、"线"（干支流）构成的集水区或分水区，即"水系空间"。其空间范围，主要包括河流本身和受河流及其洪水影响的滩地。[1]由此空间视角而塑造的流域治理机制，在作用于流域治理的过程中存在如下问题。

（一）"点""线"构成的二维机制，导致流域治理缺乏整体性

作为一个自然地理和水文管理单元，流域空间由"点""线"两个维度构成当无异议。[2]但是，当流域从水文学意义上的"自然空间"进化为人类的"经济社会空间"之后，仅凭这两个维度难以支撑该空间的存在。因为，"经济社会空间"意义上的流域概念不仅包括"点"和"线"构成的水文网络，还包括与水相关的人口、环境、资源、经济、文

---

〔1〕　See Helena Mühlmann, Drago Pleschko, Klaus Michor, "Gewässerentwicklungs-und RisikomanagementkonzeptealsPlanungsinstrumentfüreinintegrativesFlussraummanagement. Österreichische Wasser-und Abfallwirtschaft, 2018, pp. 45 –53.

〔2〕　See Theodoros Giakoumis, Nikolaos Voulvoulis, "The Transition of EU Water Policy Towards the Water Framework Directive's Integrated River Basin Management Paradigm", *Environmental Management*, Vol. 62, 2018.

化等经济社会要素。这些要素从空间分布的角度讲，呈现一种"面"的状态，与"点"和"线"并非完全重合。但同时，"面"与"点"和"线"维度之间又明显具有关联性：一方面，"点"和"线"两个维度对"面"产生直接影响；另一方面，"面"的经济社会发展状况反过来也会作用于"点"和"线"。例如，城乡的水资源短缺就属于"点"和"线"对"面"的影响；而干支流的污染则是"面"对"点"和"线"的作用。

可见，当作为人类"经济社会空间"的流域成为治理对象和"治理空间"后，仅考虑"点"和"线"两个维度的问题，明显是缺乏整体性的。例如，"三江源"作为一个纯粹水文学意义上的概念，仅指长江、黄河、澜沧江三条河流的源头，亦即三个自然空间上的"点"。而当我们为保护"三江源"而塑造一个特殊的治理空间——三江源国家公园时，它的规划空间范围将达到 12.31 万平方公里。[1]既有的流域治理法律机制，则恰恰受制于"水系空间"定位下"点"和"线"的二维限制，对"面"的问题几乎无法发挥作用。而流域的问题"表现在水里、根子在岸上"；"面"的问题不解决，"点"和"线"的问题无法得到根治。

（二）单纯以水为要素划定治理机制边界，导致流域治理缺乏系统性

前文已述，由于流域空间的治理目的和价值追求并非一成不变，因而流域治理机制的边界也是动态发展的。鉴于，"兴水利、除水害"千百年来一直是中华民族水事活动的"主旋律"。甚至可以说，中华民族的发展史就是一部"治水史"。因此，最初意义上流域治理机制的边界在于水利，即水利工程建设、防洪等。随着经济社会发展和流域治理要求的提升，流域治理机制边界逐步延展为包括防洪、抗旱、城镇排涝和饮用水安全保障在内的水安全保障，以及水资源保护和水污染防治。但是，传统"一元空

---

〔1〕 参见《三江源国家公园总体规划》。

间观"中的"一元"就是指单一的水要素。受此影响，虽然流域治理机制的边界不断延展，但却始终未超出单一"水"要素的范畴。[1]具体表现如，现行的流域治理相关立法，其基本章节框架无外乎上述的几种类型或几个部分。

诚然，流域空间是以水为核心要素和纽带形成的，但在经济社会空间以及治理空间的意义上，水不是流域空间内的唯一要素。相应的，流域治理机制的边界应不局限于"水"的单一要素。例如，域外相关研究表明，流域范围内的灌溉作业不仅会影响流域内的水资源，对流域的土壤资源、用水者、生态环境状况都有影响。[2]流域治理机制目前这种"就水论水"的状态，缺乏对山水林田湖草等生态要素的统筹。导致法律机制仅作用于水的问题，缺少对包括水在内的流域治理有关问题的系统性考量。例如，当前长江沿线化工污染整治和水环境治理、固体废物治理之间明显存在关联，仅加强对水污染防治的法律规制显然无法从根本上解决问题。

（三）科层型的机制组织结构，导致流域治理缺乏协同性

我国是单一制国家，自身的发展历史以及特殊的"水情"决定了应当由政府作为流域治理的组织者、领导者、决策者。然而，这并不意味着政府之外的其他主体在流域治理中的地位和作用天然地弱化和丧失，也不意味着政府内部对流域治理的目标、手段、需求等天然地没有差异。质言之，强调政府在流域治理中的主体地位和作用，并不否认和排斥政府与其他主体之间、政府主体相互之间、其他非政府主体之间在流域治理中的协同关系。相反，由于流域空间内主体多元、利益高度复杂，更加需要有关主体之间的协同。正如习近平总书记在黄河流域生态保护和高质量发展座谈会上的讲话中强调的那样，"协同推进大治理""更加注

---

〔1〕　参见刘佳奇："论长江流域政府间事权的立法配置"，载《中国人口·资源与环境》2019 年第 10 期。

〔2〕　See Cengiz Koç, "A study on the role and importance of irrigation management in integrated river basin management," *Environmental Monitoring and Assessment*, Vol. 488, No. 8., 2015.

重保护和治理的系统性、整体性、协同性"。[1]

但是,在一元空间观下,"流域治理"几乎等同于"流域水治理"。我国《水法》规定,水资源属于国家所有。而事实上,这种水资源的国家所有权处于一种"虚置"的状态。亦即,这种所有权实际上是通过政府(及其相关部门)监管权力的设定和运行来实现的。进而,导致"流域水治理"实际上是政府的"流域水管理"。相应地,流域治理机制确认并塑造的,也自然是单一的科层型组织结构。其表现如,流域立法的核心是授权政府(及其职能部门)以水事监管权,流域治理的效果基本等同于政府执法的效果。这种组织结构,片面强调和依赖自上而下的控制,被动地或主要地接受上级政府的指令。其结果是:一方面,虽然大多数关于流域治理的研究,都侧重于显示流域政府间集体行动的重要性。[2]但如果是单纯的科层制,流域内政府很少能内生自觉和信心去主动促进横向协商与合作,相互间围绕流域治理事务而产生的矛盾、隔阂也就将越来越深。由此,流域政府间合作意愿也将表现出类似递减趋势,使得府际的协作困难重重。[3]另一方面,对于政府之外的相关主体,除了循环使用加强命令控制的老办法以外,很难以信任、互惠的方式来获得更好的解决。[4]也就是说,多元主体之间难以形成流域治理的合力。

(四)片面的治理机制具体手段,导致流域治理缺乏法律实效性

治理机制作用于流域治理,不仅需要满足治理过程的形式合法性,还需考量机制的实质有效性,即机制对流域治理是否真正"起作用"。申言之,相比规范本身,机制更加关注法律实效。但是,由于传统一元空

---

〔1〕 参见习近平:"在黄河流域生态保护和高质量发展座谈会上的讲话",载《奋斗》2019年第20期。

〔2〕 See B. Timothy Heinmiller, "Canadian federalism and the governance of water scarcity in the South Saskatchewan River Basin", *Regional Environmental Change*, No. 18. , 2018.

〔3〕 参见王勇:"论流域水环境保护的府际治理协调机制",载《社会科学》2009年第3期。

〔4〕 参见王勇:"论流域水环境治理的科层型协调机制",载《陕西行政学院学报》2009年第3期。

间观将流域局限在单一水要素和水系空间这一空间范围，使得流域治理机制在具体手段上明显带有片面性。由此，导致机制作用于流域治理过程的实效性不强。

首先，作用的对象单一。例如，规划是流域治理的起点和龙头，是一种重要的流域空间塑造手段。尽管《水法》已将流域规划的形式和过程法制化。但从实效上看，所谓的"流域规划"基本上仅相当于"流域水资源利用规划"。再如，流域空间修复手段在当前我国流域治理的过程中，被置于特殊重要的地位，成为治理机制的重要手段之一。但是，既有的"流域修复"，实际上仅集中于"水体修复"。无论是"流域水资源利用规划"还是"水体修复"，都是治理机制的具体手段由传统一元空间观塑造的结果。显然，所谓的"规划"不可能在整体上塑造流域空间，所谓的"修复"也不可能对流域空间实施系统性修复。

其次，主体间的关系单向。囿于单一的科层型组织结构，导致治理机制的具体手段基本上是依靠政府的纵向管理来实现。但相关主体间除了纵向关系外，流域空间内的上中下游、左右岸、不同部门（行业）之间还存在"横向"关系。单纯强调纵向管理关系，不仅割裂了相关主体间的天然"横向"联系，还徒增治理机制的作用成本。实践中，诸如政府间画地为牢、部门间推诿扯皮，企业逃避执法监管，社会公众参与度不高等现象的出现，都是例证。

最后，必要的手段缺失。前文已述，治理机制的动态化、过程性和方法性体现在具体手段层面，应顺次包括流域空间的塑造、修复和重构。但是，在传统一元空间观下，"水系空间"是相对固定的，基本上不存在或不需要"重构"。因此，治理机制在具体手段上，明显缺失流域空间重构手段。如前文所述，流域空间不只是水系空间，更是经济社会空间以及治理空间。而相关研究结果表明，旨在改善流域生态系统状况的治理行动，并不一定能通过改变生态系统服务的供给来改善人类社会的福祉。[1]在此情况下，为实现流域经济社会的发展和流域治理目标的升级，完全有可能和必要对流域空间进行重构。显然，此类手段的缺失，不仅在相当程度上减损了法律机制应有的动态化、过程性和方法性，更对流域经济社会的发展和流域治理造成了法治障碍。

第二节　长江流域治理机制法治化的逻辑与展开

理论上，治理主张政府但又并不限于政府的一套社会公共机构和行为者，也即在政府之外，希望发掘更多的力量（如市场、公众、企业等）来参与公共服务的提供。[2]相比传统的统治、管理，治理显然是更加的科学、文明、高尚、进步。[3]自党的十八届三中全会报告将"推进国家治理体系和治理能力现代化"作为"全面深化改革的总目标"以来，治理正在逐步深入我国社会的各个领域、各个方面。其中，作为人类社会生产生活的必要物质支撑和载体，流域的治理关乎生态文明建设的大局，已成为重要的治理议题和治理领域。特别是，习近平总书记近年来先后考察了长江、黄河等流域，对我国的流域治理工作多次发表重要讲话、作出重要指示。这表明，流域治理在推进生态文明建设、实现国家治理现代化的进程中，被摆在了更加突出的位置。

法治既是现代国家最基本的治国方略，更是实现国家治理现代化的基石。因此，流域治理的法治化是实现流域治理的题中应有之义。但实现流域治理，需要通过治理体制（主体及其相互关系）的构造、治理手

---

〔1〕　See Marta Terrado, Andrea Momblanch, Monica Bardina, Laurie Boithias, Antoni Munne, SergiSabater, Abel Solera, Vicenc Acuna, "Integrating ecosystem services in river basin management plans", *Journal of Applied Ecology*, No. 53. , 2016.

〔2〕　参见王勇："论流域政府间横向协调机制——流域水资源消费负外部性治理的视阈"，载《公共管理学报》2009 年第 1 期。

〔3〕　参见许耀桐："应提'国家治理现代化'"，载《北京日报》2014 年 6 月 30 日，第 18 版。

段与工具以及治理制度安排（包括正式与非正式）的运行，取得一种最佳的组合效用。这不仅是一套静态的制度体系，更是一个动态的系统性治理过程。而通常认为，法律对于某一特定社会领域的调整，是通过法律规范及其集合——法律制度甚至法律体系，在主体间配置相应的权利（力）义务来加以实现的。显然，这是一种静态的法律观，与流域治理的动态性、过程性难以充分契合。有鉴于此，当最初意指"机器的构造和工作原理"的"机制"被引入法律领域进而形成"法律机制"的范畴之后，无疑就为流域治理的法治化提供了一种新的路径。这是因为，法律机制不仅关注对流域治理进行规制的法律规范，更关注法律作用于事实世界的根据、原理、程序和方法等动态化过程。[1]它反映了人们不再满足于静止地、孤立地分析法律现象，而是要在运动中、相互联系和相互制约中来研究和认识法是怎样在生活中起作用的。[2]正因如此，相比法律规范、法律制度甚至法律体系，在实现流域治理的法治化进程中，流域治理法律机制无疑更具理论研究意义和实践价值。

一、流域法律属性的再认识：长江流域治理机制新法理的逻辑起点

在概念清单中，流域只是一个"边疆概念"；在规范丛林中，流域法规范只是散见于政策文本与法律规范的一种"稀有物种"；在法治类型中，流域法治只是一个被忽视的"边缘现象"。尽管现行政策、法律规范中流域元素的权重不断提升，但在法学理论上，对于"流域"一词的描述和理解都十分薄弱，流域法治研究与实践整体仍落后。从已有经验来看，对于如何实现流域、跨流域的生态文明建设协调与统筹，始终缺乏充足的心理认同、切实经验与法治应对。由于生态文明的顶层设计、经济社会的现实需求以及法治的实践回应，流域、流域法规范以及流域法

---

〔1〕　参见谢晖、陈金钊：《法理学》，高等教育出版社 2005 年版，第 215 页。
〔2〕　参见孙国华、朱景文主编：《法理学》，中国人民大学出版社 2004 年版，第 237 页。

治等，已经从法治的边缘正式走向了中心地带。欲构建流域法治，实现长江流域空间的法治化，必须：（1）立足"流域""流域法治""长江流域立法"，流域空间的自然单元、社会经济单元与管理单元等多元属性，决定了流域的法律属性，赋予流域空间法律的色彩与基因，奠定了长江流域立法新法理的逻辑起点。（2）流域法律关系作为环境法律关系的一种特殊构造与具体类型，更为复杂、多元与综合。流域法律关系本质——流域空间的法律化和法律的流域空间化，蕴含着长江流域立法新法理的变革要素。（3）各国流域治理过程中流域法治的勃兴，昭示着法治类型的空间转向。长江流域空间与抽象法治的化合结晶，塑造了长江流域立法新法理的理论依归。（4）从流域到流域法治、从流域立法到长江流域立法的逻辑与展开，构建了从流域法治到长江流域立法实践的法理基础。完成从事理到法理的转变，有助于推动流域法治的转型与创新。

空间是行政、市场与社会等一切行为的载体，自然成为赋予其他概念以意义的决定性来源[1]，空间性因此成为洞察人类社会的重要维度。空间的变迁孕育着法律的演化，空间面貌在历史长河中漫不经心地步履身后往往寓意着法律亦步亦趋的嬗变[2]。法律与空间共同积极地型塑和构筑社会，而法律与空间在这一过程中持续不断地再生产着[3]。当将空间引入法律时，空间的复杂性为其带来了挑战与机遇：挑战是指空间的复杂性使得法律的稳定性和可预期性特征受到冲击，而机遇则是它使法律无法解决的普遍性与特殊性的悖论得以缓解，促使法律不断地自我超越[4]。环境法理论供给与制度设计必然更多地依赖空间的给定属性，与空间勾连更深、关联更广。

---

〔1〕 参见景天魁等：《时空社会学：拓展和创新》，北京师范大学出版社 2017 年版。

〔2〕 参见朱垭梁："法律中的空间现象研究"，载《湖北社会科学》2015 年第 8 期。

〔3〕 See Sarah Blandy, David Sibley, "Law, boundaries and the production of space", *Social & Legal Studies*, Vol. 19, No. 3. , 2010.

〔4〕 参见 [德] 尼克拉斯·卢曼：《法社会学》，宾凯、赵春燕译，上海人民出版社 2013 年版，第 187～202 页。

空间的各部分并非同质，时空差异性和人的不同利益诉求影响着法律的分布与运行，恰恰是空间治理的关键因素。作为特殊的空间构成，流域是以水为纽带和基础的自然空间单元，也是人类活动的社会空间单元，承载着区域与流域、上下游、左右岸等不同产业、行业与群体的利益交融，承接着大尺度、长时空、巨系统背景下不同文明形态的空间交汇。作为层次丰富、功能多样的复合系统，流域水循环已经把环境、社会和经济等众多过程连结起来，不仅构成经济社会发展的资源基础、生态环境的控制因素，同时也是诸多生态问题、经济社会问题的共同症结所在。流域空间的高度集成性、目标冲突性，铸就了流域的多种面向。在不同情境与话语下，流域叠加了自然、经济、生态以及法律的多元属性，折射出自然单元、社会经济单元、管理单元以及法律单元的多维面相。

（一）自然单元

狭义的流域聚焦流域的水文学自然特征，指一条河流的集水区域，其边界为某一河流集水区的周边分水岭。从早期文明到现在，流域在支撑人类社会经济发展中一直扮演了重要角色，是人类生产生活中最为重要的地理生态单元之一。有效的流域管理对于可持续发展至关重要，许多政策制定者、研究者和水管理者倡导强化流域自然单元属性，从流域尺度去管理水资源。

（二）社会经济单元

广义的流域概念不仅包括流域内的水文网络，还包括流域内的人口、环境、资源、经济、文化等要素，是地球表面具有明确边界、因果关系的区域开发和保护实体，也是一个通过物质输移、能量流动、信息传递互相交织、互相制约组成的自然－社会－经济复合系统。与自然流域相比，社会流域的边界具有动态演变的特征，以社会水循环为基础，突出了社会水循环系统在流域可持续利用过程中的地位，并且在很大程度上解决了自然流域边界对行政单元的分割。由于社会流域与行政区域空间之间多会形成一种"嵌套"，一种常见的"嵌套"是一个大的流域可能

"嵌套"多个行政区域空间[1]，导致社会及行政单元的现有边界在运用上的便利与按水文边界重新组合空间单元的逻辑性，常常存在权衡取舍的困难。流域管理需要理解不同"社会空间尺度"的生态及社会过程，社会流域概念为流域管理和区域管理的协调提供了较好的尺度范围。

（三）管理单元

顺应水资源的自然运动规律和经济社会特征，人们逐渐意识到，以"可管理的流域"为单元，对水资源实行综合治理，可使流域水资源的整体功能得以充分发挥。实践证明，流域综合管理必须立足全流域，基于流域生态系统内在的规律和联系来管理流域内的水资源，这才是进行流域综合管理、推动流域经济发展的最佳途径[2]。传统基于自然水文循环过程划定的流域，很少能够与社会景观相吻合，与社会政治单元更常常不一致。为流域属性注入管理要素，通过行政边界与水文边界的协调去促进水管理的便利，是水资源管理的聪明理念。

（四）法律单元

流域空间的多元属性决定了流域的法律属性：各单元属性之间的矛盾张力、水功能要素的冲突、相关主体的利益博弈等，为利用法律手段管理流域提出了内在需求。例如，正义和合理性在不同的空间具有不同的意义，空间的合理性和正义已经成为一个重要研究论题[3]；又如，环境侵害涉及跨介质和跨区域层面，或者说自然意义上的空间维度和人文意义上的空间维度，涉及环境侵害对于个人、地方、跨区域等的影响[4]。在流域空

---

〔1〕 参见洪名勇等：《生态经济的制度逻辑》，中国经济出版社 2013 年版，第 72 页。

〔2〕 参见袁瑛："河流是一个完整的社会—经济—自然复合生态系统专访——世界自然基金会全球总干事詹姆士·李普"，载《商务周刊》2007 年第 9 期。

〔3〕 参见凌维慈："城市土地国家所有制背景下的正义城市实现路径"，载《浙江学刊》2019 年第 1 期。

〔4〕 参见陈延辉："现代环境法发展的维度思考"，载《中山大学学报(社会科学版)》2004 年第 1 期。

间认知中，自然单元面相最清晰，法律单元面相最为模糊和不彰。流域尺度的水资源管理应遵循从自然流域拓展为社会流域、管理流域，进而演化为法律流域的逻辑，赋予流域空间法律的色彩与基因。

二、流域法律关系：长江流域治理机制新法理的变革要素

（一）生态环境问题造就了环境法律关系的特殊性

要将环境法律关系从纷繁复杂的社会关系中界定清楚，关键在于选取社会生活中的何种"场景"及"过程"以及裁剪的方法。法律关系是一个由各种各样的权利、权能、义务和法律上的拘束等形式组成的一个整体，是一个有机结构组合[1]。环境社会关系的广泛性和复杂性，导致环境法律关系的种类与性质比传统法律关系更为多元，也使得环境法律规范呈现出明显的复合性[2]，环境法律关系特质因此更加鲜明。以环境法律规范为基础、法律主体间的互动关系、以环境为媒介形成以及广泛性和复杂性兼具。

1. 流域法律关系更为复杂、多元与综合

环境定义的模糊性、环境要素的多样性、环境法律规范的复合性[3]，塑造了环境法律关系的多重结构、多种样态。将环境法律关系情境化、具体化到流域空间，流域法律关系更为复杂、多元与综合。流域范围跨度大，各空间要素区段性和差异性明显，导致上下游、左右岸和干支流在自然条件、地理位置和经济社会等方面有所不同。长江流域内空间差异极大，自然要素、社会经济要素、管理要素与法律要素等相互叠加，各层次法律运行也有所不同，涉及环境权、生存权与发展权等权利的优

---

〔1〕 参见［德］卡尔·拉伦茨：《德国民法通论》，邵建东等译，法律出版社2004年版，第268页。

〔2〕 参见吕忠梅："环境法律关系特性探究"，载秦天宝主编：《环境法评论》，中国社会科学出版社2018年版，第7页。

〔3〕 参见吕忠梅：《环境法原理》，复旦大学出版社2017年版，第124~135页。

化配置，涉及国家发展战略的落地与复杂多元利益的考量，涉及流域治理体制机制的优化与选择等。这意味着，长江流域保护、开发与利用的多目标诉求，以水为纽带的多要素集成，以流域资源配置为中心的多元化利用，在同一空间维度上生成、叠加了相互嵌套的经济关系、社会关系与文化关系……长江流域的复合性、异质性关系抽象为法律关系，致使流域法律关系纵横交错。

以河道采砂为例。河道采砂关系到河势稳定、防洪安全、通航安全、砂石资源开发利用乃至生态环境、社会治安等诸多方面，是一项涉及面广、涉及行业较多、涉及多职能部门的复杂水事活动。按照《水法》《中华人民共和国河道管理条例》规定，河道采砂涉及多种法益，必须对其予以行政许可管理，但河道采砂许可制度实施办法一直未能出台。在公开拍卖河道采砂许可中容易出现拍卖价格虚高，难以获得合理收益的情况。即使取得河道采砂许可，开采过程中也难以实现全过程监管，超范围、裁量开采现象普遍。作为河道采砂许可支撑的河道采砂规划由于涉及范围广，无法进行完整的勘探，水下砂石储藏情况难以摸清；在规划批准过程中又需要平衡不同地区、不同部门的利益，科学性和指导作用不足。规划确定的河砂可采量小，市场被非法开采的河砂充斥[1]。这些非法采砂船不择地点、不分时间，肆意乱采，严重影响江河行洪及航行安全，成为长江生态遭受破坏的"黑手"之一。严打非法采砂，始终是保护长江重要内容。2016 年最高人民法院，最高人民检察院公布的《关于办理非法采矿、破坏性采矿刑事案件适用法律若干问题的解释》，明确了河道管理范围内非法采砂，符合规定的以非法采矿罪定罪处罚。综上，河道采砂既涉及河道采砂规划、河道采砂许可等行政法律关系，也涉及河道采砂许可的拍卖、交易等民事法律关系，甚至涉及因触犯刑法而以"非法采矿罪"追究刑事责任的刑事法律关系，殊为复杂。

---

〔1〕 参见范小伟、刘颖："对河道采砂管理供给侧改革的思考"，载《中国水利》2018 年第 8 期。

2. 流域法律关系本质：流域空间的法律化和法律的流域空间化

人是一种实践主体存在，流域空间是人类实践的对象。流域各相关主体的行为在流域空间中展开[1]，形成了各种经济社会关系。以环境法的空间视角审视流域法律关系，其实际经历了流域空间的法律化和法律的流域空间化的双向型构：流域空间的法律化是指作为一种物理存在的空间，经由人类的改造获得主观意义并进而成为法律文本的过程和事实；法律的流域空间化则是指作为一种文本和符号的法律，规范、调整各种流域空间的过程和事实。

（1）流域空间的法律化。如果一个特殊的空间单元源自多重的时间和空间途径，精心设计的法律治理必须通盘考虑这些复杂的要素。流域空间的法律化要求实现流域内空间资源的优化配置、空间秩序的塑造保障以及空间规则的生成确认，实质上是将流域整体空间与组成流域的各要素符号化，将流域内的河流山川、山水林田湖以及附着于其上的经济、社会关系高度抽象为法律图景的过程。

法律所调整的流域经济社会关系，某种程度上都是不同尺度的空间关系，故流域立法可谓是调整流域空间关系的法律规范。以主体功能区为例，优化空间结构是绿色发展、经济转型、提升可持续发展能力的最主要抓手之一。作为我国独创的国土空间开发的战略性、基础性规划，主体功能区规划对于形成人口、经济、资源环境相协调的空间开发格局具有重要作用，对经济发展、资源管制、政府绩效、府际关系等产生越来越大的约束力。加强生态空间管控，就是要制定生态空间生态环境保护清单，推动生态环境保护清单式管理，纳入地方党委政府综合决策[2]。因此，要"按照生态功能极重要、生态环境极敏感"需要实施最严格管控，切实加强生态空间管控，提升生态空间规模质量。

---

〔1〕　参见朱垭梁：《法律的空间意象性》，法律出版社 2017 年版，第 216～227 页。

〔2〕　参见秋缬滢："以最严管控提升生态空间规模质量"，载《环境保护》2018 年第 1 期。

作为中国尺度最大的空间单元，长江流域在相当程度上与长江经济带重叠。流域发展条件的复杂性堪称全国的缩影，是中国区域发展战略整体研究的典型样本。作为横跨我国东中西部的一级轴线，其改革开放以来的总体发展，具有与全国一致的典型性特征，如上中下游（东中西部）发展差异、经济发展的结构性矛盾、资源环境约束、水资源安全等。长江经济带位于中国自然景观、生态系统多样性最为丰富的区域，地处中国东西开放、南北协作的优越区位，国土开发与保护既要坚持一体化的框架，也要兼顾多样性的特征，遵循国土空间结构演化的基本规律，按"点、线、面"形式组织、塑造开放性国土空间结构[1]。空间布局是落实长江经济带功能定位及各项任务的载体，也是长江经济带战略规划的重点。其实质是以长江流域的"黄金水道"为核心，流域内各类要素在上中下游、东中西部跨区域有序自由流动和优化配置。其意味新形势下长江流域作为长江经济带这一国家战略支撑与载体，其内涵已经超出水体单元、水系单元的范畴，发展成为一个相对独立的国土空间开发单元。

空间维度越大，潜在的作用源和变量随之增加的可能性也越大，这使得因果关系的厘清趋于复杂化[2]。将如此复杂的国土空间单元诸多要素，通过法律技术手段加以保护、开发与利用，厘清法律界限，难度不言而喻：如何界定"长江流域"这一个基石范畴，划定该国土空间开发单元边界，将所有涉水要素"全息投影"于立法文本，涉及长江流域内人地关系、人水关系等基础关系的识别与认知；如何将主体功能区规划、长江经济带发展规划纲要等政策与环境法律制度相衔接、实施，规范、有效地实施主体功能区规划，如何推动主体功能区规划法治化，通过立法解决

---

〔1〕 参见王传胜等："长江经济带国土空间结构优化研究"，载《中国科学院院刊》2016 年第 1 期。

〔2〕 参见［美］理查德·拉撒路斯：《环境法的形成》，庄汉译，中国社会科学出版社 2017 年版，第 20 页。

主体功能区规划的性质、多规衔接、生态补偿、府际合作等问题；[1]如何依靠法治手段保障各类规划的编制实施，推动环境法所承载的生态保护和可持续发展的目的与各类规划的要求相吻合等，形成了长江流域立法的基本诉求。

（2）法律的流域空间化。生态系统的空间维度、时间维度和复杂性，均对环境法的有效实施构成挑战。作为一个自然－社会－经济有机复合系统，长江流域幅员广大，资源环境承载力与国土开发适宜性空间分异显著，地域功能类型丰富。[2]流域空间内国家的政治经济目标，地方需求目标，加快发展和谨慎保护目标交织在一起，不同目标对地域空间的分类认识差异较大；上中下游、左右岸、干支流等水情、民情与社情等较为悬殊，民众对立法需求、法律诉求各不相同。

长时空、大尺度、巨系统背景下的长江流域立法，承担了流域空间法治化的重任，法治国情与法治前沿兼具：保护、开发与利用过程中各种利益深层次的法律调整，流域治理体制机制的重构与整合，各种类型的权力与权力、权力与权利高密度冲突的配置与协调，支撑性制度的整合与创新，呼吁着立法的介入与调整。然而长江流域法律制度整体供给不足，流域立法创新不够，难以应对长江经济带新时期发展的战略定位和实际需要。随着长江经济带的建设和发展，长江流域内外经济、社会与生态环境之间、地区间和部门间、各涉水产业之间用水矛盾日渐突出，关系协调和利益调整非常复杂，涉水纠纷日益涌现。各利益主体往往立足自身立场，将多元利益主张通过"法言法语"予以法律化的表达。但是现行的立法层级和立法模式，导致流域层次立法薄弱、制度间断裂和冲突严重，难以根本性地解决长江流域问题。必须通过综合立法，加强

---

〔1〕 参见宋彪："主体功能区规划的法律问题研究"，载《中州学刊》2016 年第 12 期。

〔2〕 参见唐常春、刘华丹："长江流域主体功能区建设的政府绩效考核体系建构"，载《经济地理》2015 年第 11 期。

长江流域层次立法，根据长江流域的多要素性（自然、行业、地区），与社会、经济、文化等复合交融性等特点，充分考虑长江流域生态系统与其他生态系统的关联性、与经济发展的同构性、流域治理开发保护与管理的特殊性，从制度上予以引导、规范、解决，以回应长江流域特殊的区位特征、特殊流域特性与特殊水事问题的现实需求。[1]因此，长江流域立法应当依照流域空间的规定性，按照主体功能导向、整体性和重点性、体现流域特色等原则，在共识性价值与原则指引下，差异化、针对性地构建上中下游、左右岸、干支流等单元的法律制度。

三、流域法治：长江流域治理机制新法理的理论依归

（一）流域法治勃兴是各国流域治理的必然趋势

法律在地理空间维度上是多元的，且多元的法律之间存在相互冲突和融合的张力。[2]不同尺度的空间中弥散和充斥着不同的法律，它们构成一个个完整的、内在结构独立的法治系统与规范体系，支配着人们的行为，塑造着空间的秩序。

1. 流域法治是法治类型的空间转向

（1）世界范围的流域法治类型多样但规律共通。法治形态的多样性，回应着经济社会的复杂性与演进性，展示着法学研究的新视角与增长域。法治的叙事方式与研究视角日益与各区域、各行业乃至各学科结合，呈现出精细化、具体化与本土化特性，勾勒出不同的地形与风貌，展示出区域法治、基层法治等不同类型"具体法治"[3]的诸多精彩。由于环境法治实践对"时空有宜"律而非行政区划模式的遵循，[4]并没有适合所

---

〔1〕 参见吕忠梅、陈虹："关于长江立法的思考"，载《环境保护》2016 年第 18 期。

〔2〕 参见朱垭梁：《法律的空间意象性》，法律出版社 2017 年版，第 74 页。

〔3〕 郝铁川："追求有中国特色的类型法治"，载《法制日报》2014 年 12 月 10 日，第 7 版。

〔4〕 参见杜群："规范语境下综合生态管理的概念和基本原则"，载《哈尔滨工业大学学报（社会科学版）》2015 年第 4 期。

有环境的单一规则。以立法位阶高低为标准而型构法律渊源形式的传统做法在环境法中已不合时宜，而各级各类地方性的、循特定自然环境之特殊性而动的法律形式成为环境法治实践中更为有效的制度规范。[1]复杂系统背景下流域空间的立法研究，亟待流域法治的指引，针对流域空间特定问题予以理论构建和综合因应。

人类自古依水而居，沿水开发，各国河流域多是经济繁华区、人口密集区。随着现代各国流域空间的迅猛发展，流域的功能更趋复杂，经济、社会与环境等各种功能之间的竞争加剧，依附于其上的多元利益冲突不断升级，迫切需要完整系统的制度性安排，以协调流域开发、保护与利用中可能普遍存在的流域功能与多元利益冲突，确定不同类型利益诉求的优先位序，建立保护利益诉求的基本规则和具体制度。流域水资源与国土空间、岸线、港口、航道、保护区等密切关联，引发了流域的上下游、左右岸、支干流、地表水与地下水等利益的冲突与矛盾，更由于流域管理体制的政出多门、相互分割，使得流域在生态保护、水资源配置、经济产业发展、污染防治等过程中呈现出差别较大的利益诉求，博弈激烈。作为流域法治发达国家代表，美国贡献良多——流域综合治理是科学利用水资源的必需。水的自然流域统一性和水的多功能统一性，客观上要求按流域实现统一管理；完善流域立法是提升流域治理效果的重要路径。已有立法因仅关注特殊污染源、污染物的治理和水资源利用，未能形成有效的整体环境管理路径，导致流域遭受多样化累积性环境影响[2]。各国各流域立法，需通过流域内水情、民情与社情的辨识以及流域立法实践的辨识，改革以往单项立法统一标准的制度框架，建立起凸显流域特色及综合治理的法律制度，以提升流域综合治理效果。

（2）中国流域法治样态勃兴。现代社会的复杂性已经超越以往任何

---

〔1〕　参见郭武："论中国第二代环境法的形成和发展趋势"，载《法商研究》2017年第1期。

〔2〕　参见郑雅方："美国流域治理法律制度发展述评"，载《法制与社会》2017年第24期。

社会，自然资源领域更是面临着资源耗竭以及与其密切相关的生态环境灾害、人体健康威胁等诸多不确定风险，这种不确定风险在提出自然资源地域差异化立法需求之外，对珍视确定性及统一性，强调权力运行合乎既定规则的法律治理也提出了更加严峻的挑战[1]。发现流域法治的内在生成与演化机理、法理基础，促进流域法治良性实践，则可能生成更多的制度模式，为法治发展提供新机遇。我国流域法治栖息、生成于流域空间中，对于流域尺度的法律治理，对流域公共产品的制度供给，也必须尊重流域自然、经济与社会属性，克服流域法治的障碍与困境，以法治思维与法治方法协调流域复杂的功能冲突与多元利益冲突，提升综合治理效果，实现流域和谐发展。只有通过流域法治，才能为流域可持续发展立规矩、硬约束并提供法治保障，才能将我国流域发展的国家战略通过法律的制度化、规范化、程序化安排落到实处。通过法律制度合理配置行政权力、界定市场主体的权利边界，建立府际与区际协调机制、监管机制、交易机制、公众参与机制、纠纷解决机制等系统性、整体性运行机制，引领流域经济转型与社会和谐发展。

2. 长江流域法治是长江流域空间与抽象法治的化合结晶

世界范围内，流域已成为影响各国竞争力的重要因素。同样，流域在我国国家战略、国土空间布局与经济发展战略的重要性不断彰显。伴随着社会经济的快速发展、累积性的环境污染、不合理的产业布局，流域性问题日益凸显。尽管各流域特点不同，但流域资源环境问题均在整体上呈现出多样化、复杂化、全局化和长期化的特征[2]：流域水污染日趋严峻，流域性环境问题已成复合污染态势；流域性环境突发事件不断发生，风险逐渐累积；流域环境质量和生态服务水平不断下降，生态修

---

〔1〕　参见宦吉娥等："地方性法规立法特色的实证研究——以湖北省自然资源地方性法规为样本"，载《中国地质大学学报（社会科学版）》2017 年第 2 期。

〔2〕　参见王毅等："改善流域环境质量：体制改革与优先行动"，载《环境保护》2007 年第 14 期。

复和环境治理的任务长期而艰巨。尤为典型的是，长江经济带国家战略的实施、开发频率和强度的加剧，长江流域所涉及利益范围更广、利益主体繁多、博弈强度更高，生态与环境问题的严重性以及流域管理的迫切性更突出，如不及时应对，用法治的思维预防系统性的风险和危机，将会引发严重的经济社会问题。鉴于此，我国环境法治尝试以流域为单元，予以相应制度设计，奠定优化流域治理、推进流域法治的基调，对于探讨各项水功能要素在流域内的优化组合与配置，优先试点建立流域环境综合管理体系，探索流域性环境保护体制改革，建立有法律约束力的流域协调机制等意义重大。而通过制定专门的《长江保护法》来统一协调、统一治理，方可能在大规模开放开发前统筹规划，处理好开发利用和保护之间的关系，将生态文明建设贯穿于经济社会发展的全过程，以促进整个流域经济社会可持续发展。

3. 长江流域法治建设亟待转型与创新

遗憾的是，尽管"流域"一词高频闪现于水事治理的政策文件、法律法规中，但其法理基础十分薄弱。从已有经验来看，流域法治整体落后，对于如何实现流域、跨流域的生态文明建设协调统筹，始终缺乏充足的心理认同、切实经验与法治应对。

流域治理是最需要体现整体性、系统性思维的典型领域之一。流域问题的复合性、跨域性与横断性，使得流域治理往往穿梭、往复于生态逻辑、社会逻辑和经济逻辑之中：现行水事法律制度的整合与重构、环保新常态下产业结构的调整和转型、日益分化的利益冲突与博弈、现行体制机制症结乃至整体治理模式的转型……相当程度上，流域治理考验着国家治理体系和治理能力。以问题集成为导向的流域治理，在不同层面上的连贯性——在流域保护、开发与利用等功能方面之间的横向连贯性；在不同层次、不同要素规范之间的纵向规范连贯性——必然导致内在的种种紧张与矛盾。按照流域的生态属性、经济特征与利益维度，构建多元共治的流域综合治理模式，提升流域治理能力与水平，寻求流域法治的综合应对，是人类尊重自然规律、尊重科学、尊重历史，实现人水和谐的必然要求。目前相关立法存在诸多弊端：各学科知识整合不足，规范零散割裂；污染防治和资源保护二元对立格局长期对峙乃至固化；在国家立法和地方立法之间，中观层面的流域立法极为薄弱，不能适应流域综合治理的趋势需要；对于水资源保护、开发、污染防治等功能的综合决策与一体化管理尚未实现，内在矛盾较为突出等。以流域为突破口，准确把握长江流域以水为核心的生态特征，系统性地应对水污染治理、水生态修复与水资源保护等问题，构建长江流域法治，将是生态文明法治建设的重要支撑。

中国的法治转型，呼唤着法学理论的创新。中国的环境法学面临着从"外来输入型"到"内生成长型"的转变，这种转变的前提是环境法基础理论必须建立在中国的生态文明发展道路、生态文明建设理论、生态文明体系逻辑之上。[1]"野蛮生长"的流域、流域法治等法律现象，正行进在从边疆、边缘走向法治中心地带的路途上。流域问题一旦进入法律的视野，即成为环境法学、行政法学乃至法理学研究的热点问题。长江流域立法作为一个具有丰富理论和现实需求的重大问题，涉及政治体制、决策机制和法治的一系列变革；涉及国家发展战略的落实与复杂多元利益的考量；涉及流域治理体制机制的优化与选择等。随着经济社会的发展，长江流域在国土空间格局管控、水资源合理配置、经济产业聚集以及社会治理水平优化的示范作用将会愈发突出，自然要素、经济社会要素、管理要素与法律要素相互叠加的长江流域将成为深化改革的"实验区"、社会治理的"样本区"、经济转型的"驱动力"以及环保法治创新的"突破口"。如果能在长江流域立法开创中国经验与中国叙事，必然反哺整个法治系统，成为社会主义法治系统变革的增长点和创新点。

---

〔1〕 参见吕忠梅："新时代环境法学研究思考"，载《中国政法大学学报》2018 年第 4 期。

四、流域空间：塑造长江流域治理机制的场域

诚然，流域有其自身的治理逻辑，治理机制亦有其追究的价值目标。但是，当二者统一于流域治理的法治实现过程之中时，流域与治理机制成为一个有机的整体。质言之，流域治理的法治实现过程，是治理机制与流域空间交换能量的过程。[1]一方面，治理机制为流域的治理提供保障；另一方面，流域作为治理机制的作用对象，也会反作用于治理机制进而对其产生塑造作用。因此，治理机制能否为流域治理提供保障，基本前提之一就是治理机制能否匹配流域对其的塑造作用。而相比其他治理对象，流域对治理机制最显著的塑造作用，盖系于其空间特性。申言之，流域是以水为核心要素和纽带而形成的特殊空间。正是由于这一特殊空间范围内缠绕的利益关系、承载的权力（利）义务，为法治的实现提供了场所，[2]也为治理机制作用于该治理对象提供了必要与可能。例如，世界范围内广泛存在的流域单行立法（如我国的《太湖流域管理条例》）就是对其空间性的一种显著地法治回应；再如，流域的空间范围还成为确定司法管辖权的重要依据。[3]可以说，流域对治理机制的塑造作用，突出地体现在空间对流域治理法律机制的塑造。具体而言，这种塑造作用体现在如下方面。

（一）塑造流域治理机制的维度

"维"是一种度量，"维度"间的相互联系即构成空间存在的基础。质言之，不同的空间维度与诸维度间不同的关系，是识别空间的基本指征。流域之所以被视为一类的特殊空间，首先就体现在该空间内的维度，

---

〔1〕　参见关保英："社会管理法律机制及其完善"，载《江西社会科学》2013 年第 2 期。

〔2〕　参见朱垭梁：《法律的空间意象性》，法律出版社 2017 年版，第 46 页。

〔3〕　例如，2019 年 1 月，经江苏省高级人民法院批准，宿迁市宿城区人民法院设立骆马湖流域环境资源法庭，集中管辖骆马湖流域宿迁市宿城区、宿豫区、沭阳县及徐州市新沂市一审民事、行政、刑事环境资源案件。

是以水为核心要素和纽带相互联系、相互作用的。水的可塑性与塑造性，是流域这一特殊治理对象所以存在的空间基础，这明显区别于一般意义上以行政区划为依据而形成的行政区域空间。具体而言，水的塑造性和可塑性，使得这一核心要素的存在样态是多元的。例如，流域内的干支流、湖泊和水库、湿地等。而且，不同样态各自的空间属性和功能既有联系又有差异，如干支流形成基本水道，水库能够调蓄发电，湿地则可涵养水源。上述水在流域空间的样态差异，就形成了多个空间维度。又鉴于维度如前所述是构成空间的基础，因而治理机制作用于流域治理，从空间的视角看首先就是作用于流域空间的相关维度上。为适应流域空间在维度上的前述特点，流域治理机制在整体上亦应匹配相应的维度属性。质言之，流域治理机制应当围绕水这一核心要素和纽带，特别是其差异化的样态及功能等，明确治理机制相应的作用维度。

（二）塑造流域治理机制的边界

因为治理问题所处的空间是可以延展的，但治理主体的行为是有边界的，只有将行为与问题实现空间上的对应，才能为有效治理提供基础性条件。[1]虽然维度是空间构成的基础，但诸维度本身并不天然地存在边界。由此可能导致，不仅各维度有可能无限延展从而直接影响空间的规模，而且诸维度间的相互联系也可能无限延展从而影响空间的治理内容与效果。尽管，流域因水这一核心要素和纽带的有限性，其空间本身不可能无限延展（即各流域在空间上大致是固定的、有限的）。但是，人类社会因水而兴、逐水而居的发展史说明，水作为生命之源、生产之基、生态之要，几乎可以与流域内经济社会发展的所有领域、要素相关联。如果流域空间内诸维度相互之间的联系不加以限制，那么作用于这一空

---

〔1〕 参见陈晓彤、杨雪冬："空间、城镇化与治理变革"，载《探索与争鸣》2013 年第 11 期。

间的流域治理法律机制，将可能因为系统的过于庞杂而失去其特有的价值和功能。相反，如果对流域空间内诸维度相互之间的联系过度限制，则又会使流域治理法律机制丧失其在流域治理中应有的效果。因此，理性认知流域治理机制这个人工系统的关键节点之一是边界问题，即法律机制系统边界的合理确定。一方面，其边界应该和其功能，即流域空间的治理目的和价值追求等相适应，不能过大也不能过小。另一方面，由于流域空间的治理目的和价值追求并非一成不变，故流域治理机制的边界确定，还需从考察治理机制如何作用其流域空间以及不断地评估其调整实效并完善之的实践理性出发，适时进行调整。[1]总言之，流域治理机制的边界应当处于一种适度、开放的状态。

（三）塑造流域治理机制的组织结构

如前所述，明确治理主体及其相互关系，是实现流域治理的基本内容之一。无独有偶，治理机制作用于社会生活，也必然要厘清所涉相关主体及其相互关系。唯有如此，法律规范及其配置给相关主体的法律权利（力）义务，才能够得以有序运行并发挥作用。因此，当二者统一于流域治理的法治实现过程中时，必然需要以流域治理的主体及其关系为基础，明确流域治理机制的组织结构。从空间的视角看，由于流域空间内往往会涉及多个行政区域空间，故流域治理的主体首先包括流域内有关政府（及其相关职能部门）。在此基础上，流域空间的核心要素和纽带是水，故流域治理中的非政府主体也具有明显的涉水属性。例如，排污企业、用水户（单位）、水工程建设单位、污水处理厂等。进而，流域治理中主体间的相互关系，总体上包括流域内有关政府主体之间的关系、流域内有关政府主体与非政府主体之间的关系以及非政府主体相互之间的关系。

---

〔1〕　参见蒋春华：“法律调整机制的认知分歧与弥合——一个人工系统功能实现视角下的思考”，载《广东社会科学》2019 年第 5 期。

基于上述流域治理主体及其相互关系的差异，流域治理机制的组织结构相应地存在下述四种基本类型：（1）科层型。即主要凭借政府（及其相关职能部门）的权力，通过对下级相关政府（及其相关职能部门）的控制和其他主体的监管，实现以流域为单元的一体化管理。（2）自主治理型。即流域空间内上下游、左右岸的相关政府及非政府主体，以类似自主治理的协议、协商等方式来独立应对流域治理事务、解决相关流域治理问题和纠纷。（3）市场型。即注重在相关主体间采用流域水权交易、流域政府间生态补偿、排污税费和排污权交易等市场化方式，以抑制流域治理中负外部性问题的发生。[1]（4）参与型。参与型治理在世界范围内日益增多，其中典型的适用领域就是流域。例如，欧盟《水框架指令》就规定了多种形式的公众参与。[2]相比而言，参与型组织结构更加强调各类、各级主体之间的对话与协作，即通过主体之间持续不断的对话，降低冲突，增加相互合作。[3]

（四）塑造流域治理机制的具体手段

当治理机制以其特定的组织结构作用于流域治理时，需要通过保证对治理过程能够产生有效法律影响的各种法律手段来具体实现。[4]有鉴于此，在相当程度和范围内，这些具体治理手段甚至被视为是流域治理机制本身。例如，管理机制、参与机制、市场机制、合作机制、协商机制、补偿机制、保障机制、责任机制、监督考核机制、纠纷解决机制等。[5]诚

---

〔1〕 参见王勇："论流域政府间横向协调机制——流域水资源消费负外部性治理的视阈"，载《公共管理学报》2009年第1期。

〔2〕 See David Benson, etc, "Evaluating participation in WFD river basin management in England and Wales: Processes, communities, outputs and outcomes," *Land Use Policy*, Vol. 38, 2014, pp. 213 - 222.

〔3〕 参见黎元生、胡熠："从科层到网络：流域治理机制创新的路径选择"，载《福州党校学报》2010年第2期。

〔4〕 参见孙国华、朱景文主编：《法理学》，中国人民大学出版社2004年，第244页。

〔5〕 参见胡德胜等："创新流域治理机制应以流域管理政务平台为抓手"，载《环境保护》2012年第13期。

然，对于流域治理机制而言，这些具体手段无疑是必要的。但是，上述手段对于包括流域治理内的各类法律机制而言具有普遍适用性，并不足以体现流域治理机制在具体手段上的特质。更何况，如果将前述"机制"改为静态的"制度"，似乎也并无不可。以上情况共同说明，作为流域治理机制的具体手段，应当同时满足如下条件：（1）体现法律机制有别于法律规范（制度、体系）的动态化、过程性和方法性；（2）适应流域治理的特殊需求。

上述条件，同样可以而且需要通过空间的视角加以塑造。因为理论上对于流域空间的治理，其主要方式包括空间塑造、空间修复和空间重构。如果上述方式得以机制化，则流域治理机制在理想状态下应顺次包括以下三类具体手段：（1）流域空间塑造手段。虽然，流域空间作为地理学意义上的自然单元是相对固定的，但其作为支撑人类经济社会发展的经济社会单元，进而作为治理单元，无疑是可以塑造的。更何况，流域空间内部的维度、边界、组织结构等本身就需要加以塑造。例如，依法为某些流域设立的专门管理机构，就是对流域空间治理主体的一种塑造。因此，塑造手段是治理机制作用于流域空间的起点。（2）流域空间修复法律手段。流域空间的塑造完成后，随着时间的推移，空间内外部相关因素可能会产生一定的变化。由此，必然导致流域空间内可能存在一定的障碍或不稳定因素，进而使空间偏离塑造的理想状态。此时，对于流域空间的修复就成为一种必要的法律手段。流域水污染防治的立法、执法及其取得的法律效果，无疑就是典型例证。（3）流域空间重构法律手段。当流域空间的修复手段不足以维系空间的状态，或流域空间的现状已经不能满足发展变化需要的情况时，对于流域空间的重构将成为必然选择。例如，流域空间受到自然灾害、突发事件等外界不可控因素的影响，此时就需要利用防灾减灾、应急管理等手段加以重构。

第三节 域外流域立法的发展及对长江流域治理机制的启示

一、域外流域立法的缘起

流域由基于水文循环的自然生态系统，以及基于水资源开发利用而形成的社会经济系统共同组成，是一个自然人文复合生态系统。从形成之日起，流域就是一个相对独立的自然地理系统。但是，流域空间作为一个独立单元进入法律，产生现代意义上独立的流域立法，经历了漫长的历史发展。

（一）流域问题的传统法调整阶段

20 世纪以前，法律上并无独立的流域概念。无论在法学观念上，还是在法律制度上，包括河流、湖泊在内的附属于土壤的任何东西都被视为土地的附属物而存在[1]。长期以来，受生产力发展水平限制，河流的用途主要与防洪、航行、捕鱼和灌溉等单一的使用功能有关，人们缺少对河流流域进行大尺度管理的需求和能力，开发利用范围局限于地表水流及其毗邻的河岸地带，远小于流域的自然空间。因河流利用而产生的有限的经济利益冲突，主要适用传统民法，特别是土地所有权规则派生而来的法律规则。起源于罗马法的公共信托原则提供了航行和捕鱼方面的公共权利[2]。来源于罗马法和中世纪习惯法的河岸权原则，成为解决水事纠纷的主要法律工具。根据河岸权原则，河流沿岸土地所有人有权对水进行合理使用，即"没有明显的减少、增加和改变水的特征和质量的使用"[3]。《法国民法

---

[1] 参见［英］F. H. 劳森、B. 拉登:《财产法》，施天涛等译，中国大百科全书出版社 1998 年版，第 20 ~ 21 页。

[2] 参见邱秋:《中国自然资源国家所有权制度研究》，科学出版社 2010 年版，第 60 ~ 61 页。

[3] See Jennifer Mckay, Simon Marsden, "Australia: The Problem of Sustainability in Water", in Joseph W. Dellapenna and Joyeeta Gupta eds. , *The Evolution of the Law and Politics of Water*, Springer, Wordrecht, 2009, pp. 175 – 188.

典》和英国普通法均吸收了河岸权原则，借助于它们的传播，河岸权原则在 19 世纪得以发展完备。河岸权原则承认与水流接界的土地所有者的社区利益，反映了水和流域单元的相互依赖，使流域更具凝聚力。美国、荷兰、英国、德国、日本等许多国家，为了防洪、排水等，制定了一些地方性或单项水法。但流域在法律上并没有成为独立的水资源管理单元，也不存在现代意义上的流域立法。

（二）现代流域立法的产生时期

现代流域立法的实践，源于法学界对流域管理理念的共识。流域管理概念产生于 20 世纪初期，早期主要关注流域的单项问题。以河流流域为单元来规划和管理河流、湖泊和相关地下水的利用，通过成文法和条约出现在法律中，是 20 世纪的概念[1]。

19 世纪后期，科技的巨大进步拓展了水的用途，水的有效利用将流域的社会经济单元扩展到流域的自然地理单元，扩大了法律上的流域尺度，成为在法律上将河流流域当作一个管理单元来规范的主要理由。20世纪是河流流域作为一个经济发展单元的黄金时代，经济发展是采用流域管理模式的主要动因。[2]伴随流域经济的空前发展，流域各种功能和利益之间的冲突也日益复杂。除传统的洪水防控、水权分配等流域事务以外，跨流域调水、修建水库等深度开发，对流域尺度的规范与协调，提出了越来越高的需求。20 世纪以来，流域尺度上的多元功能和利益冲突，已超越了传统民法以及地方性或单项水事立法的调整范围，迫切需要以流域作为水资源管理单元的新的法律形式。流域在法律上成为独立的水资源管理单元，标志着现代流域立法的产生。现代流域立法的实践在两个层面展开：一是普遍性流域立法，即用流域管理的理念，改造与环境

---

〔1〕　See Ludwik A Teclaff，"Evolution of The River Basin Concept in National and International Water Law"，*Natural Resources Journal*，Vol. 36，No. 2.，1996，pp. 359 – 391.

〔2〕　See N. Wengent，"The politics of River Basin Development"，*Political Law and Contemporary Problems*，Vol. 22，No. 2.，1957，pp. 258 – 275.

保护或水相关的国家或地方立法，建立起流域管理的理念和框架性规范；二是为某一特定流域制定流域特别立法。

许多国家在中央立法、地方立法和流域特别法中都贯彻了流域管理的理念，接受以流域空间作为水资源管理单元来解决各类流域问题。人们提倡流域是一个独特的经济地区，通过全流域立法，规划和监督所有资源一体化发展。在澳大利亚的达令－墨累河流域，长期适用英国普通法中的河岸权原则解决水事纠纷。经济发展导致激烈的用水之争，上游的维多利亚州、南澳大利亚州和下游的新南威尔士州分别出资创立了本州的人工运河分配制度，加剧了上下游之间的矛盾，地下水利用也出现"公地的悲剧"。为弥补河岸权制度的不足，1914 年联邦政府与上述三州共同签署了《墨累河水协定》，在法律上体现了流域单元和流域管理的理念。在美国，1933 年《田纳西河管理法》开创了通过法律授权成立流域管理机构，成为特别经济和社会目标自治流域实体的先河。1956 年，时任国务卿宣布河流流域发展是经济发展的本质特征。西班牙、意大利、法国不仅在单一河流上，而且在整个国家尺度上进行了流域规划和管理。在国际河流立法上，1950 年国际法委员会通过了流域一体化原则，并在1961 年的萨尔茨堡宣言中重申，1966 年国际法委员会的赫尔辛基规则充分体现了为国家发展而分享水资源的合作。

二、域外流域立法的综合化发展

综观美国、澳大利亚、欧盟、日本等流域立法较为成熟的国家，20世纪60 年代以后，流域立法普遍经历了综合化的发展变迁。

（一）流域立法综合化的主要表现

1. 流域立法从地方分散立法为主走向中央统一立法

流域事务曾经普遍被认为主要是地方事务，中央政府发挥的作用有限。美国境内大江大河大湖众多，是最早尝试流域综合管理和开始现代流域立法的国家之一。作为联邦制国家，1917 年密西西比河大洪水事件之前，流域事务一般由流经各州行使属地管辖权。在澳大利亚，1901 年成立联邦时，各州坚持在联邦宪法中规定："联邦不能通过任何贸易或商业法律或规章来削减州及其居民为了保护或者灌溉而合理使用河流水的权利。联邦可以拥有航运权，但也需要受到限制。"[1]在欧洲，国际河流或在一个独立国家内跨两个或两个以上次级政治区域的河流众多，跨界流域引发的冲突极为常见。但是，历史上各国普遍认为流域事务具有地方性，如法国 1964 年之前实行以省为基础的水资源管理，德国的流域水事立法也属于地方事务。20 世纪 60 年代以后，反思历史上流域管理成败的经验，流域管理不再仅仅被当作地方问题来看待，利用修改水法和相关立法的机会，各国将流域管理的理念和框架性制度统一规定在国家立法中。

2. 流域立法从单项立法走向综合立法

在美国，《水资源规划法案》（1965 年）是历史上第一部综合性全国流域立法，主要目标是优化水资源开发利用。20 世纪 70 年代以后，流域立法开始强调流域水生态环境保护、水安全及可持续发展。国家环境署还发布一系列具有指南意义的流域治理报告，如《流域保护途径》等，指导、协调流域各州进行流域综合治理，为流域管理提供统一规范。

在澳大利亚，1983 年的 Commonwealth v. Tasmania 案中，联邦政府成功阻止塔斯马尼亚州政府建设一座大坝，结束了完全由州控制的水资源管理政策[2]。20 世纪 80 年代，州际合作得以加强，因各州立法不同，南墨累河地区存在 183 种灌溉水权，每一类水权都有不同的权利内容、

---

〔1〕　See Jennifer Mckay, Simon Marsden, "Australia: The Problem of Sustainability in Water," in Joseph W. Deellapenna and Jeyeeta Gupta eds., *The Evolution of the Law and Politics of Water*, Springer, Dordrecht, 2009, pp. 175 – 188.

〔2〕　See Jennifer Mckay, Simon Marsden, "Australia: The Problem of Sustainability in Water," in Joseph W. Deellapenna and Jeyeeta Gupta eds., *The Evolution of the Law and Politics of Water*, Springer, Dordrecht, 2009, pp. 175 – 188.

时效期限和名称，使州际水权交易变得几乎不可能[1]。2007 年，澳大利亚按照流域综合管理理念制定了第一部全国性《水法》，标志着墨累－达令流域由原来的主要依托州的分散化立法转为强化联邦权力的流域统一立法，通过流域计划来统一流域内各州制定的水计划，要求流域内所有地表水和地下水都本着国家利益原则统一管理，优化经济、社会和环境结果，并使《拉姆萨尔湿地公约》等国际公约在澳大利亚得到实施。

欧盟一直致力于内部大范围的环境政策合作，进而推进跨界流域综合管理立法，成效显著。历史上，欧洲跨界河流争议主要集中于航行、防洪和灌溉等水量分配问题，《凡尔赛条约》（1919 年）、《多瑙河航行制度公约》（1948 年）等流域立法均以水量分配为主。20 世纪 70 年代后，欧盟流域立法的重点指向单项环境问题，水资源作为独立的环境要素得以保护。欧盟针对特定水体或污染源等单项水环境问题，颁布了《成员国抽取饮用水的地表水水质指令》以及《保护改善可养鱼淡水水质指令》等一系列涉水指令；并通过《杀虫剂指令》《硝酸盐指令》等农业和其他领域的政策工具，加强水体保护。以单项环境问题为主的流域立法发挥了重要作用，但不可避免地导致水政策法律结构复杂，内容零散破碎且存在诸多重叠。2000 年 12 月 22 日，欧盟《水框架指令》（WFD）正式颁布，为欧盟在水政策方面采取一体化行动建立了综合的法律框架。WFD 要求所有欧盟成员国必须按照指令的各项要求或为实现指令所规定的目标，规范本国的水资源管理体系和法律，是欧盟整合零散水资源法规，形成统一的水法框架的典范。流域管理是 WFD 的核心，所有水资源的管理都必须与水体的自然界限相符；流域管理规划包括地表淡水（湖泊、溪流、河流）、地下水、生态系统（如一些依赖于地下水的湿地）、

---

[1] See Jennifer Mckay, Simmon Marsden, "Australia: The Problem of Sustainability in Water", in Joseph W. Dellapenna and Joyeeta Gupta eds. , *The Evolution of the Law and Politics of Water*, Springer, Dordrecht, 2009, pp. 175 – 188.

海湾和沿海水域等。WFD 要求运用综合的管理方法来保证实现已被认可的目标（Art. 10 WFD），为欧洲国家提供了一套规则体系使得本国的水资源可以走向可持续的未来[1]。

在德国，1957 年，联邦议会通过《水平衡管理法》，形成了联邦范围内统一的水事法律框架。2009 年，该法得到全面修订，将欧盟《水框架指令》转化为国内法，并大量吸收各州水法，首次实现了全国统一的、直接适用的水事基本法[2]。20 世纪 80 年代以来，荷兰逐步整合其水法。2009 年，整合了八部单项水法的综合性的《水法》及其相关附属法规和实施细则生效，终止了每项水任务都有专门法律的高度碎片化的立法模式，改善了水法的内在一致性，从法律上实现水系统的综合管理。[3]在法国，1992 年颁布了新《水法》，规定法国"实行以自然水文流域为单元的流域管理模式"，以实现各种用途水的平衡管理以及各种形式水（海水、地表水、地下水、沿海水）的统一管理。2004 年，法国将欧盟《水框架指令》转化为国内法，确立了法国的水资源管理目标，以同欧盟的整体目标保持一致[4]。

在日本，19 世纪末，河流立法的主要目的是防洪。《河川法》（1964 年）确立了流域管理基本制度，与《工业用水法》《水资源开发促进法》等多部涉水法律，共同组成完善的水资源管理法律体系，为流域管理提供法律保障，并以流域水资源基本规划作为流域统一协调的技术基础。2014 年，日本通过了《水循环基本法》，认为要从流域的整

〔1〕　See Ingela Andersson, "Implementing the European Water Framework Directive at Local to Regional Level-Case study Northern Baltic Sea River Basin District", Stockholm: Institutionenförnaturgeografiochkvartärgeologi, Stockholms Universitet, 2011, pp. 31 –37.

〔2〕　See Timothy Moss, "Spatial Fit, from Panacea to Practice: Implementing the EU Water Framework Directive," *Ecology and society*, Vol. 17, No. 3., 2012.

〔3〕　See Van Rijswick, H. F. M. W, "Interaction between European and Dutch Water Law," in Stijn Reinhard and Wenk Folmer eds., *Water Policy in the Nether lands: Integrated Management in a Densely Populated Delta*, 2009, pp. 204 –224.

〔4〕　See Marta Giménez-Sánchez, The Implementation of the WFD in France and Spain: Building up the Future of Water in Europe, Victoria BC: University of Victoria, 2010, p. 61.

体出发考虑水循环过程及其产生的影响，因此必须进行流域综合和一体化管理。[1]《水循环基本法》相当于统一各单项立法的大纲，强调流域水资源统一管理，规定全国水资源由一个部门主管，协调多个分管部门，建立了级别很高的"水循环政策本部"，推动水资源利用的部门协调与管理。

3. 流域立法理论基础的综合化

生态系统方法、流域综合管理等与可持续发展相关的概念进入法律，为流域立法综合化提供了理论基础。自然资源管理中的"生态系统"一词可以追溯到 1972 年斯德哥尔摩人类环境会议。[2] 1978 年，加拿大和美国将生态系统方法用于《大湖水质协议》的污染控制[3]。随后，生态系统方法在法律中得到了广泛运用。例如，1994 年，国际法委员会在其草案的第 20 条中要求沿岸国家"保护国际河道的生态系统"，狭义解释为只适用于河流和水质。但是，欧洲经济委员会在其 1993 年版有关水资源管理生态系统方法的指导方针中，建议将整个流域作为综合生态系统水资源管理的自然单位。[4] 流域综合管理是与可持续发展联系在一起的另一个概念。1992 年，关于水资源和可持续发展的《都柏林宣言》指出，水资源的高效管理仰赖一种整体方法，将社会和经济发展与自然生态系统保护关联起来，并将整个流域或地下蓄水层的土地和用水关联起来。宣

---

〔1〕 参见内阁官房水循環政策本部事務局. 地域ブロック説明会資料：水循環基本法水循環基本計画，https://www.mhlw.go.jp/file/06-Seisakujouhou-10900000-Kenkoukyoku/0000133383.pdf，2019 – 08 – 30.

〔2〕 See U. N. General Assembly, Report of the United Nations Conference on the Human Environment, 1972.

〔3〕 See John R. Vallentyne and A. M. Beeton, "The 'Ecosystem' Approach to managing human uses and abuses of natural resources in the Great Lakes basin", *Environmental Conservation*, Vol. 15, No. 1., 1988, pp. 58 – 62.

〔4〕 See Peter J. Reynolds, "Ecosystem Approaches to River Basin Planning", in Jon Lundqvist, Ulnik Lohm and Malin Falkenmark eds., *Strategies for River Basin Management*, Springer, Dordrecht, 1985, pp. 41 – 48.

言明确支持河流流域作为规划、管理、保护生态系统和解决水资源冲突的单位[1]。1992 年联合国环境与发展会议进一步阐明，水资源综合管理的基础在于"水是生态系统的组成部分，是一种自然资源和经济产物，其数量和质量决定了水资源的利用"，强调"考虑到地表和地下水之间的现有内在联系，水资源综合管理应在流域或子流域层面进行"[2]。1994年，联合国可持续发展委员会提出综合管理建议，以整体方式调动和使用水资源，并敦促对国家、国际和所有适合层面河流和湖泊流域的综合管理和保护给予特别关注[3]。为应对 21 世纪全球规模的水危机，20 世纪 90 年代中期以来，许多国家提倡通过各种途径实现流域综合管理[4]。

（二）现代流域立法综合化的空间面向

现代流域立法的综合化，不仅是对"碎片化"的流域单项立法和地方立法进行整合的立法技术，更是法律对现代流域空间扩张的调整与适应。受生态系统方法、水资源综合管理理念的推动，法律上的流域概念不仅在 20 世纪得以形成，还经历了一个逐步向整体性和综合性迈进的过程[5]。流域空间外延和内涵的扩张，意味着流域功能更加广泛，流域空间内的多元利益博弈更为激烈，导致法律对流域空间不断进行重新定义和阐明，以更加综合化的立法来容纳和调整日益复杂的流域法律关系。

1. 现代流域空间的外延扩张

流域的核心要素是水，科技发展扩大了人类可利用的水资源类型。

---

〔1〕　See International Conference on Water and the Environment, The Dublin Statement on Water and Sustainable Development, un-documents. net/h2o – dub. htm. , 2019 – 2 – 10.

〔2〕　See U. N. Conference on Environment and Development, Agenda Item 21, 1992.

〔3〕　See U. N. Commission on Sustainable Development. Decisions, U. N. Doc. E/CN. 17/1994/L. 5, New York, United Nations, 1994.

〔4〕　See Adil Al Radif, "Integrated water resources management (IWRM): an approach to face the challenges of the next century and to avert future crises", *Desalination*, Vol. 124, No. 3. , 1999, pp. 145 – 153.

〔5〕　See Ludwik A. Teclaff, "Evolution of the River Basin Concept in National and International Water Law", *Natural Resources Journal*, Vol. 36, No. 2. , 1996, pp. 359 – 375.

20 世纪以来，法律上流域的概念逐步从地表水扩张到地下水、空气水等，流域所有的水资源被视为一个整体在法律上进行调控。二战前，地下水大多归属于土地所有权人。战后，出现了地下水作为流域的一个部分，将其纳入流域范围进行水行政管理的趋势。在美国，1950 年水资源政策委员会宣布，所有流域项目中都应包括地表水和地下水；1960 年的特拉华和萨斯奎哈纳河流域协议中，对大尺度的地下水和地表水进行联合利用；1974 年的哥伦比亚特区自然资源和环境保护法中，流域作为一个联合管理单元，涵盖了流域内地表水、地下水和空气水的联合利用。在国际法上，关于国际地下水的赫尔辛基规则像国际流域那样对待跨界含水层；1992 年的都柏林宣言，宣布规划和管理水资源的最合适的地理单元是河流流域，包括地表水和地下水。

2. 现代流域空间的内涵扩张

随着资源环境问题的发展，流域空间在法律上从一个水资源管理单元，成长为一个资源发展单元，其概念不仅扩展到与水相关的土地、大气、自然资源等，还增添了环境保护等生态功能方面的新元素。20 世纪 80 年代末期以来，环境顾虑使流域问题得到全新关注，污染控制、生态系统保护以及全球气候变化，开始成为流域单元的新元素。法律对流域的调整扩大到移除对淡水生态系统造成巨大损害的水利工程、努力改善鱼和野生生物的栖息地，提升流域尺度的生态系统恢复等。如美国 1990 年的特拉基水权解决法，为金字塔湖提供生态恢复；1992 年的中央山谷项目提升法，保护中央山谷和加利福利亚特里尼蒂河流域的河流和水流中的栖息地。

三、域外流域立法的模式选择

流域立法有普遍性流域立法和流域特别立法两种模式，前者普遍适用于所有流域，后者则仅适用于特定的具体流域。普遍性流域立法并不能完全替代对特定流域的专门立法。尽管流域特别立法的实践十分丰富，形式不一而足，但并不是所有的国家都有流域特别法，一国范围内也不是每个流域都有流域特别法。是否为特定的流域立法，除了政治制度的影响，通常还考虑以下因素。

（一）流域自然地理因素

是否制定流域特别法，与所在国家和流域的自然地理条件相关。欧洲河网稠密，国家林立，成为全球国际河流最多的地区。根据《欧盟水框架指令》，欧盟将境内的所有河流划分为 128 个流域区，其中 49 个跨域了国家边界。[1]为解决跨界流域导致的冲突与合作，欧洲成为全球流域协议最多的地区，莱茵河、多瑙河等大型国际河流均制定了流域特别法。日本河流众多，受岛国地理环境的影响，河流长度和流域面积均较小：最长的河流为 367 公里的信浓川；流域面积最大的河流利根川全长仅 322 公里。因幅员有限，河流较短，流域差别相对小，日本主要通过《河川法》《水循环基本法》等普遍性流域立法来实现流域管理。

（二）流域社会经济因素

流域社会经济系统的活跃度和重要性，是流域特别立法的催化剂。大规模的流域经济开发利用活动往往伴随着流域特别立法。美国田纳西河流域受经济危机和环境恶化影响，一度沦为全美最贫困地区，流域内开发利用的地方矛盾增多，1933 年通过的《田纳西流域管理局法》，为重塑流域经济提供法律支撑。罗纳河是法国第二大河和重要的政治、文化和经济中心，法国对其制定广泛的开发计划的同时，1921 年国会通过立法，从水电、航运、农业灌溉等方面对罗纳河流域进行综合开发治理，保障其成为流域综合开发与管理的成功范例。澳大利亚为墨累－达令河制定流域特别法，该水系是澳洲大陆最大和唯一发育完整的水系，更是

---

〔1〕　See Nicolos W. Jager, etc, "Transforming European water governance? Participation and River Basin Management under the EU Water Framework Directive in 13 Member States", *Water*, Vol. 8, No. 4. , 2016.

澳大利亚经济的关键，农业的"心脏"和食物的"摇篮"[1]。德国为鲁尔河、加拿大为其第一长河马更些河，以及亚马逊河、尼罗河等国际河流流经流域制定流域特别法，均与流域大规模经济开发利用规划直接相关。

（三）流域功能定位因素

普遍性流域立法同样可以适用于具体流域，它们会针对每个流域特殊的地理、人文环境而调整到适合的形态。当流域功能较为单一，流域问题相对简单时，在普遍性流域立法框架下也能较好地实现流域综合管理。如简单的流域航道问题通过项目治理就能实现，无需专门制定流域特别法。但是，当流域功能越是趋向多元时，流域问题和流域法律关系就越复杂，用普遍性流域立法的一般规则，很难有效协调流域的各种社会、经济、生态功能之间的冲突，以及附着其上的利益冲突。流域特别法可以专门针对本流域的多元功能予以特别的制度设计，更具实效。

（四）流域问题特殊性因素

普遍性立法难以解决具体流域的特殊问题。流域管理具有多样性和范围的差异性，每一个流域面临的主要问题，流域管理的主要目标、范围和尺度，流域问题协调的难度都不相同。流域综合管理也是一个长期的过程，必须根据流域的条件和情形，而不能复制其他流域的管理模式[2]。如果具体流域的问题具有很强的特殊性，普遍性流域立法提供的框架性制度，实施时就很难转化为具体流域的实际行动，需要制定流域特别法，来应对流域特殊问题。例如，"墨累－达令流域对澳大利亚国家政治、经济

---

〔1〕 See Dauid Dreverman, "Responding to Extreme Drought in the Murray-Darling Basin, Australia", in Kurt Schwabe, etc eds., *Drought in Arid and Semi-Arid Regions*, Springer, Dordrecht, 2013, pp. 425 – 435.

〔2〕 See Yahia Abdel Mageed, "The Integrated River Basin Development; The Challenges to the Nile Basin Countries", in Jon Lurdqtust, Ulnik Lohm, Malin Falkenmar eds., *Strategies for river Basin Management*, Springer, Dordrecht, pp. 151 – 160.

是如此重要，一方面需要授权联邦政府更强有力的参与、管理，另一方面由于墨累－达令流域本身的状况是独一无二的，已经建立的一系列同时也适用于其他流域的、统一的国家法律、政策并不必然对流域管理有效。因此，建立一套单独适用于墨累－达令流域的制度安排成为现实必要"〔1〕。

四、域外流域立法的发展对长江流域治理机制的启示

作为一部"史无前例"的水事法律，《长江保护法》首先要明确其在法律体系中的定位，特别是立法的层级定位、内容定位和适用空间定位，方能理顺与其他法律法规之间的关系。域外流域立法发展变迁的普遍规律，丰富了我国流域立法的理论基础，更为明确《长江保护法》的定位提供了有益借鉴。

（一）立法层级：《长江保护法》是流域特别法

在我国水事立法体系中，存在着"全国性水事立法—流域性水事立法—地方性水事立法"三个层面的水事立法。《长江保护法》是流域特别法，是水事立法的新类型。它以《水法》《水污染防治法》《中华人民共和国水土保持法》《中华人民共和国防洪法》等全国性水事立法为上位法，长江流域内各行政区域的地方性立法，是《长江保护法》的下位法，不能与之相冲突。

综观域外流域立法发展变迁的理论与实践，流域特别法为具体流域"自然地理－社会经济"复合生态系统的特殊性和复杂性流域问题提供法律供给，具有独立的意义。《长江保护法》作为一部流域特别法，不是过渡性立法，未来不能被全国性水事立法和地方性水事立法所替代。其一，

---

〔1〕　See W. Blomquist，B. Haisman，A. Dinar and A. Bhat，"Australia：Murray-Darling Basin"，in Karin E. Kemper，Arnel Dirar and Wolliam Blomquist eds.，*Integrated River Basin Management through Decentralization*，Springer，Berlin，Heidelberg，2007，pp. 65－82.

长江极其特殊，长江流域面临许多本流域的特殊性问题。长江拥有独一无二的生态系统，面临大量流域特殊生态问题，如上游水能资源过度开发导致部分河道断流，中游江湖关系发生重大变化，河口地区咸潮入侵加剧等；长江经济带更是实施国家发展战略的流域经济区，实行"共抓大保护，不搞大开发"的特殊政治、经济和生态政策。虽然有的国家仅通过普遍性立法就可以规范流域问题，但这些国家一般幅员较小，流域间的差异性相对较小。美国、欧盟及欧盟主要国家、澳大利亚等，在制定普遍性流域立法的同时，均对本国具有特殊自然人文复合生态系统的大江大河制定流域特别法。中国幅员辽阔，流域空间的内部差异极大，即使未来普遍性流域立法得以完善，也需要流域特别法解决长江流域的特殊问题。其二，长江是我国流域功能最复杂的大江大河，长江经济带发展国家战略赋予长江流域实施绿色发展的重任，又进一步放大了这种复杂性。长江流域涉及 19 个省、自治区、直辖市和 12 个行业部门，上、中、下游情况各异，地方和部门利益关系错综复杂。作为流域特别法，《长江保护法》应着力解决涉及全流域的重大问题和长江的特殊问题，协调现有立法冲突、填补立法空白，国家和地方层面相关立法已解决的问题不必重复规定。

（二）立法内容：《长江保护法》是流域综合法

《长江保护法》在内容上存在着综合性的保护、开发、利用法与单项保护法的不同选择。回顾域外流域立法的发展变迁，20 世纪 60 年代以后，伴随法律上流域空间概念逐步向综合性和整体性迈进，将流域开发、利用和保护等统一在一部法中是流域立法的趋势。

长江流域是世界水资源开发、调度频率和强度最高的流域之一，居民对生态资源的生存依赖度极高。"共抓大保护、不搞大开发"要求以生态保护引领长江流域经济转型与社会和谐发展，克服当前单项立法间的冲突重叠，为长江大保护提供流域高质量发展的绿色产业支撑。《长江保护法》应建立在广泛的公共利益的基础上[1]。域外流域立法从地方分散立法为主走向中央统一立法，从单项立法走向综合性立法的规律启示，《长江保护法》应定位于实行流域治理的综合法，面向"以水为核心要素的国土空间"，在流域生态系统的尺度，整合涉水单项立法，将"保障流域水安全、保障流域水资源公平配置、促进流域可持续发展"作为目的，以统筹长江流域保护和开发、利用的综合决策，提升法律制度的整体性、系统性、协调性。为此，《长江保护法》需确定不同类型法律权利的优先位序，建立权利冲突的基本规则和具体制度，为协调流域功能冲突与多元利益冲突，提供系统的制度性方案。

（三）适用空间：《长江保护法》仅适用于长江流域

作为流域特别法，《长江保护法》仅适用于长江流域。这种以国家法律的形式为特定的河流流域立法的立法模式，未来能否由长江推广复制到黄河、珠江等其他大河流域，在我国水事立法体系中增添"黄河保护法""珠江保护法"等系列新的流域特别法律，需深入研究。

流域空间是自然人文复合生态系统，各大流域皆有突出的环境问题，但流域环境问题并不必然催生流域特别立法。域外经验表明，是否制定流域特别立法，受到政治制度、自然地理条件、经济社会发展、流域功能的复杂性，以及流域特殊性等诸多因素的影响，尤其是大规模的流域经济开发利用活动往往伴随着流域特别立法。随着长江经济带建设上升为国家战略，长江流域成为我国重点开发开放的地区，实现绿色发展、高质量发展的先行先试区，与其他大河流域相比，长江流域空间在相当长的时期内具有自然人文复合条件的特殊性。为保证长江经济带高质量发展，必须通过专门立法，为长江流域资源保护提供顶层设计与制度创新。目前，黄河、珠江等其他大河流域实施的流域发展战略各不相同，

---

〔1〕　参见王树义、赵小姣："长江流域生态环境协商共治模式初探"，载《中国人口·资源与环境》2019 年第 8 期。

流域功能相对简单，是否复制《长江保护法》的立法模式要认真研究其相应的政治基础和社会经济条件。借鉴域外经验，未来完善我国水事立法需双管齐下，一方面，以流域综合管理的理念，对涉水四法等全国性单项水事立法予以综合化改造，完善普遍性流域立法，通过流域规划、流域综合管理等制度来解决各大流域的共性问题；另一方面，在其他大河流域的个性问题尚不足以催生流域特别法律时，以行政法规、地方立法来补充规范不同流域的个性问题，条件成熟时，适时制定流域特别法律以弥补普遍性流域立法的不足。

第四节　完善长江流域治理机制的切入点——长江保护立法

无论是我国的现实需要还是域外立法经验都表明，要解决长江流域治理机制现存的问题，需要为长江保护专门立法，而为长江立良法的前提是确定长江保护法的价值取向。习近平总书记提出的"生态优先、绿色发展"目标，应通过法律语言的转换，具体化流域安全、流域公平、流域可持续发展的立法价值取向。长江保护立法是在一定价值取向指引下对权利义务、权力责任等立法资源的配置过程，从立法技术和方法上，应注重优化立法资源，厘清长江保护法的基本概念，合理借鉴国外经验，明确立法技术路径；按照发展与环境综合决策原则，合理配置政府事权，建立实现"绿色发展"决策体制；建立以实现绿色发展为目标的多元共治机制，广泛鼓励公众参与。

一、确定长江保护立法的价值取向

法律具有行为规则和价值导向的双重功能，任何立法活动都不是单纯的规则制定过程，而是通过立法活动表达、传递和推行一定的价值目标或价值追求。立法活动是一定价值取向指引下的国家行为，申言之，价值取向是立法的思想先导。如果说，长江流域生态环境恶化是法律上的权利严重冲突导致的事实后果，而缺乏专门的长江立法是客观原因，那么，为长江立法尤其是立良法的前提是解决立法的价值观问题。正如习近平总书记所指出的，推动长江经济带绿色发展首先要解决思想认识问题，特别是不能把生态环境保护和经济发展割裂开来，更不能对立起来。要坚决摒弃以牺牲环境为代价换取一时经济发展的做法。有的同志对生态环境保护蕴含的潜在需求认识不清晰，对这些需求可能激发出来的供给、形成的新的增长点认识不到位，对把绿水青山转化成金山银山的路径方法探索不深入。一定要从思想认识和具体行动上来一个根本转变。总书记还特别强调，正确把握生态环境保护和经济发展的关系，探索协同推进生态优先和绿色发展新路子。推动长江经济带探索生态优先、绿色发展的新路子，关键是要处理好绿水青山和金山银山的关系。这不仅是实现可持续发展的内在要求，而且是推进现代化建设的重大原则。生态环境保护和经济发展不是矛盾对立的关系，而是辩证统一的关系。生态环境保护的成败归根到底取决于经济结构和经济发展方式。发展经济不能对资源和生态环境竭泽而渔，生态环境保护也不是舍弃经济发展而缘木求鱼，要坚持在发展中保护、在保护中发展，实现经济社会发展与人口、资源、环境相协调，使绿水青山产生巨大生态效益、经济效益、社会效益。习近平总书记的重要讲话为长江保护法的制定指明了方向，利益的取舍、规则的设计都必须以实现"生态优先、绿色发展"为目标，这个目标可具体化为流域安全、流域公平、流域可持续发展的立法价值取向。

（一）确立价值取向是长江保护立法的内在需求

从立法活动的规律看，立法的价值取向并不是外部强加于立法者的，而是由立法这一特定的实践活动的品格所决定的，其本质是人类在立法时对利益追求的取舍。立法的价值取向的首要功能是明确这个立法所要达到的目的或追求的社会效果。长江保护法是针对长江流域的立法，其核心是把过去的以部门和区域为主的法律具体化为针对长江流域问题的法律，它既与原有的国家以部门职责分工为主的条条立法不同，也与地方主要以所辖行政区的块块立法不同，是既跨部门也跨区域的立法。按照长江经济带建设"生态优先、绿色发展"的基本目标，长江保护法的主要任务至少有三个方面：一是解决"生态优先、绿色发展"的法治抓手问题，为长江经济带发展提供法律依据；二是建立长江的流域的功能、利益和权力的协调和平衡机制；三是建立新的适应流域治理变革所需要的治理体制机制。这意味着长江保护法必须处理好开发利用与保护的关系、流域与区域之间的利益关系、法律传承和制度创新的关系，面对这样一种新的立法形态、复杂的立法任务，迫切需要形成普遍认同和追求的价值理念、基本原则和目标并用以指导整个立法活动，以保证立法过程中的利益博弈、权衡和选择的方向一致、判断一致、结果一致。

明确的立法价值取向，可以在法律追求的多个价值目标出现矛盾时，通过价值界定、价值判断来完成最终的价值选择。这既包括立法者是否能够对该项立法的应然价值予以接纳和接受；也包括当存在多重价值目标时的价值取舍和价值目标重要性的排序。[1]长江保护立法在这个两个方面都面临着前所未有的问题。由于长江保护立法的"横切面"属性，必须跨越传统民法、刑法、经济法的界限，综合运用各种法律调整手段，融法律规范、国家政策、政府行为规制等目标于一体，其应然价值是什么尚存巨大分歧，立法者应接受或接纳何种价值目标亟待明确。由于长江保护法是围绕开发利用和保护长江水资源的各种社会关系展开，原有的可适用于长江流域的法律众多，这些立法的价值目标多样，也许就单个立法来看都十分正确，但适用的结果因多重价值目标之间的矛盾而导致权利严重冲突，如何对这些不同立法的价值目标进行价值取舍并明确价值目标重要性的排序，也是必须尽快加以解决的问题。

---

〔1〕 参见吕忠梅："环境权入宪的理路与设想"，载《法学杂志》2018 年第 1 期。

（二）安全、公平、可持续发展应成为长江保护立法的基本取向

从长江经济带建设的目标要求与生态环境的严峻现实之间的张力看，制定长江保护法的根本目标是确保不因长江经济带建设而导致长江流域生态系统的崩溃。换言之，如果没有长江流域生态系统的稳定平衡，就没有长江经济带。但现实的情况是，长江流域所面临的严重生态环境问题并没有得到根本性缓解，依然存在五个方面的突出问题：一是流域的整体性保护不足、生态系统退化趋势加剧。具体表现为生态系统破碎化，大量的生态空间被挤占；自然岸线的过度开发，严重影响生态环境的安全；水土流失问题严重，湖泊湿地生态功能退化；水生珍稀濒危物种受威胁程度明显上升。二是水污染物排放量大，治理水平有待提高。具体表现为长江每年接纳的污水占全国总污水排放量的2/3，单位面积的排放强度是全国平均值的2倍；部分支流污染严重，滇池、巢湖、太湖等湖体富营养化问题突出；环境治理方面基础设施欠账太多，城镇农村污水处理设施建设不足；工业集聚区污水集中处理设施建设仍不完善；农业面源污染比较突出，总磷污染逐渐成为长江主要污染物之一。三是资源开发和保护的矛盾突出，长江资源环境严重透支。主要表现为非法采砂屡禁不止，自然河道破坏严重；水电资源过度开发引发环境问题突出，长江上游水库群加剧了中下游水量的不断减少；矿区分布与集中连片特困地区、重要生态功能区高度重叠，长江中上游地区贫困县有258个，占全国的43.6%，这些地区也是生物多样性和水土保持的国家级生态功能区，同时也是长江上游、金沙江、雅砻江等水电资源，云贵铝土、川鄂磷矿、江西稀土、湖南有色资源分布的重点地区。四是环境风险的隐患多，饮水安全保障压力大。表现为主要干支流沿岸高环境风险工业企业分布密集；危险化学品运输量持续攀升，交通事故引发环境污染风险增加；饮用水水源风险防范能力亟待加强，水质性缺水是长江的一个现实。五是产业结构和布局不合理，绿色发展相对不足。上中下游各个地

方加快发展的意愿非常强烈，都希望布置工业区，布置沿江城市，重工业沿江集聚并向上游转移的势头明显。从各地公布的城乡规划和产业规划来看，依靠土地占用、资源消耗等增量扩张的发展模式仍然占主导地位。在这样的严峻形势下制定的长江保护法，必须统筹考虑开发利用和保护的关系，把生态修复放在压倒性的位置，真正贯彻"共抓大保护，不搞大开发"的要求，在立法原则上强调"保护优先"，为长江经济带开发利用设置生态红线、资源底线、经济上限。这些要求在立法上，应体现为安全、公平、可持续发展的价值目标。

从安全、公平、可持续发展的价值目标之间的关系看，在长江保护立法中，安全是基础价值，公平是基本价值，可持续发展是根本价值。长江经济带建设涉及复杂的利益关系，如果可以将对长江流域资源的开发利用和保护简化为以"水"为对象的人类活动，但"水"本身不简单，至少涉及水生态、水岸、水路、水系、水质、水源等多个方面，从满足人类生存角度看，需要处理好生活水、生产水、生态水的关系；从经济社会发展角度看，需要协调上下游、左右岸用水、管水、排水的秩序；从自然生态角度看，需要面对水多、水少、水脏、水浑等灾害。为长江流域这样复杂的巨大系统建立能够满足"生态优先、绿色发展"需求的法律制度体系，必须将流域生态安全作为首要的基础性价值，任何有害于生态安全的开发利用活动都必须受到法律的限制乃至禁止，否则，长江经济带将无所依托。在保障流域生态安全的基础上，各种开发利用长江流域资源的活动必须确保公平，在法律制度设计中充分考虑长江流域东、中、西部的不同发展阶段、不同发展水平、不同利益诉求，保证资源配置公平和权利保障公平，确保长江经济带开发利用和保护的利益为全流域人民所共享，能够增强人民的获得感、幸福感、安全感。保障流域安全和流域公平的最终目标是实现长江流域的可持续发展，建立人与自然共生共荣的双重和谐法律关系，满足当代人和未来世世代代对美好生活的向往。只有确定了长江保护法的安全、公平、可持续发展的价值目标，才可能将"以改善长江生态环境质量为核心，以长江干流、主要支流及重点湖库为突破口，统筹山水林田湖草系统治理，坚持污染防治和生态保护'两手发力'，推进水污染治理、水生态修复、水资源保护'三水共治'，突出工业、农业、生活、航运污染'四源齐控'，深化和谐长江、健康长江、清洁长江、安全长江、优美长江'五江共建'"的要求转化为有效的法律制度；也才可能保证长江保护法实现"为长江经济带实现绿色发展，全面系统解决空间管控、防洪减灾、水资源开发利用与保护、水污染防治、水生态保护、航运管理、产业布局等重大问题提供法律保障"的立法任务。

只有确立了安全、公平、可持续发展的价值取向，才能对现有的涉及长江流域资源开发利用和保护的各种法律制度进行评估和梳理，明确有利于"共抓大保护、不搞大开发"的权利（权力）配置原则，建立以实现"生态优先、绿色发展"为目标的体制机制，完善能够针对长江流域特殊生态系统的法律制度。

（三）促进"绿色发展"应当成为完善治理机制的基本目标

长江保护立法是在一定价值取向指引下对权利义务、权力责任等立法资源的配置过程，从立法技术上看，对立法资源的配置，既要追求一定历史限度内的公平，又要优化利用立法资源，以实现最大的立法效益与效率，坚持以良法促善治的高质量立法水准。习近平总书记指出："长江经济带应该走出一条生态优先、绿色发展的新路子。一是要深刻理解把握共抓大保护、不搞大开发和生态优先、绿色发展的内涵。共抓大保护和生态优先讲的是生态环境保护问题，是前提；不搞大开发和绿色发展讲的是经济发展问题，是结果；共抓大保护、不搞大开发侧重当前和策略方法；生态优先、绿色发展强调未来和方向路径，彼此是辩证统一的。二是要积极探索推广绿水青山转化为金山银山的路径，选择具备条件的地区开展生态产品价值实现机制试点，探索政府主导、企业和社会各界参与、市场化运作、可持续的生态产品价值实现路径。三是要深入实施乡村振兴战略，打好脱贫攻坚战，发挥农村生态资源丰富的优势，吸引资本、技术、人才等要素向乡村流动，把绿水青山变成金山银山，带动贫困人口增收。"实际上，长江保护立法在很大程度上就是要将这样一条"生态优先、绿色发展的新路子"转化为法律制度，建立促进"绿色发展"的法律机制。

二、按照环境与发展综合决策原则合理配置政府事权

理论上，事权虽然是一个相对宽泛的概念范畴，但其核心内涵无疑是政府的行政事权。或言之，事权是政府行政权力的具体化。现代"法治政府"最基本的特征，就是使行政权力在法律的框架内运行，以防止权力滥用。这必然要求通过立法的方式，科学界定政府行政权力的边界，并在不同层级政府间进行权力分工，即政府间行政权力的立法配置。作为典型的公共事务，流域治理虽然离不开社会、企业、公众的参与，但政府作为管理者、组织者、决策者，其流域事权对流域治理发挥着至关重要的作用。特别对长江这样一个涉19个省（区、市）、12个部门（行业）的流域而言，没有任何一级政府、一个部门（行业）可以单独胜任全部流域事权。因而，在实现长江流域法治的进程中，必须通过立法对政府间的事权进行合理配置。

当前，专门为长江流域制定一部长江保护立法，已经取得了高度的共识。接下来的问题是，这部立法如何通过构建及展开其法律制度体系，以真正实现长江流域法治。考虑到，立法是以各类法律规范集合成的法律制度体系为基本内容，而法律制度本质上又以对相关主体权利（力）义务的配置为核心。其中，对有关政府主体职能的规定就是对政府间事权的立法配置，而政府之外其他主体的权利义务配置，则需要通过配置政府间事权加以监管或保障。面对长江经济带建设中权利冲突严重，尤其是权力配置缺乏协同与协调机制的现实，长江保护立法必须深刻认识

长江流域生态环境恶化与经济发展方式关系，针对导致生态环境问题的根本原因是环境资源有效配置方面的制度缺陷，按照环境与发展的综合决策原则，对长江流域政府间事权进行合理配置，形成综合决策过程。

（一）长江流域政府间事权配置中存在的问题

事权配置的理论基础是"公共服务（或产品）的层次性理论"。即依据事权所能提供的公共服务（或产品）的范围，首先将事权分为全国性与区域性事权。进而，对介于二者之间的事权划为准全国性事权，或作为混合事权由央地分享，或作为直管事权配置给专门主体；对区域性事权则再根据其具体范围，在地方各级政府间进行二次配置。可见，事权的"范围"是政府间事权配置的决定性因素。流域作为以水为核心要素构成的特殊空间，其事权的"范围"具有特殊性——流域空间性。这种特殊空间的事权"范围"，需要结合此特殊性从四个维度加以衡量：

（1）层级维度。流域空间划分的基础在于水，这与行政区域的空间划分并不完全重合，在空间上可能超越单一行政区域。因此，流域事权中既可能包括中央和地方层级的事权，还可能包括介于二者之间的准全国性事权——流域层级的事权。

（2）内容维度。流域空间是以"水"为核心要素形成的。这就决定了，流域事权在公共服务（或产品）的内容上，相较医疗、教育等事权具有明显的涉水指向性。

（3）空间维度。"水"具有高度的"塑造性"与"可塑性"，由此形成了流域间差异化的空间形态。于是，每个流域空间内都可能存在流域特殊性问题，需要通过事权配置加以特殊应对。

（4）性质维度。以水为核心要素构成的流域空间具有价值（功能）的多元性，包括但不限于生产、生活、生态等价值，饮用、灌溉、行洪、发电、通航、养殖、景观等功能。

但是，多元价值（功能）之间却是有限兼容的。这种有限兼容性一旦被打破，相关主体附着在相关价值（功能）上的权益将难以实现。这就要求，流域事权在性质上必须适应流域空间内价值（功能）多元、权益复杂的需要。即便如此，长江流域空间的事权范围仍不易确定。因为，"空间"本身就是一个相对概念，依据不同的空间观（识别标准）可以得出不同的识别结果。这将直接影响上述四个衡量维度的实现程度和结果，进而影响流域事权"范围"的确定。既有立法沿袭的是一种"一元空间观"，将流域视为由"点"（湖泊、水库等重要水体）、"线"（干支流）构成的集水区或分水区，即"水系空间"。囿于这样的空间观和空间识别结果，给长江流域政府间事权的立法配置带来了以下问题。

1. 层级维度——流域层级事权的虚化、弱化

鉴于长江流域超越了单一行政区划，故其事权应当存在中央、流域、地方三个层级。但囿于"水系空间"的定位，流域事权长期附属于中央和地方的水管理事权。尽管现行《水法》确立了流域与区域相结合的管理体制，将流域作为法定的事权层级。但事权层级的法定化仅是基础和形式，其目的和实质是将各层级的事权通过立法配置给相应的主体。根据既有立法规定，中央层级的事权具体分配给中央政府及其有关职能部门；地方层级的事权具体分配给流域内各级地方政府和县级以上地方政府相关职能部门。而流域层级的事权，虽然形式上依法配置给了"重要江河的流域管理机构"，但其具体事权配置的结果并没有实现充分的法定化。事实上，长江流域早已设有"流域管理机构"——长江水利委员会（以下简称"长委"）。但长委仅是水利部的派出机构，虽名为长江流域管理机构，其事权实则源于水利部的"三定方案"和交办事项，缺乏充分的立法授权。故所谓的流域管理，本质上仍从属于中央政府职能部门的水管理；所谓的流域层级事权，实际上处于一种虚化、弱化的立法状态。

2. 内容维度——仅针对单一"水"要素

与域外流域立法的情况类似，我国的流域立法最初也是"单项立

法"。其表现为，立法中的流域事权仅为"水利事权"，如水利工程建设、防汛抗旱等。随着经济社会发展和流域管理要求的提升，立法中流域事权的内容升级为流域水安全事权，并增加了水资源保护、水污染防治等新的事权内容。亦即，流域事权从"水利事权"升级为"水管理事权"。但囿于"水系空间"的定位，虽然流域事权的立法内容不断丰富，却始终未超出单一"水"要素的范畴。诚然，流域是以水为核心要素形成的，但域外流域立法综合化的发展规律表明，水不是流域空间内的唯一要素，流域事权也并不局限于水管理事权。例如，美国的流域管理就已从单纯的水管理，扩展至与水相关的土地利用、生态保护、基础设施建设、产业发展等领域。长江作为中国最大的流域，是一个复杂超大的巨型生态系统。目前这种"就水论水"的事权立法配置状态，没有从生态系统整体性和长江流域系统性着眼，缺乏对山水林田湖草等生态要素统筹。例如，当前长江沿线化工污染整治和水环境治理、固体废物治理之间明显存在关联，仅通过立法加强水污染防治方面的事权配置显然无法从根本上解决问题。

3. 空间维度——对流域特殊性问题缺乏针对性事权配置

习近平总书记指出："长江病了"。从空间分布的角度看，长江的"病症"是长江源头、三峡库区、丹江口库区、"两湖"、饮用水水源地等"点"的问题不容乐观；沿岸"化工围江"，航道、河道安全存在隐患，沿江污染带分布广泛等"线"的问题较为突出；面源污染加剧，流域内河湖生态功能退化等"面"的问题长期存在。这些"病症"是在长江流域这一特殊空间存在的，属于流域特殊性问题。因此，《水法》《水污染防治法》等中央立法难以进行特殊规制，流域内各级地方立法则是力所不能及，仅有的《太湖流域管理条例》《长江河道采砂管理条例》两部行政法规也不可能给予充分的事权配置。不仅如此，相关立法受制于"水系空间"定位下"点"和"线"的范围限制，对"面"的问题几乎无法发挥作用。而流域的问题"表现在水里、根子在岸上","面"的问题不解决,"点"和"线"的问题无法得到根治。

4. 性质维度——片面强调事权关系的单向服从

流域空间的整体性,是点、线等组成部分的功能得以实现的基础。故下级服从上级、区域服从流域、地方服从中央的"单向服从模式",成为流域政府间事权立法配置的基本原则。但是,对于长江这样一个跨区域、跨部门(行业)的流域而言:(1)政府间事权关系中如果只有纵向服从,可能导致流域管理中地方投资和积极性下降。不仅增加了中央、流域的事权负担,也不利于流域内各区域、各领域(行业)的均衡发展。(2)流域内相关部分间不仅有"纵向"关系,上中下游、左右岸、不同行业之间还存在"横向"关系。立法中缺少对"横向"关系的考量,割裂了相关部分之间的天然联系。加之事权本就有行政边界性,地方层级的事权主体难以超越本区域或领域而考量其他区域或领域的事务。以致在长江流域管理中不同行政区域、部门(行业)的职能被"条块化分割",职责交叉重复,"扯皮推诿"现象严重。

(二)长江流域政府间事权配置的理论重构

欲破解上述问题,就要重新厘定长江流域事权的"范围",其关键是对长江流域空间的识别进行理论重构。但长江并非中国唯一的流域,既有立法中"水系空间"的定位虽有缺陷,却高度凝练了各流域空间的"共性",保障了事权立法配置结果的普适性。如果没有一种特殊的驱动力,促使长江需要构建一种新的流域空间识别理论。那么理论重构的必要性与可行性均会受到质疑。当前,这种理论重构无疑已经具备了特殊的驱动力,其源于长江经济带成为我国新一轮改革开放的国家战略。

作为这一国家战略的顶层设计,《长江经济带发展规划纲要》提出了"一轴、两翼、三极、多点"的空间格局。其实质,是以长江流域的"黄金水道"为核心,流域内相关要素在上中下游、东中西部跨区域有序自由流动和优化配置。这意味着，长江流域被赋予了特殊的战略地位和功能。为了下好"共抓大保护、不搞大开发"的先手棋，习近平总书记强调："要按照主体功能区定位，明确优化开发、重点开发、限制开发、禁止开发的空间管控单元，建立健全资源环境承载能力监测预警长效机制，做到'治未病'，让母亲河永葆生机活力。"可见，国土空间布局是落实长江经济带功能定位及各项任务的载体。作为长江经济带的物质基础和空间载体，对长江流域空间的判断必然要超越"水系空间"的范畴，升级为涵盖19省（区、市）全部空间范围的"国土空间"。显然，这是一种超越一元空间观的多元空间观。据此，长江流域应定位为一个以水为核心要素和纽带，由水、土、气、生物等自然要素和人口、社会、经济等人文要素相互关联、相互作用而共同构成的"自然地理－社会经济"复合性空间。这就使得对长江流域空间进行重新定位，具有了一般流域不具备的改革需求和决策支撑。不仅对长江流域空间识别的理论重构形成巨大的驱动力，更为理论重构确立了一种新的空间观基础。结合域外流域立法相关规律，在全面推进依法治国的背景下，上述改革需求和决策支撑亟需以长江流域专门法和特别法的形式得以实现。

1. 重构长江流域管理主体

长江流域当前所处的特殊重要战略地位和功能，特别是国土空间的新定位，客观上要求加强全流域完整性管理。既有立法对长江流域层级事权的配置，特别是对长委的职能和定位，既非真正意义上的流域层级事权，也无法满足长江流域层级事权配置的新需要。这就要求，《长江保护法》应加强事权在流域层级的配置。重点是重构长江流域管理体制，明确长江流域管理机构的法律地位，并为其配置相应的流域层级事权。显然，此"长江流域管理机构"非《水法》意义上的彼"流域管理机构"。（1）其定位不再局限于水利部的派出机构，而应是由法律授权、代表长江流域整体利益的法定事权主体。（2）其功能不再局限于技术服务，而是必须配置与其职能定位相适应的流域层级的法定事权。其内容不再局限于水利，而是涉及水安全、水环境、水生态，甚至包括必要的非涉水流域管理事务（如工程建设等）。

2. 充实法律制度的类型

从立法的角度讲，每一种事权的内容理论上对应一种法律制度的类型。囿于既有流域立法没有摆脱"单项立法"的状态，将事权局限于水管理事权。相应地，法律制度的类型也相对单一。如今，对长江流域这一特殊"国土空间"的管理，是对"涉水"要素载体的综合管理。从事权内容的角度看，立法中所涉事权的类型必然包括但不限于既有类型。由此带来两个问题：其一，法律制度体系中应当包括哪些具体类型；其二，各类法律制度应以何种先后顺序形成体系。解决问题的关键是，结合长江流域涉水要素保护、开发、利用、管理现状，从内容的角度对长江流域"涉水事权"进行类型化及逻辑排序。具体而言：

（1）规划是流域管理的龙头，规划事权是各类具体事权的源头，故流域规划制度应是整个法律制度体系的起点。

（2）水安全保障始终是长江流域管理的"头等要务"，因而水安全类事权是其他事权存在的基础，流域水安全保障制度在法律制度体系中处于首要地位。

（3）"共抓大保护"是长江流域经济社会发展的前提，长江流域一切活动均不得以损害生态环境为底线。鉴于生态环境保护类事权对长江流域而言特殊重要，流域生态保护与修复制度在法律制度体系中处于优先地位。

（4）保护和改善水环境质量，是长江流域以水为核心所构成的国土空间生态环境状况的重要保障。水污染防治类事权作为保护和改善流域水环境的核心抓手，是长江流域管理中不可或缺的事权内容。其应置于流域生态保护与修复制度之后，形成从"系统保护"到"核心要素保护"的递进式制度体系设计。

（5）"不搞大开发"绝非单纯保护，而是在保护的前提下科学合理的开发。同时，开发利用的对象不限于"水资源"，而是长江流域的"涉水资源"。在"保护优先"的前提下，涉水资源可持续开发利用事权的存在，对于实现长江流域的绿色发展而言无疑是必要的。因而，在前述制度体系顺次建立和展开的基础上，流域涉水资源可持续开发利用制度也是法律制度体系的重要组成部分。

3. 专设流域特殊性法律制度

"国土空间"是一个多维度的空间概念，是空间内各类要素的系统性载体。对于长江流域这一特殊的"国土空间"而言，不仅包括流域内重要水体等"点"、长江干支流等基本的"线"，还应扩展至流域国土空间的"面"。为应对前述流域特殊性问题，《长江保护法》应专设流域特殊性法律制度，从"点""线""面"三个维度进行事权配置。

（1）对于某些流域特殊性问题而言，需要超越地方利益、部门利益，从全流域的高度进行管理。长江流域管理机构因其地位相对超脱且为流域整体利益的代表，应当由其对此类问题实施直接管理。

（2）另外一些流域特殊性问题，因其往往跨区域、跨部门（行业）而涉及的主体众多、利益关系复杂。故立法应当对所涉相关政府间的事权加以统筹配置，并建立利益沟通与协调机制。对于此类问题，长江流域管理机构虽不是直接管理者，但应当通过相应的事权配置，发挥其不可替代的功能和作用。

4. 建立配套法律制度

前文已述，长江流域空间内整体与部分之间、部分与部分之间以水为纽带形成的互动关系，决定了《长江保护法》中法律制度体系所涉事权性质上也必须是多元且互动协同的。（1）地方、下级事权的存在和运行，前提是必须维护中央、上级事权的权威。因此，事权配置的过程中涉及央地关系、上下级关系的，性质上必然需要以权威型事权配置作为基础，如下级规划对上级规划的服从、流域统一调度权等。（2）中央、上级事权的权威性，不仅体现在立法表述中的"应当"和"必须"上，还必须通过目标考核、环保督查、约谈问责等压力传导型事权，对地方、下级事权进一步产生实际作用。（3）各级、各类政府事权主体之间，在流域管理中还需要通过协调议事、执法协作、联合执法、信息通报等进行必要的合作与协商。在此过程中，事权在性质上明显更加丰富，即在权威型与压力传导型事权之外，增加了合作协商型事权。（4）在合作协商的基础上，进一步设定资金投入、生态补偿、行政奖励、基金等激励型事权，引导地方或下级主动、积极地实现流域管理的目标。权威型、压力传导型、合作协商型、激励型四种性质不同的事权在立法中的综合运用，共同构成了保障前述各类法律制度运行的配套法律制度。

（三）长江流域政府间事权配置的具体路径

基于对长江流域从"一元水系空间"到"多元国土空间"的理论重构，结合"公共服务（或产品）的层次性理论"，在构建和展开上述法律制度体系的过程中，长江流域政府间事权配置有以下具体路径。

1. 中央层级事权

长江不仅是跨行政区域的巨型流域，更是中华民族的生命河、长江经济带战略的支撑，其对全国的经济社会发展和生态安全保障有重大意义。因此，长江流域事权中必然包括中央层级的事权。其主要包括：

（1）重大事项决策权。所谓重大事项，既包括长江经济带发展和长江流域治理的顶层设计（如重大政策、战略规划等），也包括某些对长江流域乃至国家经济社会发展有重大战略意义的项目审批（如三峡工程、南水北调工程等）。作为长江乃至国家的重大事项，其决策权应当且只能依法配置给中央政府。甚至，某些具有特殊重大意义的政策、规划、项目，其决策权依法应由全国人民代表大会及其常委会行使，以获得最大的决策合法性。

（2）重大流域性事务协调权。所谓重大流域性事务，是指涉及跨部门（行业）、跨省（区、市）的具体流域性事务。例如，跨省界水事纠纷的协调处理、流域干支流控制性水库群联合调度、流域内上下游邻近省级政府间建立水质保护责任机制等。此类重大事务也必须由中央政府（及其建立的相关协调机制）从国家和长江流域整体利益的高度出发，在相关主体间进行必要的组织与协调，以推进相关事务的实施。

（3）中央政府相关职能部门对某一类流域涉水事务的中央统管权。此类统管权，既包括本领域流域性事务的中央决策权、协调权（如各类流域专项规划的制定），也包括本领域具体流域性事务的中央监管权（如流域内重大项目的审批等）。此类事权是事权横向配置中的最高层级，也是流域治理"九龙争水"的根源。经过新一轮的机构改革，中央政府相关职能部门的事权已经按照"一类事项原则上由一个部门统筹、一件事情原则上由一个部门负责"的思路进行了整合与重新划分。在此情况下，《长江保护法》应避免纠结于部门间"主管与分管""统管与配合"之争。而应参考"水十条"的明确列举模式，逐项配置中央政府相关职能部门对长江流域某一类涉水事务的中央统管权，使此轮事权改革的成果法制化。

2. 流域层级事权

对于某些前述流域特殊性问题，中央政府不可能也无必要直接管理；中央政府相关职能部门囿于事权分工难以实现流域系统性管理；地方政府及其职能部门则限于事权的地域性无法实施流域整体性管理。为避免条块分割管理的封闭性、自利性给流域整体利益造成的负面影响，此类问题交由流域层级的事权主体——长江流域管理机构直接管理无疑是最佳选择。此类直管事权主要包括：（1）控制性水工程的联合调度，流域重要水域、直管江河湖库及跨流域调水的监测等流域性"点"问题；（2）长江干流的河道采砂，长江干流、重要支流的取水许可等流域性"线"问题；（3）跨流域或者跨省（自治区、直辖市）水资源应急调度，流域干流岸线的管理与保护，重点防治区水土流失的预防、监督与管理等流域性"面"问题。

作为流域整体利益的代表者，对直管事权之外的流域特殊性问题，长江流域管理机构则需要与所涉相关主体实施交互加以解决。由于交互过程所涉事权如前所述包括权威、压力传导、合作协商、激励等四种类型。故长江流域管理机构在"交互"中的事权包括：

（1）权威型事权的议题发起者。虽然决策事权由中央政府行使，但长江流域管理机构作为流域整体利益的代表者，应当通过组织或参与相关政策、规划、区划、行动方案等制定的方式，成为相关决策议题的发起者。

（2）压力传导型事权的监督者。虽然目标考核等压力传导型事权应由中央组织，但长江流域管理机构长期具备的信息技术优势与相对中立的地位，决定了其有权参与对流域内地方涉水事权实施情况的监督。

（3）合作协商型事权的协调者。作为流域整体利益的代表，长江流域管理机构既可以通过会议、协商等方式组织相关区域、部门进行利益的横向协调，又可以通过征求或提出意见等方式参加其他流域性事务的协调机制。

（4）激励型事权的参与者。技术、信息等不仅是流域内压力传导型事权实现的重要依据，也是流域内激励型事权实现的必要基础。因此，对于流域性资金投入、生态补偿、行政奖励等激励机制的运行，长江流域管理机构可以通过提供信息、技术服务等方式参与其中。

3. 地方层级事权

虽然"水"是界定流域空间的核心要素，但土地是流域范围划分的本体。而行政区域正是以土地作为划分依据，从而实施政治控制和社会管理的特定地域单元，具有比较稳定的地理界限和刚性的法律约束。因此，各级地方政府是长江流域的基本管理主体。其要对本行政区域的经济社会发展负责，必然要管理本行政区域的资源环境要素，包括统一管理本行政区域的涉水资源。鉴于此，立法中流域事权在地方层级上的分配，首先需要"打包式"地交由各级地方政府，由地方政府对本行政区域的流域管理"负总责"。

同时，考虑到各级地方政府在流域管理中的职能差异，立法应对流域内各级地方政府的事权进行差异化配置：

（1）省级政府的事权配置。在流域层面，省级政府是本区域权益的"对外"代表。对于涉及本区域的流域性事务决策事权，省级政府应当有权参与。在本区域内，省级政府不仅承担总体负责相关法律、政策以及中央和流域决策的执行事权，还承担本区域内流域涉水事务，落实各项指标，分解相关任务的组织和领导事权。

（2）市、县级政府的事权配置。市、县级政府具有相关法定职能部门及相应的行政执法权。因此，与省级政府相比，除不具备参与流域性决策的事权外，其在本区域内同样承担着执行上级决策和组织领导本级流域管理的双重事权。

（3）乡、镇级政府的事权配置。作为一级地方政府，乡、镇级政府应当对本级流域管理负总责。但是，其既无法定的职能部门，也缺少法定的行政执法权。因此，立法应为其配置"协助事权"，即协助上级政府及其有关职能部门做好辖区内农村饮用水安全、农业和农村水污染防治、环境基础设施建设等相关工作。

在地方政府"负总责"的基础上，应进一步完善地方政府职能部门事权的立法配置。在既有立法对各级、各类地方政府职能部门的流域事权已经完成初步配置的情况下，立法的重心在于：第一，结合相关立法及长江流域治理的实际情况，通过区分事权的主体和级别（如"省级人民政府生态环境主管部门""县级以上地方人民政府水行政主管部门"），对各级、各类地方政府相关职能部门间的事权进行精确配置，使其适时、适当、适度参与本级流域管理。第二，对各级、各类地方政府职能部门相关事权之间存在的矛盾或冲突之处，提供解决矛盾或冲突的确定性指引。第三，对各级、各类地方政府职能部门事权的范围仍存在模糊甚至立法空白的领域，进行充分、有效的弥补。

三、建立以实现绿色发展为目标的多元共治机制

绿色发展是在传统发展基础上的生产方式和生活方式的重大变革，是建立在生态环境容量和资源承载力的约束条件下，将环境保护作为实现可持续发展重要支柱的一种新型发展模式。习近平总书记指出："坚持绿色发展是发展观的一场深刻革命。要从转变经济发展方式、环境污染综合治理、自然生态保护修复、资源节约集约利用、完善生态文明制度体系等方面采取超常举措，全方位、全地域、全过程开展生态环境保护。"在长江保护立法中，采取"超常举措"，开展"全方位、全地域、全过程"的生态保护，最主要的方法是建立政府、社会、公民个人多主体参与、有序衔接的"小政府、强政府、大社会"共同治理模式。

以长江经济带绿色发展为共同利益，在法律上构建政府、社会、公民个人共同参与的多层次、多维度、开放性共治系统，以对话、竞争、妥协、合作和集体行动为共治机制，将多主体治理与协作性治理统合起来。确认政府之外的个人、企业、家庭以及各类社会组织机构的治理主体地位，倡导综合运用行政力量与其他社会力量、开展多种方式保护长江生态环境，并有效预防和化解由长江流域开发利用过程中可能引起的社会矛盾。明确政府、市场和社会等行为主体在长江流域多元治理中的不同职能定位和作用，以增强政府和市场、政府与社会之间的合作可能性、合作可行性以及合作效果为目标，克服政府和市场之外的公地悲剧，建立政府与社会继续协作的兼容接口或连接点。针对长江大保护需要从单一行政性主导到多元共治的现实要求，建立信息公开、公众参与等相关制度，确保"多元共治"体系下的环境信息公开、决策透明、环境责

任主体明确，在政府主导的环境决策机制中明确公众参与的方式方法。确保公众的知情权、参与权、表达权、监督权。鼓励公众以个人或者参与社会组织的方式亲身参与，及时了解和掌握长江流域的环境质量状况，预防和应对有损自己和他人生态环境利益的环境违法政策；及时反映或反馈对政府的决策的意见和建议，加强公众与执法部门之间的了解与支持，减少消除相互之间的摩擦与冲突。以通过法律的运行促进提高公众的生态环境保护意识，加强长江保护法的普及与教育，保证长江保护法的遵守与执行。

基于此，本研究将以三峡库区漂浮物清理（以下简称"三峡清漂"）为例，从多元共治角度解读其中政府、市场、社会公众等主体之参与及作用，分析其中困境并探究成因，最后结合即将制定的《长江保护法》提出相应对策，明确不能简单沿袭传统的国家统治、国家管理的模式，而应实现包含政府在内的各方主体平等参与、协商互动、共同发挥作用，最终实现由政府"单维管制"到"多元共治"的机制的转变。

（一）三峡清漂中多元共治的实践样态

1. 三峡清漂中的政府、市场与社会公众

2003 年《关于三峡库区水面漂浮物清理方案的通知》（以下简称《清漂方案》）提出以来，三峡清漂具体由重庆、湖北两地政府及相关部门和三峡集团共同完成，其后又有其他企业、基层自治组织、科研机构及普通公众的加入，实践中有一定成效。

根据《清漂方案》及实践，三峡清漂涉及多个中央部委，原国家环保总局会同发改委、原建设部、原交通部、原三峡工程建设委员会办公室加强管理和监督，财政部、原监察部等也承担相应职能。重庆市、湖北省负有清漂职责的各级政府及相关部门承担各行政区域内支流水面漂浮物清理责任，其中湖北省集中于三峡工程坝上库首秭归县。此外，重庆市、秭归县人民政府还受三峡集团委托，承接部分干流漂浮物清理工作。实际中，清漂牵头组织实施单位不尽相同，重庆市为环卫部门，秭归县则为生态环境部门。船舶垃圾接收、处置及监管则由交通、建设部门负责。

依原因者负担原则，作为开发利用主体的三峡集团直接负责坝前水域和干流清漂工作，并负担库区内相应的清理打捞、后期处理等费用，部分干流水面漂浮物打捞则委托有关单位进行，由于其自身清漂能力与经济实力较强，实际中发挥作用也较大。此外，地方清漂负责部门也可委托具有资质的清漂公司完成指定区域的清漂工作。打捞物则交由固体废弃物资源化企业进行后期处理，目前三峡库区已实现"减量化、无害化、资源化"的处理。

基层自治组织也会参与地方清漂工作，如某些行政村受地方生态环境部门委托实施清理打捞，但参与人员少、经费少、清漂设施较简陋，其作用还不显著。普通公众通常以组成"清漂队"的形式参与，也有民间志愿者独自自发参与。科研单位也有不小贡献，如长江科学院水力学研究所提出一体化漂浮物治理方案等。但目前尚未查询到非政府组织直接参与三峡清漂的信息。

2. 三峡清漂中的多元共治：格局初步形成

迄今为止，每年三峡清漂任务完成状况较好，未曾出现因漂浮物聚集而致大坝受损或影响航行的情况。以外在形式观之，政府、市场与社会公众等各类主体都能够参与三峡清漂，多元参与治理基本格局已初步形成。

（1）央地事权分配，部门各履其职。三峡清漂中政府发挥了主导作用，形成了中央重于领导、地方分级负责、部门职权分配的治理层次。三峡清漂涉及大坝及航运安全，中央、地方均较为重视，各层级、各部门都能尽力完成任务；特别值得一提的是重庆、湖北两地的各级地方政府及相关部门履职良好。此外，两地都针对三峡清漂出台了相关规定：尤其是重庆市，其制定了《重庆市长江三峡水库库区及流域水污染防治条例》（现已失效）、《重庆市市容环境卫生管理条例》等地方性法规以及《重庆市城市水域垃圾管理规定》等地方政府规章，其中都有关涉三峡清漂的规定；此外还公布了专门针对三峡清漂的规范性文件如《关于进一步做好三峡库区水面漂浮物清理工作的通知》等。此种通过地方立法分配地方事权、细化地方责任的经验值得在整个长江流域推广。

（2）市场机制运作，企业有意担责。三峡清漂中企业担责能力较强，发挥相当大之主体作用。其一是三峡集团能够积极且较为充分地承担环境社会责任，可谓三峡清漂多元共治中的核心力量。一方面，三峡集团有较强"经济人"属性，完成清漂工作主要出于维护三峡大坝机组运行及航运安全的需求；另一方面，作为国内顶尖能源企业，其有相当之意愿来承担长江流域生态环境保护的社会责任，同时具备较强"生态人"属性。其二则是其他环保企业，三峡清漂中专业清漂公司发挥一定作用，表明政府可以通过向环保企业购买服务的方式来分解任务、分担压力；而固体废弃物资源化企业能够充分实现"三化"处理则表明只要改进环保技术、加大环保投入就可以解决问题，而这既依赖于企业自身创新与进取，也需要政府给予更多支持。

（3）社会公众在场，数方参与显效。普通公众能自发参与三峡清漂，表明当下中国普通公众已具有相当环保意识，对于与之自身生存、生活休戚相关的长江保护，其有意愿参与治理。科研机构作用显著则表明科技创新对于环境治理极有裨益，应当加大科研投入、鼓励技术进步。此外，长江沿岸城市及农村社区、环保团体的作用并不凸显，但这恰好也说明作为基层自治组织的城市、农村社区以及作为公众参与环境治理核心力量的环保团体在三峡清漂中还能有更大作为。

（二）三峡清漂中多元共治的困境及其成因

1. 三峡清漂中多元共治的困境：善治远未实现

由于漂浮物运动的复杂性及治理的困难，三峡库区清漂效果有限，在汛期三峡坝前仍然经常出现大面积漂浮物聚集。如此看来，每年清漂都是在"出问题"的情况下致力于"暂时解决问题",实际治理效果并不尽如人意,可见三峡清漂中政府、市场与社会并未处于最佳共治状态,即"善治"目标未能实现,以下详述之。

(1)责任落实不够,浅治并非根治。三峡清漂中,清理打捞只是一个"治标不治本"的环节;如欲实现三峡库区漂浮物问题的"根治",核心应是于前端尽可能减少漂浮物且于后端进行有效、合理的处置。因此,以"根治"为目标,三峡清漂中的多元共治范围就应拓展至漂浮物"源头管控—清理打捞—后期处理"的整个过程。依照《固废法》,第3条规定固废防治应当实现减量化、资源化、无害化的管理;第17条规定禁止任何单位和个人向江河、湖泊等地点违法倾倒、堆放固体废物。《水污染防治法》第34条和第37条分别规定禁止向水体"排放、倾倒放射性固体废物"和"排放、倾倒工业废渣、城镇垃圾和其他废弃物",第38条则明令"禁止在江河、湖泊……堆放、存贮固体废弃物和其他污染物"。由是观之,既然是"应当"实现"三化""禁止随意排放、倾倒、堆放",理论上如果"岸上"管控完全有力、执法足够严格、后期处理十分到位,那么并不会有大量固体废物"下河"。此外,根据《关于全面推行河长制的意见》,《水污染防治法》第5条"省、市、县、乡建立河长制"、第6条"水环境保护目标责任制和考核评价制度"和第9条水污染防治监督管理体制的规定,即便有固体废物"下了河"或在"河下"产生,地方政府及党政负责人也应当依法依规履行水污染防治职责,清理"下了河"以及在"河下"产生的固体废物。可见,如果单纯以固废管控和水污染防治而言,现有《固废法》《水污染防治法》以及相关规定基本能够形成"闭环";如果"闭环"制度可被较好执行,也就可能不存在三峡清漂事宜或者说大大降低三峡清漂工作量。而这显然与每年三峡库区漂浮物"肆意漂浮"且必须投入大量人力、物力进行清漂的事实不符:近年来漂浮物清理量总体较三峡大坝运行前期有大幅下降,但2009年以后的数据并未呈下降趋势且不稳定,具体可见图4-1。由此可以推论："闭环"制度并未得到有效执行，固废管控与水污染防治责任落实并不到位。究其原因，固体废物不是从同一"岸上"到"河下"，长江流域的水流动特性使得漂浮物一直处于运动状态，可能从"此岸上"到"彼河下"甚至"他河下"，因此对于地处三峡库区及其上游的"岸上"责任主体而言，就有可能产生固废控管与后期处理之懈怠，毕竟漂浮物可随"大江东去"而使水污染防治的责任转移他处，因此部分原本应对漂浮物治理承担责任的主体并未或并未充分承担责任。此外，就漂浮物清理而言，三峡库区所设清漂点有限且每个清漂点的清理能力并不相同，也就意味着部分主体无法参与或者不能充分进行漂浮物清理打捞，自然不能"根治"漂浮物问题。

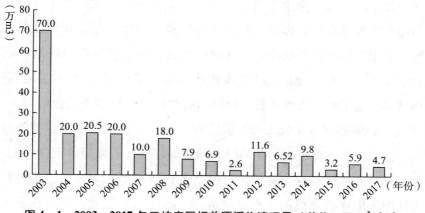

图 4 - 1　2003～2017 年三峡库区坝前漂浮物清理量（单位：万 m³）[1]

（2）统一监管缺失，暂治未能长治。根据《清漂方案》，多个部门都在三峡清漂中履行管理和监督职能，然真正的统一监管机构却并不明确。实际当中，原三峡办以往在三峡清漂中"露面"并不多；在 2018 年国务院机构改革中，其被并入水利部，对三峡清漂继续履行监督管理职责就不再可能。从三峡水库的水库性质来看，其应由水利部管理，水利

[1]　数据来源：2003～2016 年《长江三峡工程运行实录》及 2017 年三峡集团环境保护年报。

部下设三峡工程管理司则主要负责三峡工程运行事项与后续工作，不参与三峡清漂。依《水法》规定，长江水利委员会是长江流域管理机构，承担流域综合管理职能，但由于其是水利部的派出机构，级别、职权有限，难以协调具备涉水事权的中央各部委以及具体负责的地方政府；具体到三峡清漂，仅有下设的三峡水文局负责三峡清漂中的监测与监理工作，长江水利委员会在三峡清漂中并不能发挥流域管理机构作用。从漂浮物清理性质上属水污染防治来看，又应当归于生态环境部门监管；实际中生态环境部门贡献较大，包括提出《清漂方案》、负责长江沿岸固体废物的管控以及承担地方清漂工作等。但生态环境部门履职仍存如下问题：其一，根据"环保不下河，水利不上岸"之传统，其对"河下"事项的管控显然不如"岸上"有力；其二，即便考虑到省级以下生态环境部门即将实现垂直管理体制，且因生态环境保护综合行政执法改革而具备流域水生态环境保护执法权，其履职恐怕还是更多强调"区域"而非"流域"。此外，部分地区主要是重庆市所辖打捞点又是由环卫部门负责具体清理打捞工作。表面上看，职权不清对各清理打捞点的影响都不大，各"点"都能够基本完成工作；但实则可能造成整个三峡库区清漂监督管理机构缺位、各地组织实施部门不同而职权责任有差异等问题。此外，重庆、湖北两地履职较为良好，但也是各自治理而几无协作。各地在清漂工作中未形成联动机制，不仅是重庆、湖北两地之间，甚至在重庆市内部也都是各自为政、分别执行，但漂浮物本身是顺流而下的，上游清漂点若不能充分打捞，则会给下游各点增加压力，并有可能将压力积至坝前。因此，各地协作机制欠缺实际上极有可能造成尽责力度不够、工作效率不高等问题。

（3）市场、社会公众乏力，分治难达合治。一方面，三峡清漂中市场主体的经验可供参考但不易复制，且难被界定为真正的市场机制。其一，三峡大坝的特殊地位决定了三峡清漂所受重视程度，三峡集团的强大实力又为三峡清漂提供了可靠的保障，这些都是显而易见的优势。但也带来另一担忧，即并非所有企业都有三峡集团这样的担责能力与环保意愿，更不是所有企业都具有类似维护三峡大坝的强动因，由此而言，三峡清漂中市场主体积极担责的经验似乎较难复制。实际来看，三峡集团的国有独资企业背景也使得其参与三峡清漂的"市场"性质变弱，因为某种意义上其主动而充分的担责也是中央交办的"政治"任务而不是市场机制运行的结果。其二，专业清漂公司、固体废物资源化企业这些环保类市场主体也都是以中央、地方政府与三峡集团投入大量经费、提供政策优惠等方式来予以保障的，一旦缺乏政府与三峡集团的大量投入与诸多支持，其能否开拓市场还未可知。尤其三峡清漂中的专业清漂公司，常常会有人力、物力、财力等多方面的问题，加之外部政策、资金支持也并不完全稳定及连续，因此这类公司的实际运营还比较艰难。

另一方面，三峡清漂中社会、公众主体虽有参与，但无论是从参与形式还是从参与内容上来看都显得乏善可陈。首先，三峡库区内并未建立起完备的生活垃圾分类及处置制度，无论是城市社区还是农村地区的基层自治组织在固体废物源头控管中所能发挥的作用都还较为有限；从漂浮物的清理打捞来看，基层自治组织的参与并不普遍，即便参与也常受限于其极为不足的清漂能力。其次，非政府组织在漂浮物清理打捞环节的直接参与几乎无迹可寻，当然这可能是因为三峡清漂依然是以政府为主导展开的，加之三峡集团在其中作为核心力量承担较大责任，而非政府组织通常并不具备清漂所需要的设备与能力而不得不"缺席"；但除此之外，与漂浮物治理相关的其他公共事务中，非政府组织的参与也还显不足，如在长江流域开展相关环境宣传教育还较少，也几乎难见其能提供漂浮物治理的技术与项目支持。最后，普通公众对漂浮物治理的关注度并不高，同时也缺乏参与三峡库区漂浮物治理事务的多种渠道。

综上，三峡清漂中政府、市场、社会公众等多元主体虽都未"缺席"，但各方自身都还存有问题，实质上还未达到多元共治所强调的"政府、市场、社会公众协同合作"的核心要求,即离真正的"共治"还有一定距离。

2. 三峡清漂中多元共治困境之成因

(1)权力-权利:力量悬殊,互动不良。如前所述,三峡清漂中政府依然是最为主导的力量,这无可厚非,毕竟"由于存在着公地悲剧,环境问题无法通过合作解决。……所以具有较大强制力权力的政府的合理性,是得到普遍认可的"。只不过环境权力的良性运行,需要在权力制衡和权利制衡两种最基本的制衡机制的基础上,以多元主体的合作共治加以保障。三峡清漂属流域水污染防治事务,具有明显的负外部性特征,解决环境污染的"传统智慧"是采国家逻辑或市场逻辑,即通过政府强力管制或者市场经济刺激来解决问题。由于政府失灵与市场失灵存在,现代环境治理开始转而寻求新的"智慧",因而多中心逻辑被提出。多中心逻辑谋求主体多元,寻求合作共治:"谋求"要求在国家与市场之外寻求新力量参与环境治理,随着社会组织之崛起与公民意识之提升,社会公众步入环境治理场域且其动能日益增强;"寻求"则需要国家、市场与社会公众在各自清晰定位与厘清自身权力(利)义务的基础上,形成合作治理机制。从国家与市场逻辑转向多中心逻辑的"谋求"与"寻求"过程,需要权力的适度"示弱"与权利的逐步"示威":"示弱"要求权力主体放下"身架",转而尊重权利诉求、倾听权利表达、畅通权利救济;"示威"则需要权利主体提高"音量",通过更多渠道与方式进行更为充分、有效且合理的权利表达,维护自身权益与社会公共利益。对国家而言,面对一个多元权威并存的治理体系,其首先要承担起"元治理"的角色。所谓"元治理",是"治理的治理",旨在对国家、市场、公民社会等治理形式、力量或机制进行一种宏观安排,修正各种治理机制之间的相对平衡。如此,政府应当实现从全能政府到有限政府,从管制型政府到服务型政府,从领导型政府到引导型政府的转变。对市场、社会公众而言，则应当依据各自特性发挥效能；尤其是作为权利主体代表的社会公众，其能否参与环境治理、参与程度如何、参与方式是否多样、参与效果可否显现，成为环境治理中多元共治的最重要内容。而从三峡清漂之实际情况来看，显然"多元"已达而"合作"未至：在"源头管控—清理打捞—后期处理"的整个过程中政府都是主要责任主体，履职情况较好，发挥着无可替代的最重要作用，但其更强调领导而非引导、更采硬性管制而非柔性监管；而三峡集团与其他环保类企业虽也依循市场逻辑一定程度参与漂浮物治理，但还不真正基于市场运作；尤其社会公众，虽有部分力量参与三峡清漂，但总体来看，环境保护社会组织几近"失语"，公众民意表达也几乎"静音"。可见，三者之间力量差距较大，权力主体"示弱"不足，权利主体"示威"不够，"权力－权利"适度平衡还未达成。在"权力－权利"力量显著失衡的大背景下，要求二者之间有效沟通与良性互动就近乎奢谈。三峡清漂中，也确实缺乏二者沟通与互动的基础，比如三峡库区漂浮物信息公开并不充分，与清漂相关法律规范的制定与实施、三峡清漂具体事务的决策、漂浮物污染所致公益之受损等都还缺乏社会公众参与机制的应对。

（2）权力－权力：配置欠妥，制衡不足。多元共治环境权力的配置与运行模式主要表现为"分部－分权"为特征的层级节制的权力体系。横向为政府部门之间、政府部门与市场主体、社会主体之间的权力分配，纵向则为中央政府与地方政府之间的权力分配。三峡清漂中同样如此。

从横向权力配置与运行来看，如前所述，三峡清漂中部门之间的权力分配比较清楚，主要问题是缺乏统一监管机构而致部门间统筹协调不足。而政府部门通过购买服务等方式将一部分漂浮物治理事务交由市场主体完成，但总体来看市场主体所承接的漂浮物治理事务还远远不够。此外显而易见的是，社会行使社会公权力明显不足，基层自治组织在三峡清漂中还未能发挥其应有作用，社会组织对三峡清漂的关注度也相对不高。总体而言，社会公权力并未得到有效配置。

从纵向权力配置与制衡来看，三峡清漂暂只涉及中央与地方间关系。如仅考察漂浮物清理打捞环节，中央与地方权力分配相对清晰，中央重于领导、地方负责执行，但中央对地方权力制衡并不显著。于漂浮物源头控管及后期处理环节，中央对地方则态度"坚决"与"强硬"："坚决"是表现在中央及地方长期以来对三峡库区固废控管都极为重视，对库区内固废处置也有较高要求，监管相对严格并且给予了包括财政、政策等多方面的支持；"强硬"则表现为近年来中央部委对地方的强势监管，如生态环境部开展了长江经济带固体废物大排查、"清废行动"等一系列专项行动，水利部开展了长江经济带11省（直辖市）的固体废物清理整治行动等，此外还有近年持续进行且已制度化的中央环保督察，其也涉及长江流域固废管控与水污染防治。在强化"督政"、坚持"督企"的背景下，中央对地方、上级对下级的监管整体上都较为严格。但这其中产生如下几层问题：第一，中央对地方的制衡依赖于不少"运动式执法"，其是否具有长期的实际效果还需时间验证。第二，"中央—地方"的二级权力结构并不符合三峡清漂现实：从空间上看，三峡库区是长江流域之一段；从性质上看，清漂工作是流域水污染防治工作之一部分内容，因此本质而言其权力结构应当为"中央—流域（库区）—地方"三级，但由于流域统一管理缺位，也没有流域立法用以分配流域权力，因而纵向权力配置有所缺失，三峡库区漂浮物治理事宜难被有效统筹处理。

由此，三峡清漂中出现权责对应不一、责任难以落实就"顺理成章"。为实现三峡清漂之"善治"，应当致力于"权力－权利""权力－权力"更加平衡与更为制衡，需要从政府、市场、社会公众等不同面向分别施力、予以完善。

（三）以多元共治实现推动三峡清漂长效机制的建立

1. 建网络，厘清多元主体权力（利）责任

三峡清漂中多元共治难以充分实现，乃是由于"岸上"与"河下"

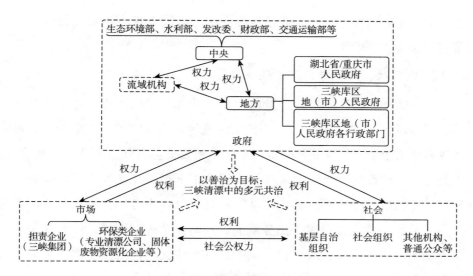

图 4 - 2　三峡清漂中的多元共治结构

难以联结，导致部分主体缺位未能担责以及多元主体无法合力。究其根本，则是权利与权力、权力与权力、权力（利）与责任之间关系未能理顺。三峡漂浮物治理属典型流域水污染治理，可通过网络的方式来配置中央政府、地方政府、非政府组织和企业与个人之间的权力（利）和责任，使各方面合力得以发挥。而网络构建需要明确稳定的法制支持以及严格有效的法律实施。就三峡清漂中多元共治的实现来说，首先是进一步督促漂浮物"源头管控—清理打捞—后期处理"整个环节中的权力与权利主体进一步担责履职，其实质则是已有"涉水四法"、《固废法》以及相关规定的严格实施。其次则是解决库区层面事权缺位的问题，由于三峡清漂是整个长江流域水污染防治的"区段"问题，从流域空间角度来看，在流域层面回应是更有效率的选择，因此可以通过长江流域专门立法《长江保护法》来"沟通私法与公法、协调私权与公权"，在其中明确流域事权，以此为基将三峡清漂的统筹协调事宜纳入其范围，使原本不能在长江流域形成协作的多元主体真正形成合力而达"共治"。最后则是进一步增加或细化地方立法，特别是就三峡清漂事项形成更有针对性、更具实效的地方立法，通过地方立法有效配置地方事权、促进地方落实清漂责任。

2. 明事权，归口专门机构统一监管

三峡清漂中之所以出现"分而治之"状况，归根结底，是受"强区域、弱流域"与"多龙治水"的长江流域治理格局之困。如前所述，由于现有形式上的流域统一监管机构长江水利委员会实际上不能担负重责，因此应当考虑设置行政级别较高且能够真正承担长江流域统一监督管理职能的专门机构。当然，从机构设置的效率与成本考虑，将长江水利委员会"升级"为直接隶属于国务院的、负责整个长江流域的综合决策和事务协调的统一监督管理机构，赋予其在长江流域内规划协调、资源开发利用行动协同、流域生态安全监督等职权。如此一来，这一长江流域的统一监督管理机构也当然负责协调、监管三峡清漂事项；更进一步来讲，可在其中再设长江流域水污染防治部门，并将三峡清漂纳入其职权范围，从而统筹三峡清漂中应该由其负责的事宜，比如牵头出台新的三峡清漂方案、协调跨区域的漂浮物治理事务等。

3. 强监管，促进政府部门有效主导

三峡清漂中政府依然是最为核心的力量，但这须以明晰政府间事权为基础。首先，应当进一步加强中央对地方的监管。对中央而言，更应当重视的是如何对长江流域各地方进行更为有效的"督政"，从目前来看，已经开始的第二轮中央环保督察、长江流域内河长制的全面推行、生态环境部的约谈制度，都将进一步促进中央对地方的有效"督政"；生态环境部的"清废行动"、水利部的"长江经济带固体废物清理整治专项行动"等，虽然可能具有短效性，但也不失为中央对地方进行"督政"的重要手段。其次，在《长江保护法》明确了长江流域统一监督管理机构后，其应当能够对三峡库区地方漂浮物治理情况甚至是整个长江流域的漂浮物治理情况进行监管；应建立政府考核制度、流域约谈制度等，将漂浮物治理情况纳入考核范围，赋予长江流域统一监督管理机构能够在地方漂浮物治理不佳的情况下约谈地方政府及相关负责人的权限。最后，应当进一步厘清部门与部门之间职权范围。长江流域"多龙治水"格局有其合理性，各部门在权限范围内行使职权，但应当建立执法联动机制。考虑省以下生态环境机构监测监察执法垂直管理即将实现，而《关于深化生态环境保护综合行政执法改革的指导意见》又明确了要整合环境保护和国土、农业、水利等部门相关污染防治和生态保护执法职责组建生态环境保护综合执法队伍，因此长江流域水生态环境保护执法权将主要由生态环境部门来行使，其中当然包括与三峡清漂相关事项。

4. 增动能，激发市场主体积极发力

就市场主体而言，一方面，应当促使长江流域内依据原因者负担原则需要承担相应责任的市场主体更为积极主动承担长江流域环境保护的社会责任，根据三峡清漂中的经验，类似于三峡集团这样担责能力较强的企业，应当进一步鼓励其加大漂浮物治理投入、研发并采用漂浮物治理的新技术与新设备等；而对于担责能力较弱的企业，也不应当忽视其基本环境保护社会责任的承担。另一方面，对于类似于三峡清漂中的专业清漂与固体废物资源化企业的环保类企业，由于其作用发挥与政府是否购买服务、是否给予足够经费支持、是否有相应政策密切相关，因此应当以制度设计来予以明确。具体而言，应当明确这些企业能够享有财政、税费、价格、信贷等多个方面的优惠政策与支持。当然，虽然制度设计并不直接针对与三峡清漂有关的市场主体，但通过所涉范围更广的原则性规定来明确市场激励机制，才能进一步使得环保意愿有差、担责能力有别的各类市场主体在其应有范围内发挥其最大效能。此外，为发挥企业在漂浮物治理中的主体作用，可以由政府和企业或行业组织签订自愿性环境协议，在自愿协商的基础上以协议形式确定环境目标，促使企业履约，发挥"软法"手段的优势。

5. 拓广径，推动社会公众实质参与

就社会公众而言，其参与长江流域治理本就有其天然优势，这是因为"公共池塘资源占用者生活中的关键事实就是，只要他们继续合用同一个公共池塘资源，他们就处在相互依存的联系中"。立法可以对社会公众中不同主体进行引导使其进一步参与长江流域漂浮物治理。以发挥长江沿岸各行政村或居民社区的作用而言，一来应提供资金、设备以及技术支持让其承担更多长江流域漂浮物治理任务，可以在立法中明确其开展长江保护生态环境保护宣传教育、负责责任水域日常保洁与巡查等工作的义务；二来应当充分发挥其基层自治组织之功能与作用，要求以制定村规民约或居民公约等自治规则的形式来保护长江，在其中设计有关水域保护义务、垃圾分类与处理等条款。再以非政府组织而言，虽然目前三峡清漂中没有非政府组织的直接参与，但是如果以长江流域的大范围来看，非政府组织参与长江流域环境治理还有极大拓展空间，一来是可以通过近年颇为引人关注环境公益诉讼参与长江流域治理，这样也应当考虑明确长江流域专设环境资源法庭或至少交由一些专门的环境资源法庭来审理长江流域的环境案件；二来应当积极拓展非政府组织参与长江流域漂浮物治理的领域，诸如开展长江流域环境宣传教育活动、提供漂浮物治理科学技术支持与具体项目支持、投入漂浮物治理资金等。就普通公众而言，则应给其提供更多的有关长江保护的环境教育，加大长江流域漂浮物及其治理情况的信息公开，鼓励普通公众对在长江流域倾倒固体废弃物污染水域的行为进行监督举报，并提供更多途径使其参与与长江流域漂浮物治理有关事务的决策与实施。

主要参考文献

（一）中文文献

（1）水利部黄河水利委员会主办：《人民黄河》，1949 年至今。

（2）"长江流域立法研究" 课题组、吕忠梅："《长江法》专家建议稿"，载《环境资源法论丛》2019 年第 00 期。

（3）吕忠梅："关于制定《长江保护法》的法理思考"，载《东方法学》2020 年第 2 期。

（4）吕忠梅："用法治守护江河安澜"，载《人民法治》2019 年第 16 期。

（5）吕忠梅："建立'绿色发展'的法律机制：长江大保护的'中医'方案"，载《中国人口·资源与环境》2019 年第 10 期。

（6）吕忠梅："寻找长江流域立法的新法理——以方法论为视角"，载《政法论丛》2018 年第 6 期。

（7）吕忠梅："论生态文明建设的综合决策法律机制"，载《中国法学》2014 年第 3 期。

（8）吕忠梅："中国生态法治建设的路线图"，载《中国社会科学》2013 年第 5 期。

（9）吕忠梅："水污染的流域控制立法研究"，载《法商研究》2005 年第 5 期。

（10）吕忠梅："长江流域水资源保护统一立法刻不容缓"，载《内部文稿》2000 年第 8 期。

（11）吕忠梅、陈虹："关于长江立法的思考"，载《环境保护》2016 年第 18 期。

（12）王树义："论生态文明建设与环境司法改革"，载《中国法学》2014 年第 3 期。

（13）王树义："流域管理体制研究"，载《长江流域资源与环境》2000 年第 4 期。

（14）王树义："环境治理是国家治理的重要内容"，载《法制与社会发展》2014 年第 5 期。

（15）王树义、吴宇："中澳流域规划法律性质及其利益预分配功能之比较分析"，载《甘肃政法学院学报》2010 年第 4 期。

（16）王树义、赵小姣："长江流域生态环境协商共治模式初探"，载《中国人口·资源与环境》2019 年第 8 期。

（17）王树义、庄超："论我国流域水资源管理体制的创新"，载《清华法治论衡》2013 年第 3 期。

（18）王宏巍、王树义："《长江法》的构建与流域管理体制改革"，载《河海大学学报（哲学社会科学版）》2011 年第 2 期。

（19）孙佑海："黄河流域生态环境违法行为司法应对之道"，载《环境保护》2020 年第 Z1 期。

（20）孙佑海："生物多样性保护主流化法治保障研究"，载《中国政法大学学报》2019 年第 5 期。

（21）孙佑海："黄河流域司法保护进入新阶段"，载《人民法院报》2020 年 6 月 7 日，第 2 版。

（22）孙佑海："生态文明建设需要法治的推进"，载《中国地质大学学报（社会科学版）》2013 年第 1 期。

（23）孙佑海："推进生态文明建设的法治思维和法治方式研究"，载《重庆大学学报（社会科学版）》2013 年第 5 期。

（24）孙佑海："我国 70 年环境立法：回顾、反思与展望"，载《中国环境管理》2019 年第 6 期。

（25）孙佑海："从反思到重塑：国家治理现代化视域下的生态文明法律体系"，载《中州学刊》2019 年第 12 期。

（26）陈德敏："长江沿岸地区产业规划研究"，载《中国软科学》2000 年第 4 期。

（27）陈德敏、谭志雄："长江上游流域综合开发治理思路与实现路径研究"，载《中国软科学》2010 年第 11 期。

（28）陈德敏、乔兴旺："中国水资源安全法律保障初步研究"，载《现代法学》2003 年第 5 期。

（29）陈德敏、秦鹏："论我国水权管理的法律规制"，载国家环境保护总局、中国法学会环境资源法学研究会、西北政法学院："适应市场机制的环境法制建设问题研究——2002 年中国环境资源法学研讨会论文集（上册）"，2002 年 10 月。

（30）陈德敏、周启梁："三峡水资源保护与利用立法新思路"，载水利部政策法规司、中国法学会环境资源法学研究会、中国海洋大学："水资源、水环境与水法制建设问题研究——2003 年中国环境资源法学研讨会（年会）论文集（上册）"，2003 年 7 月。

（31）陈德敏、董正爱："利益博弈视阈下的流域生态补偿机制"，载环境保护部、联合国环境规划署："第六届环境与发展中国（国际）论坛论文集"，2010 年 9 月。

（32）谢忠洲、陈德敏："类型化视域下自然保护地立法的制度建构"，载《重庆大学学报（社会科学版）》2021 年第 1 期。

（33）陈德敏、田亦尧："重庆主城区小流域水环境安全与法治推进"，载中国环境资源法学研究会、武汉大学："新形势下环境法的发展与完善——2016 年全国环境资源法学研讨会（年会）论文集"，2016 年 7 月。

（34）国家发展改革委国土开发与地区经济研究所课题组、贾若祥、高国力："地区间建立横向生态补偿制度研究"，载《宏观经济研究》2015 年第 3 期。

（35）徐祥民、于铭："美国水污染控制法的调控机制"，载《环境保护》2005 年第 12 期。

（36）徐祥民："绿色发展思想对可持续发展主张的超越与绿色法制创新"，载《法学论坛》2018 年第 6 期。

（37）徐祥民、朱雯："流域水污染防治应当设置制衡机制"，载《中州学刊》2011 年第 6 期。

（38）徐祥民、高益民："从生态文明的要求看环境法的修改"，载《中州学刊》2008 年第 2 期。

（39）徐祥民、姜渊："绿色发展理念下的绿色发展法"，载《法学》2017 年第 6 期。

（40）郑少华、齐萌："生态文明社会调节机制：立法评估与制度重塑"，载《法律科学（西北政法大学学报）》2012 年第 1 期。

（41）徐祥民、贺蓉："最低限度环境利益与生态红线制度的完善"，载《学习与探索》2019 年第 3 期。

（42）国家发展改革委国土开发与地区经济研究所课题组等："青海三江源地区生态补偿的现状、问题及建议"，载《宏观经济研究》2008 年第 1 期。

（43）郑少华："生态文明建设的司法机制论"，载《法学论坛》2013 年第 2 期。

（44）郑少华、王慧："中国环境法治四十年：法律文本、法律实施与未来走向"，载《法学》2018 年第 11 期。

（45）郑少华："论企业环境监督员的法律地位"，载《政治与法律》2014 年第 10 期。

（46）郑少华、孟飞："生态文明市场调节机制研究——以法律文本的要素量化评估和法律适用评估为视角"，载《法商研究》2012 年第 1 期。

（47）贾若祥："西部地区水电资源开发利用的利益分配机制研究"，载《中国能源》2007 年第 6 期。

（48）宏观经济研究院国地所课题组等："横向生态补偿的实践与建议"，载《宏观经济管理》2015 年第 2 期。

（49）贾若祥、刘毅："长江流域区域可持续发展评价及类型划分"，载《华侨大学学报（自然科学版）》2004 年第 2 期。

（50）贾若祥："流域水环境综合治理研究"，载《宏观经济管理》2016 年第 11 期。

（51）肖国兴："论能源法对循环经济的促进"，载《中山大学学报（社会科学版）》2007 年第 4 期。

（52）肖国兴："再论能源革命与法律革命的维度"，载《中州学刊》2016 年第 1 期。

（53）肖国兴："自然资本投资法：可持续发展的必由之路"，载《中州学刊》2007 年第 6 期。

（54）贾若祥等："促进我国流域经济绿色发展"，载《宏观经济管理》2019 年第 4 期。

（55）李蜀庆等："建设三峡生态经济区的发展战略思考"，载《重庆环境科学》1997 年第 2 期。

（56）贾若祥："打造五大黄河　开创黄河流域生态保护新局面"，载《经济》2020 年第 4 期。

（57）贾若祥等："促进我国流域经济绿色发展——新时期践行习近平生态文明思想的重大举措"，载《大陆桥视野》2019 年第 6 期。

（58）吕忠梅等：《长江流域水资源保护立法研究》，武汉大学出版社 2006 年版。

（59）吕忠梅主编：《水治理的理论与实践研究》，吉林大学出版社 2013 年版。

（60）吕忠梅主编：《湖北水资源可持续发展报告》（2010 年度起，

连续出版物），北京大学出版社。

（61）吕忠梅等：《流域综合控制：水污染防治的法律机制重构》，法律出版社 2009 年版。

（62）廖志丹、孔祥林主编：《流域管理与立法探析》，湖北科学技术出版社 2014 年版。

（63）秦玉才主编：《流域生态补偿与生态补偿立法研究》，社会科学文献出版社 2011 年版。

（64）陈坤：《从直接管制到民主协商——长江流域水污染防治立法协调与法制环境建设研究》，复旦大学出版社 2011 年版。

（65）晁根芳等：《流域管理法律制度建设研究》，中国水利水电出版社 2011 年版。

（66）水利部黄河水利委员会编著：《人民治理黄河六十年》，黄河水利出版社 2006 年版。

（67）孟伟主编：《流域水污染物总量控制技术与示范》，中国环境科学出版社 2008 年版。

（二）外文文献

（68）Ludwik A. Teclaff, "Evolution of the River Basin Concept in National and International Water Law", *Natural Resources*, Vol. 36, No. 2., 1996.

（69）Marc J. Roberts, "River Basin Authorities: A National Solution to Water Pollution", *Harvard Law Reuiew*, Vol. 83, No. 7., 1970.

（70）Gilbert F. White, "A Perspective of River Basin Development", *Law and Contemporary Problems*, Vol. 22, No. 2., 1957.

（71）Norman Wengert, "The Politics of River Basin Development", *Law and Contemporary Problems*, Vol. 22, No. 2., 1957; Hubert Marshall, "The Evaluation of River Basin Development", *Law and Contemporary Problems*, Vol. 22, No. 2., 1957.

（72）Carl F. Kraenzel，"The Social Consequences of River Basin Development"，*Law and Contemporary Problems*，Vol. 22，No. 2. ，1957；Wells. A. Hutchins and Harry A. Steele，"Basic Water Rights Doctrines and Their Implications for River Basin Development"，*Law and Contemporary Problems*，Vol. 22，No. 2. ，1957.

（73）Arno T. Lenz，"Some Engineering Aspects of River Basin Development"，*Law and Contemporary Problems*，Vol. 22，No. 2. ，1957.

（74）E. Morgan，"Planning in the Tennessee Valley"，*Current History*，Vol. 38，No. 6. ，1933.

（75）Helen M. Martell，"Legal Asepects of the Tennessee Valley Authority"，*George Washington Law Review*，Vol. 7. No. 8. ，1939.

（76）U. S. EPA，"The Watershed Protection Approach：Annual Report" 1992.

（77）Martin Reuss，*Water Resources Administration in the United States：Policy，Practice，and Emerging Issues* 1，Michigan State University，1993.

（78）Keiter Robert B. ，"Beyond the Boundary Line：Constructing a Law of Ecosystem Management"，*University of Colorado Law Review*，Vol. 65，No. 2. ，1994.

（79）Robert W. Adler，"Addressing Barriers to Watershed Protection"，*Environmental* Law（Northwestern School of Law），Vol. 25，No. 4. ，1995.

（80）EPA，"Watershed Approach Framework，Office of Water"，U. S. EPA. Washington，DC. ，1996.

（81）EPA，"Top 10 Watershed Lessons Learned"，U. S. EPA. Washington，DC. ，1997.

（82）Donald Worster，"Watershed Democracy：Journal of Land，Resources，and Environmental Law Recovering the Lost Vision of John Wesley Powell"，*J. Land Resources &Envtl. L.* Vol. 23，No. 1. ，2003.

（83）J. B. Ruhl, etc, "Proposal for a Model State Watershed Management Act", *Environmental Law*, Vol. 33, 2003.

（84）Noah D. Hall, "Toward a New Horizontal Federalism: Interstate Water Management in the Great Lake Region", *Uniuersity of Colorado Law Review*, Vol. 77, No. 2., 2006.

（85）James L. Huffman, "Comprehensive River Basin Management: The Limits of Collaborative, Stakeholder-Based, Water Governance", *National Resources Journal*, Vol. 49, No. 1., 2009.

（86）Craig Anthony Arnold, "Adaptive Watershed Planning and Climate Change", *Environment and Energy Law and Policy Journal*, Vol. 5, No. 2., 2010.

（87）Keith H. Hirokawa, "Driving Local Governments to Watershed Governance", *Environment Law*, Vol. 42, No. 1., 2012.

（88）Alan Randall, "Property Entitlements and Pricing Policies for a Maturing Water Economy", *Australian Journal of Agricultural Economics*, Vol. 25, No. 3., 1981.

（89）John Quiggin, "Environmental Economics and the Murray-Darling River System", *The Australian Journal of Agricultural and Resource Economics*, Vol. 45, No. 1., 2001.

（90）John Quiggin, "Urban Water Supply in Australia: The Option of Diverting Water from Irrigation", *Public Policy*, Vol. 1, No. 1., 2006.

（91）R. Quentin Grafton, Karen Hussey, "Buying Back the Living Murray: At What Price?", *Australasian Journal of Environmental Management*, Vol. 4, No. 1., 2006.

（92）John Rolfe and Mallawaarachchi Thilak, "Market-Based Instruments to Achieve Sustainable Land Management Goals Relating to Agricultural Salintty Issues in Austrilia", *Australasian Journal of Environmental Management*, Vol. 14, No. 1., 2007.

（93）Daniel Connell, R. Quentin Grafton, "Planning for Water Security in the Murray-Darling Basin", *Public Policy*, Vol. 3, No. 1. , 2008.

（94）MDBA, "Stakeholder Engagement Strategy", Canberra, MDBA, 2009.

（95）MDBA, "Guide to the Proposed Basin Plan", Canberra, MDBA, 2010.

（96）Commonwealth of Australia, "Basin Plan", MDBA, 2011.

（97）Daniel Connell, R. Quentin Grafton, *Basin Futures: Water Reform in the Murray-Darling Basin*, The Austrilian National University Press, 2011.

（98）Paul Fawcett, Matthew Wood, "Becoming a Metagovernor: A Case Study of Murray-Darling Basin Authority", at the 2014 Australian Political Studies Association Annual Conference, 2014.

（99）Ryan Stoa, "Subsidiarity in Principle: Decentralization of Water Resources Management", *Utrecht Law Review*, Vol. 10, No. 2. , 2014.

（100）Farhad Mukhtarov, Andrea K. Gerlak, "River Basin Organizations in the Global Water Discourse: An Exploration of Agency and Strategy", *Global Governance*, Vol. 19, 2013.

（101）James L. Huffman, "Comprehensive River Basin Management: The Limits of Collaborative, Stakeholder-Based, Water Governance," *National Resources Journal*, Vol. 49, No. 1. , 2009.

（102）Gray Brian E. , "Global Climate Change: Water Supply Risks and Water Management Opportunities", *Hastings West-Northwest Journal of Envtiromental Law and Policy*, Vol. 14, No. 2. , 2008.

（103）Andrea Keessen, etc. , "Transboundary River Basin Management in Europe Legal Instruments to Comply with European Water Management Obligations in Case of Transboundary Water Pollution and Floods", *Utrecht Law Review*, Vol. 4, No. 3. , 2008.